普通高等教育"十三五"规划教材

食品保藏技术实验

王瑞　巴良杰　主编

中国轻工业出版社

图书在版编目（CIP）数据

食品保藏技术实验／王瑞，巴良杰主编. —北京：
中国轻工业出版社，2019.6
普通高等教育"十三五"规划教材
ISBN 978-7-5184-2153-4

Ⅰ.①食…　Ⅱ.①王…　②巴…　Ⅲ.①食品保鲜–高
等学校–教材②食品贮藏–高等学校–教材　Ⅳ.①TS205

中国版本图书馆 CIP 数据核字（2018）第 238458 号

责任编辑：江　娟　靳雅帅　责任终审：劳国强　　整体设计：锋尚设计
策划编辑：江　娟　　　　　　责任校对：吴大鹏　　责任监印：张　可

出版发行：中国轻工业出版社（北京东长安街 6 号，邮编：100740）
印　　刷：三河市国英印务有限公司
经　　销：各地新华书店
版　　次：2019 年 6 月第 1 版第 1 次印刷
开　　本：787 × 1092　1/16　印张：12.5
字　　数：275 千字
书　　号：ISBN 978-7-5184-2153-4　定价：48.00 元
邮购电话：010-65241695
发行电话：010-85119835　传真：85113293
网　　址：http://www.chlip.com.cn
Email：club@ chlip.com.cn
如发现图书残缺请与我社邮购联系调换
171580J1X101HBW

编委会名单

主　编：王瑞（贵阳学院教授）

　　　　巴良杰（贵阳学院副教授）

副主编：罗冬兰（贵阳学院）

　　　　曹森（贵阳学院）

参　编：（按照拼音顺序排名）

　　　　陈建业（华南农业大学）

　　　　李露露（贵州省茶叶研究所）

　　　　雷霁卿（贵阳学院）

　　　　李江阔［国家农产品保鲜工程技术研究中心（天津）］

　　　　吉宁（贵阳学院）

　　　　马超（贵阳学院）

　　　　吴文能（贵阳学院）

　　　　张家臣（遵义师范学院）

前　言

我国的食品资源十分丰富，是全球最大的食品生产和消费国家之一。食品行业是衔接第一、第二、第三产业的战略性和全局性产业，也是衔接农业、工业和服务业的关键产业。大力发展食品产业，能够快速带动相关产业的迅速发展，解决大量的农村剩余劳动力，增加就业机会，有效地促进高效农业的快速健康发展。对解决"三农"问题有着十分重要的意义。

随着食品产业的快速发展以及原料的日趋丰富，食品在保藏过程中不耐保藏、保鲜技术落后等问题日益突出，造成食品在保藏过程腐败、变质，严重影响了食品的商品价值，造成较大的经济损失。因此，对食品进行保藏技术的研究就显得尤为重要。伴随着人们生活水平的不断提高和新需求不断增加，食品保藏技术的新方法也不断产生，并且随着生物基因技术、食品微生物、机械、化工、材料学等多门学科发展而快速发展。

食品保藏实验是农产品贮藏加工、食品科学与工程和食品质量与安全等专业的专业课课程之一，是一门重要的实践教学课程。由于我国各个设有食品保藏专业的单位实验条件差异比较大，在内容编写上，本教材力求较高的适用性，以便不同使用院校选择其适宜的实验。在实验层次设计上，本教材按照创新人才实验教学体系的要求设计了 3 个层次的实验设计，即理论验证性实验（28 个）、综合设计性实验（7 个）和研究设计性实验（10个）。理论验证性实验是一些课堂教学内容验证性实验；综合设计性实验就是通过多理论知识的融合，以培养学生动手能力、主动学习能力为目的的实验；研究设计性实验是以加深对理论、实验教学的理解、认识、拓宽为目的的实验。本教材的编者结合在长期的教学、科研过程中积累的经验，借鉴了食品科学、植物生理学等领域中同类实验的优点，参考了近年来国内外相关专业实验新技术和新方法，综合了果品、蔬菜、粮食、油类、畜产品、乳产品、水产品等食品的保藏实验技术，将食品保藏常用的品质指标与各种食品的保藏实验及食品保藏验证性、综合性和探索性实验有机融合为一体，突出了食品实验教学的知识性、系统性和实用性。

本教材可作为高等院校食品、园艺等食品保藏相关专业本科生实验教学教材，也可以作为相关教学和科学研究人员的参考书。

参加本教材编写的人员多数是多年从事食品保藏课程教学的老师。编写过程中，得到了各位编者的大力支持，也得到参编单位相关领导的重视和支持，在此，谨向参与、关心、支持本教材编写和出版付出辛苦劳动的各位领导和老师表示感谢。

由于书中食品种类多、技术方法多、涉及知识面较广、参编人员水平有限，所以，本教材编写过程中难免会出现错误和纰漏，敬请各位同仁和读者给予批评和指正。

编者
2019 年 3 月

目　　录

第一章 绪 论

一、食品保藏实验的目的与要求

食品保藏是指将可食性农产品、半成品食品和加工性食品等在贮藏、运输、销售以及消费过程中保鲜保质的理论与实践，它既包括生鲜和鲜活食品贮运保鲜，也包括食品原材料、半成品和成品食品的贮运保质。食品保藏主要是研究食品在贮运过程中物理特性、化学特性和生物特性的变化规律，这些变化规律对食品品质及其贮藏性的影响，以及控制食品品质变化应采取的相应技术措施的一门科学。它是一门涉及多学科的应用技术学科，是食品科学的一个重要组成部分，并且与动植物生理学及生物化学、生物学、有机化学、食品化学、食品微生物学、植物病理学、食品工艺学等学科都有密切联系。它研究的主要内容是食品在保藏过程中品质稳定性和贮藏技术，即研究各类食品的贮藏性能和各种贮藏技术原理、生产可行性和卫生安全性、食品在贮运过程中品质的变化以及影响品质变化的主要因素和控制方法、根据贮运原理和食品贮藏性能选择适当的贮藏方法和技术等。因此，食品保藏是食品专业学生必修的专业基础课。

一般来说，食品保藏的教学分为两个部分，课程理论教学部分和实验教学部分，二者所占的总教学课时的比例大约为 2∶1。实验教学是食品保藏教学的重要组成部分，是高等院校培养高素质合格人才的重要实践环节，是学生巩固和加深理解理论知识，加强学生动手能力，锻炼在实践中发现问题、分析问题和解决问题的能力，提高教学质量的重要方法途径。在培养学生的实践、研究、创新能力和综合素质上，实现学校制定的专业培养目标等方面有着不可替代的独特作用。

本着提高学生的实践、研究、创新能力和综合素质的目标，要求学生在理解基本实验原理的基础上，通过操作实验来加深理解，同时培养学生的动手能力，掌握一些仪器的使用方法和维护事项。除了掌握一些基本、简单仪器（如离心机、pH 计、糖度计、色差计、恒温培养箱等）的使用外，我们希望通过实践过程，使学生掌握一些更先进仪器（如质构仪、电子鼻、气相色谱仪、紫外可见光分光光度计、自动凯氏定氮仪、气体浓度测定仪、PCR 仪、凝胶成像仪等）的使用和维护，只有这样才能使学生跟上时代发展的脚步，适应科技的快速发展。

掌握仪器的使用方法和维护是最基本的要求，我们的目的是培养学生的科研能力和兴趣，让学生不再是仅仅以完成课程学习任务为目的来学习，真正培养学生的自主性，在培养学生基本实验能力的基础上，同时希望通过一些探索性实验来培养学生的科研热情，以探索的心态来学习，最终使学生具有综合设计实验的能力。所以本书主要从食品保藏学实验室基本仪器的使用与维护、理论验证性实验、综合设计性实验、研究设计性实验四个方面来编写，要求学生从观察在特定实验条件下的实验结果并进行理论解释，发展到认识因素与指标之间的动态变化关系并进行理论解释，然后要求学生进行多因素变化、多指标观察并进行结果分析与讨论。用循序渐进的方式，培养学生独立思考、独立操作、理论联系实际和融会贯通的能力，最终使得学生的创新能力和综合素质提高。

二、现代食品保藏教学实验体系

2017 年 2 月以来，教育部积极推进新工科建设，先后形成了"复旦共识""天大行动"和"北京指南"，并发布了《关于开展新工科研究与实践的通知》《关于推进新工科研究与实践项目的通知》，全力探索形成领跑全球工程教育的中国模式、中国经验、助力高等教育强国建设。为了更好地贯彻教育部发布的文件，结合食品保藏实验教学课程目前的现状，为推进食品保藏实验教学内容与实验模式的改革与创新，培养具有创新能力、动手能力，符合新世纪要求的高素质人才，结合和参考当前实验课程改革的最新成果，我们提出了现代食品保藏教学实验体系，其组成部分和功能如下。

（一）理论验证性实验

理论验证性实验实际就是保持原来食品保藏实验课程中与食品保藏理论教学紧密的一些简单的课堂教学内容验证性实验。如"呼吸强度的测定""硬度的测定""还原糖含量的测定""果胶酶活性的测定""食品菌落总数的测定"等。这部分实验的目的是让学生对课堂理论教学的主要知识点有一个更为直观的认识和理解。在实验过程中，由实验教学教师准备所有实验条件，学生按照规定的实验路线进行操作，观察在特定的实验条件下的实验结果并进行理论解释。每个理论验证性实验一般安排 2~4 学时，各小组进行完全相同的实验内容。

（二）综合设计性实验

综合设计性实验是以提高学生自身能力、加强理论知识融合、培养合作精神、培养创新和自主学习能力为目的的实验。如"采前钙处理对猕猴桃采后货架期硬度的影响""贮藏方式对蛋糕品质的影响""不同贮藏温度对卤制肉中脂肪氧化进程的影响""香辛料对水产品保鲜效果的研究"等。这部分实验要求学生进行不同实验处理之间的比较，实验结果具有可变性，需要学生自己通过实验得出结果。在实验过程中，实验教师只起到辅助作用，主要是为学生提供和维护好实验条件，实验前准备、具体实验设计、操作、结果分析与表达、讨论均由学生自己独立完成。必要时，教师给予一定的指导帮助，尤其在实验具体设计方面。每个综合实验的课时一般安排 8~10 学时，有些特殊的实验可以适当地延长，学生也可以在课余时间进行，形成类似开放实验。

（三）研究设计性实验

研究设计性实验以提高学生自身实验设计能力，加强多门学科之间的融合运用、培养团结协作能力、实验创新能力和自主动手实验能力。如"贮藏温度对果蔬呼吸强度、乙烯生成速率、硬度、色泽的影响""不同抗氧化剂及包装材料对烘焙食品贮藏期品质的影响""果蔬腐烂致病菌分离、纯化及分子生物学鉴定""海虾冰温贮藏过程中腐败微生物的变化规律影响""模拟运输振动条件对蓝莓生理及品质的影响"等。这部分实验要求学生进行多因素、多处理变化，多指标观察与测定，多种实验数据统计与处理知识的运用。研究设计性实验的任务与目的可由学生自己设计，指导教师加以辅导补充。实验过程中，从实验材料、试剂的准备到结果分析，全部以学生亲自动手为主，实验教师加以指导，完成实验条件提供和仪器设施维护。每个研究性实验一般安排 16

~30 学时，有些特殊的实验可以适当地延长，学生也可以在课余时间进行，形成类似毕业论文实验。

三、食品保藏实验室的安全防护

食品保藏实验室的安全防护主要体现在防火、防灼伤、防爆炸以及防毒四个方面，让学生掌握一些基本常识是必要的。

（一）防火

（1）由于食品保藏实验室存放很多易燃药品（例如，无水乙醇、丙酮、乙醚等），实验室应该禁止吸烟以及尽量避免使用明火。同时实验室应该配多种相应的灭火器装置，万一不小心着火，应该根据着火材料的不同，选择相应的灭火器材，立即采取适当的灭火措施。

（2）金属钠、钾、铝粉、电石及金属氢化物要注意存放和使用得当，注意不能与水直接接触，以免产生剧烈的化学反应。

（3）对于必须使用明火的实验，给酒精灯添加酒精的时候，必须先用酒精灯帽盖灭后才能添加。

（4）对于大功率仪器使用比较多的实验，要注意避免引起电线起火，如遇到此类突发事情，要马上关闭实验室电源总闸。大功率仪器使用完毕后，一定要关闭电源，尤其是像水浴锅之类的仪器，长时间不使用，也要及时关闭电源。

（二）防灼伤

（1）在实验过程中，要防止酒精灯、电炉等高温热源引起的灼伤。如果需要接触，必须带防护手套。

（2）强酸、强碱、强氧化剂等药品都灼会伤皮肤。因此，在实验过程中，不能与皮肤直接接触。如果皮肤不慎被灼伤，应该立即用自来水或蒸馏水进行冲洗，然后用50g/L的碳酸氢钠溶液洗涤，再用自来水或蒸馏水进行冲洗。尤其是当不慎溅入眼睛中时，应该立即用自来水或蒸馏水冲洗眼部，也可以采用酸碱中和原理，如用50g/L的碳酸氢钠溶液中和酸类溶液，用2%硼酸溶液来中和碱性类溶液，然后再滴1~2滴油性物质滋润眼睛。严重时，冲洗完后应该马上送医院处理。

（三）防爆炸

（1）挥发性易燃易爆药品应该远离火源，放在避光、低温、通风良好的地方。

（2）使用易爆药品（例如，H_2O_2、三硝基甲苯、高锰酸钾等）时，应该防止在拿取过程中剧烈振动或受热。使用完后要小心放回原处。

（3）防止氢气、一氧化碳、乙烯、乙醇、丙酮、乙酸乙酯和氨气等可燃性蒸气与空气混合，而达到爆炸极限引起爆炸。

（4）强氧化剂或还原剂必须分开存放，使用时要轻拿轻放，且一定要远离热源。

（四）防毒

（1）实验指导教师在实验课之前要指导学生学习有毒药品的使用方法。

（2）有毒有害的药品，在使用过程中必须在通风橱内添加，一定要戴手套、口罩操作，防止与皮肤直接接触。做完实验后，一定要及时洗手。

四、实验测量与误差

（一）实验测量的定义及分类

实验测量就是借助实验仪器用某一计量单位把待测量的物理量大小表示出来。根据获得测量结果方法的不同，测量可以分为直接测量和间接测量。由仪器或量具可以直接读出测量值的测量称为直接测量；不能用直接测量的方法得到，而是利用若干个直接测定值通过一定的函数关系计算出被测量的数值的测量称为间接测量。

（二）误差的定义及分类

绝对误差就是指测量值与真值之间的差异。可以记为：

$$\Delta N = N - N'$$

式中　N——测量值

　　　N'——真值

相对误差是指绝对误差与真值之比的百分数。可以记为：

$$E = （\Delta N/N'）\times 100\%$$

根据误差来源的不同，可以分为系统误差和随机误差。在相同条件下多次测量同一量时，误差大小恒定，符号总偏向一方，或误差按照某一确定的规律变化，称为系统误差。系统误差产生的原因主要有以下几个方面：仪器误差、理论和实验方法误差、实验操作人员造成的误差。产生系统误差的原因，一般情况是可以被检查到，可以通过修改、改进加以排除或减少，但是需要测量者具有丰富的实验经验。随机误差，也叫偶然误差，是指测量中出现大小、方向都难以预料，且变化方式不能预测的误差。但是可以通过多次足够的实验次数，判断出随机误差出现的统计规律，进而减小随机误差。随机误差只能减小，不能完全消除。

（三）测量结果的评价

测量的精密度、准确度和精确度都是评价测量结果的专业术语，但是目前使用时其涵义却不尽一致。其具体含义如下。

精密度是指对同一被测量做多次重复测量时，各次测量值之间彼此接近或分散的程度，它表现了测量结果的再现性。它是对随机误差的描述，它反映随机误差对测量的影响程度。随机误差小，测量的精密度就高。精密度用偏差来表示：

$$绝对偏差 = 个别测量值 - 测量平均值$$

$$相对偏差 = （绝对偏差/测量平均值）\times 100\%$$

实际做实验时，都是有限次测量，因此实际应用中经常用到单次测得值得标准偏差 S，其公式如下所示：

$$S = \sqrt{\sum_{i=1}^{n}（X - X_0）^2/（n - 1）}$$

式中　n——测量次数

　　　X——每次测定结果

　　　X_0——测量平均值

准确度是指被测量的总体平均值与其真值接近或偏离的程度。它是对系统误差的描述，它反映系统误差对测量的影响程度。系统误差小，测量的准确度就高。

精确度是精密度和准确度的合称，是对测量的随机误差及系统误差的综合评定。它反映随机误差和系统误差对测量的综合影响程度。只有随机误差和系统误差都非常小，才能说测量的精确度高。

（四）误差的消除

（1）减小实验过程产生的绝对误差　使得原始数据更接近真实值。

（2）减小实验过程产生的随机误差　一般在实验过程中，我们可以通过增加平行实验次数来减小随机误差，提高精密度。但是平行次数不宜过多，要切合实际，3~5次平行测定即可。

（3）减小系统误差　用组成与试样相近的标准试样来测定，将标准值与测定结果进行比较，用统计学检验方法来确定有无系统误差；用标准方法与所选方法同时测定试样，对两种方法的测定结果进行比较，用统计学检验方法来确定有无系统误差。可通过空白实验、回收率测定$\left(回收率 = \dfrac{测出的标准量}{标样加入量} \times 100\%\right)$及仪器校正和方法来减小系统误差。

五、实验报告的撰写

验证性实验的实验报告撰写主要包括实验名称、实验目的、实验原理、实验步骤、实验结果与讨论几个部分。综合性实验和探索性实验的实验报告的撰写主要包括实验名称、实验目的、实验原理、实验设计、实验步骤、实验现象、实验结果与讨论、实验注意事项以及实验相关性分析等几个部分。综合性实验和研究性实验的实验报告的撰写要比验证性实验报告要求高，这主要是培养学生的科研能力，让学生学会设计实验、分析实验结果，充分发挥学生的主观能动性、学习能力、动手能力，提高学生对食品保藏学实验的兴趣和能力。

实验报告的撰写要求简明扼要，学生要尽量根据自己的实验操作体会来简化语言并深化理解。其中实验报告的重点是结果与讨论部分，包括对实验观察到的现象和实验结果与数据的记录、对实验数据的处理和计算、对实验现象和结果的分析讨论和对实验中所遇到问题的探讨等。另外，每个实验所列的思考题应结合自己的实验体会在实验报告中认真做出书面回答。

六、食品保藏学实验课程考试方式建议

食品保藏学实验课程主要考察两个方面的能力：一是食品保藏实验精度能力；二是针对食品保藏问题的实验设计和构思能力。可以采用以下两个考核方式相结合的考核方法。

1. 食品保藏实验能力考核

本考核方式采取教师制定实验内容与实验方法和步骤，学生进行实验操作。成绩的评定采用单个同学的测定结果与全班同学测定结果平均值的相对偏差（RDS%）来确定。一般相对偏差在 ±2% 以下记为优秀，相对偏差在 ±2%~±7% 记为良好，相对偏差在 ±7%~±13% 记为中等，相对偏差在 ±13%~±17% 记为合格，相对偏差在 ±18% 以上记为不合格。

2. 食品保藏问题的实验设计能力考核

实验教师给一个研究课题，如"化学保鲜剂 1-MCP 对猕猴桃采后贮藏期果实品质的影响"，让学生写出一个实验设计计划书。计划书应该包括实验研究背景、研究原理、研究内容、研究方法、研究步骤、预期结果、讨论分析等。教师根据学生的设计结果进行评判。

第二章　食品保藏常用品质指标测定

实验一　食品色泽的测定

一、实验目的要求

以果蔬为例，了解果蔬表皮颜色在整个生命活动过程中的变化规律；了解表皮颜色的表色系统，并明确数值代表的具体意义；学习和掌握运用色差仪测定表皮颜色的原理和方法。

二、实验基本原理

果蔬表面颜色是评价果蔬产品品质的重要指标之一。果蔬产品表面颜色不仅影响到消费者的第一感官判断，颜色变化还可以直接反映果蔬的新鲜度、成熟度以及内部品质的变化。研究表明，果蔬表面颜色与果蔬的硬度、糖和酸含量等内在品质特征有密切的相关性，我们可以通过对果蔬表面颜色的测定进一步推测果蔬内在品质。在果蔬采后的分级处理中，果蔬颜色是一个重要的依据指标；基于计算机视觉所获取的果蔬表面颜色特征，是实现产品的快速、无损检测分析的重要依据。

色差计是一种常见的光电积分式测色仪器，它仿照人眼感色的原理，采用能感受红、绿、蓝三种颜色的受光器，将各自所感受的光电流加以放大处理，得出各色的刺激量，从而获得这一颜色的信号。测色色差计主要包括测头、数据处理器（含显示器及打印机）、直流电源及附件四部分。测头由照明光源、滤色器、硅光电池、隔热玻璃、凸透镜导光筒、挡板、积分球等组成。当仪器内部的标准光源照射被测物体，在整个可见光波长范围内进行一次积分测量，得到透射或反射物体色的三个刺激值和色品坐标，并通过专用微机系统给出被测样品的相关色差参数值。这是一种操作简便的光学分析仪器。

常用的颜色表色系统包括孟塞尔（Munsell）表色系统、$L^*a^*b^*$ 表色系统和 L^*C^*h 表色系统等，各个表色系统具有不同的特点。

1. 孟塞尔表色系统

孟塞尔表色系统是由美国艺术家 Munsell 于 1898 年发明，1905 年正式确立。该系统用 3000 多张色卡组成色彩空间，直接表达色彩三要素。孟塞尔表色系统色彩空间的垂直轴表示明度，最上为白色，最下为黑色，中间为一系列的中性灰色，同明度平面的颜色明度相同；每明度平面上，按照角度逐渐变化的是色相，其极坐标角度可以表示该位置的色相；色彩到垂直轴之间的距离代表的是饱和度，越靠近垂直轴饱和度越低，越靠近周边饱和度越高。

2. $L^*a^*b^*$ 表色系统

$L^*a^*b^*$ 色度空间是 1976 年国际照明委员会（CIE）推荐的均匀颜色空间，用假想的球形三维立体结构表示色彩，是用于仪器测色的表色系统，可以测定连续的、精确的色度值。在 $L^*a^*b^*$ 表色系统中，中轴表示明度轴，上白下黑，中间为亮度不同的灰色过渡。此轴称为 L^* 轴。L^* 称为明度指数，$L^*=0$ 表示黑色，$L^*=100$ 表示白色。中间有 100 个等级。色圆上有一个直角坐标，即 a^*、b^* 坐标方向。$+a^*$ 方向越向外，颜色越接近纯红色；$-a^*$ 方向越向外，颜色越接近纯绿色。$+b^*$ 方向是黄色增加，$-b^*$ 方向蓝色增加。

$L^*a^*b^*$ 表色系统中可以计算出两种色彩的色差 $\Delta E_{a^*b^*}$，$\Delta E_{a^*b^*} = (\Delta L^* + \Delta a^{*2} + \Delta b^{*2})^{1/2}$，其中 $\Delta a^* = a_1^* - a_2^*$、$\Delta L^* = L_1^* - L_2^*$、$\Delta b^* = b_1^* - b_2^*$，即两点间三坐标值的差。$\Delta E_{a^*b^*}$ 与观察感觉的关系如表 2-1 所示。

表 2-1　　　　　　　　　　　　$\Delta E_{a^*b^*}$ 值与观察感觉的关系

$\Delta E_{a^*b^*}$ 值	感觉到的色差程度
0 ~ 0.5	极小的差异
0.5 ~ 1.5	稍小的差异
1.5 ~ 3.0	感觉到有差异
3.0 ~ 6.0	较显著差异
6.0 ~ 12.0	很明显差异
12.0 以上	不同颜色

3. L^*C^*h 表色系统

为了弥补 $L^*a^*b^*$ 表色系统中的 a^* 和 b^* 不能单独、明确表达彩度及色相，国际照明委员会又制定了 L^*C^*h 表色系统。L^*C^*h 表色系统也是针对仪器测色的表色系统，采用与 $L^*a^*b^*$ 表色系统相同的色彩空间，可以定位连续比色的色度值。L^*、C^*、h 三个参数与孟塞尔表色系统结构相似，可反映色彩给人的心理感受。L^* 同样代表明度；C^* 称为饱和度，表现为对象的坐标点与纵轴之间的垂直距离，用以表示比色的饱和度；C 值越大，色彩越纯。h 称为色相角，表现为对象的坐标点与原点连结成的直线与 a^* 轴（红色方向）之间的夹角，即 $\tan(b^*/a^*)$，用以表示不同的比色所得的色相。

三、实验仪器和材料

（1）实验仪器　色差仪、标签纸、记号笔、菜刀、菜板等。

（2）实验材料　猕猴桃、蓝莓、火龙果、生菜等果蔬材料。

四、实验步骤

（1）准备好果蔬实验材料，尽量使颜色测定的面保持平稳状态，可以使用双面胶固定于平板上。

（2）打开色差计，按照使用方法正确操作。

①打开电源：将电源开关打开，仪器显示操作界面或指示灯亮，表明仪器已有电源输入。

②预热：仪器通电后，仪器自动进入 10min 倒计时预热时间，使光源和光电探测器稳定。

③调零：经预热结束后，仪器自动进入调零状态。仪器显示"调零"，此时将光学测

试头垂直放在黑色调零用的黑筒上，按下"执行"键，几秒后仪器提示调零结束，并自动转入调白操作。

④ 调白：当仪器显示"调白"时，将光学测试头放在标准白板上，按"执行"键，几秒后仪器提示调白结束，并自动转入允许测试状态。

⑤ 样品测定：当仪器显示"测试样品"时，先将测试的果蔬样品放置于光学测试头下，将测头与果蔬表面紧密接触，按"执行"开关，完成一次测试。

⑥ 选择表色参数：读取 L^*、a^*、b^*、C^*、h 值。

⑦ 重复测定：单个样品重复测定，取其平均值。

⑧ 关机：当一批样品测色结束后，关上 POWER 开关，指示灯灭，切断电源，收好标准白板、黑筒等。

（3）当样品测定完毕和记录好数据后，正确关机，把色差仪收藏于仪器盒中。

五、实验结果与计算

将实验结果与计算值记入表 2 – 2 中。

表 2 – 2　　　　　　　　　　　实验结果与计算值

测定编号	a^*	b^*	L^*	C^*	h
1					
2					
3					
4					
平均值					

六、注 意 事 项

（1）在使用色差仪测定果蔬表面的颜色时候要缓慢，避免光学测试面猛烈撞击果蔬造成损伤。

（2）在潮湿的季节，使用色差仪之前，最好提前 10min 通电，开机预热。

（3）不同品牌的色差计操作界面不同，但是使用过程主要包括"通电""预热""调零""调白"和"测试"等几个步骤。

七、思 考 题

测定同一果实不同部位、同一种果实的不同成熟度的颜色，计算 $\Delta E_{a^*b^*}$ 值，并分析造成的原因有哪些？

实验二　食品气味的测定

一、实验目的要求

了解电子鼻的构造及工作原理，掌握电子鼻测定果蔬气味的方法。

二、实验基本原理

在食品评价中，气味是一个很重要的指标。气味是指食品给人嗅觉器官的感觉，而气味物质是指能够引起嗅觉反应的物质。引起嗅觉的气味刺激主要是具有挥发性、可溶性的有机物和一些可挥发的无机物。电子鼻是测定食品气味较为常用的设备之一，它操作相对简单、成本比较低，在食品检测行业，应用非常广泛。

电子鼻是由有选择性的电化学传感器阵列和适当的识别方法组成的仪器，能识别简单和复杂的气味。电子鼻模拟人的嗅觉对被测气体进行感知、分析和识别，其过程包含三个部分：（1）气敏传感器阵列与气味分子反应后，通过一系列物理化学变化产生电信号；（2）电信号经过电子线路，将信号放大并转换成数字信号输入计算机中进行数据处理；（3）处理后的信号通过模式识别系统，最后定性或定量地输出对气体所含成分的检测结果。

电子鼻的工作原理示意图见图 2-1。

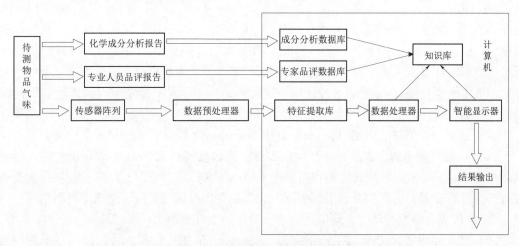

图 2-1　电子鼻的工作原理示意图

电子鼻的工作流程可简单归纳为：传感器阵列→信号预处理→神经网络和各种算法→计算机识别（气体定性定量分析）。从功能上讲，气敏传感器阵列相当于生物嗅觉系统中的大量嗅感受器细胞，神经网络和计算机识别相当于生物的大脑，其余部分则相当于嗅神经信号传递系统。

三、实验仪器、材料及试剂

（1）实验仪器　电子鼻、烧杯（200mL）、保鲜膜、电子天平、称量纸、计时器、记号笔等。

（2）实验材料　苹果、香蕉、猕猴桃、生菜等果蔬材料。

（3）实验试剂　蒸馏水。

四、实验步骤

1. 准备实验样品

将 30~50g 猕猴桃果实打浆样品置于 200mL 的烧杯中，迅速用保鲜膜封住烧杯的口，然后用橡皮筋扎紧，转移到25℃的恒温培养箱中培养20min。如果有 n 个实验样品需要比较，那么称取的样品质量，在25℃恒温培养箱中培养的时间必须一致。

2. 电子鼻的使用方法

（1）测量电子鼻前，至少提前1h把实验室窗户打开，方便空气流动，加快屋内异味挥发，1h后打开实验室空调，待温度达到25℃开始连接实验仪器，开机后，打开电脑，点击电脑桌面电子鼻软件快捷方式，同时提前半个小时打开恒温培养箱，并设置为25℃。

（2）带软件打开，点击 Options →Search Devices →4 PEN3 →OK。

（3）选择 Options →Device →Settings →参数设置。

（4）实验开始前清洗时间设置2000s左右（Zero point trim time），待所有传感器的电阻值均达到1.000±0.050时即可开始实验，清洗时间设置220s即可。

（5）实验测定时间一般为50s，如果测量过程中在40~50s时，传感器的曲线仍然没有达到平行，请将测定时间调至80s，甚至更长，一般气味大的果蔬，如芒果需要80s，其他50s即可。

（6）当实验清洗时间设置为220s，测试时间设置为50s，那么每个样品从测试开始到结束，大概需要300s。同等质量实验样品一般装入指定烧杯中，用较厚的保鲜膜封口并用橡皮筋绑定即可，需要密封20min，密封期间放入25℃培养箱中，所以当第一个样品封好后，第二个样品隔5min之后进行封口，这样当第一个样品测量结束时，即可立即测试第二个样品，依次类推。

（7）选择开始测试，点击 Srart manual measurement（即软件左边第四个快捷键）。

（8）开始测试起初为清洗时间，假设220s，待仪器经过220s后会进行倒计时，当倒计时出现1时，请快速将测试探头和石墨探头插入待测样品容器中，注意，石墨探头要更接近样品容器底部，也就是说石墨探头插入的深度要比测试探头深。当测定时间结束，一般为50s，仪器会继续倒计时，待倒计时为1时，请立即将两个探头移除。

（9）测定结束时，选择 Save current measurement file 进行保存，将数据保存至相应的文件夹中，待所有的样品测试结束，集中进行数据处理。

五、实验结果与计算

待所有实验样品测定完毕后，利用电子鼻软件（以德国 AIRSENSE 公司 PEN3 型为例）可以进行数据整理以及结果的统计分析。具体方法如下：

1. 选择文件（快捷键左边第二个 Open existing measurmenl file）进行查看

查看在测定时间结束时（一般测定时间50s，对40~50s进行观察），观察10根传感器曲线相对平行时所在的时间，一般可以选择45s，然后点击鼠标左键，待图中出现一条红线，查看右上方图 Analysis results 的数值，需要找到数值最大的传感器并记录，接着把同一处理的所有平行一次打开，并记录最初选择传感器的数值，当同一个指标所有的值记录完毕后，找出最接近的三个数值，记录文件编号，只对这三个数据进行处理。

2. 文件输出

（1）点击软件左边 File →Pattern →NEW。

（2）继续点击软件左边 File →Pattern →Edit →Add →Within Range from 44 to 46 →Pattern Name：0−1 →Add →选择三个标记好的文件→Ok →Apply →确定。

（3）将选好的文件添加后，然后改 Pattern Name：0－2，接着依据上面流程继续添加，直到将所有测定数据全部添加完，然后按 Close →Edit Pattern 选择 OK，按 F5 刷新界面。

（4）当刷新完毕后则可进行数据统计分析，用鼠标点击软件上方 PCA、Lo、Ld 进行分析。当点击 PCA，会看见主成分图，若所得到的图被 X 轴或者 Y 轴遮盖，可以进行调整，选择软件最上方 Options →Program Settings →Display，图的 X、Y 轴构可以通过 Manual 进行调节。当继续用另一个软件 Lo 分析时，会发现图中 10 个传感器的相对位置，同样 Ld 分析时也是个圆形，也可通过 Manual 进行图形调节。

（5）文件保存

① 点击 File →Pattern →Save As →输入文件名→保存，若打开之前保存的文件，File →Pattern →Load 即可。

② 另当一个图保存结束，我们需要在桌面上新建 Word，然后选择图形按 Ctrl + C 对图形进行复制，然后按 Ctrl + V 粘贴到 Word 中，同样一定要把对应图形右上角的 Analysis resulti 复制粘贴到对应图形的 Word 中。

六、注 意 事 项

（1）由于电子鼻仪器对气味非常敏感，放置电子鼻仪器的实验室不能进行其他实验，以免其他实验散发的气味影响电子鼻的测定。

（2）电子鼻仪器的操作人员不能使用任何化妆品。

七、思 考 题

影响电子鼻测定的因素有哪些？在实验过程中该如何避免呢？

实验三　食品香气的测定

一、实验目的要求

（1）了解固相微萃取－气相色谱－质谱（SPME－GC－MS）结构、基本原理及工作站的使用。

（2）掌握 SPME－GC－MS 分离、分析食品挥发性成分的基本过程以及数据处理方法。

二、实验基本原理

挥发性成分是食品品质的重要组成部分，醇、酸、醛酮和萜类物质对食品的风味品质起主要作用，是引起食品种类特有的味道嗅感，主要挥发性成分检测技术常采用固相微萃取－气相色谱－质谱（solid phase microextraction and gas chromatography mass spectrometry，SPME－GC－MS），它能够较为真实地反映风味成分。而固相微萃取（Solid phase microextraction，SPME）是一种新概念的样本采集、样品处理浓缩技术，具有成本低、无需有机溶剂、所需样品量少、样品处理时间短、灵敏度高、重现性好、操作简单、方便快捷、绿色环保的特点，能较准确地反映样品的风味组成，SPME – GC – MS 是目前研究产品中挥发性物质较好的分析方法。

样品吸附到萃取柱后，经 GC 分离成单一组分，并进入离子源，在离子源的作用下样品分子被电离成离子，离子经过质量分析器之后即按 m/z 顺序排列成谱，经检测器检测后得到质谱。计算机采集并储存质谱，经过适当处理即可得到样品的色谱、质谱图等。经计算机与标准谱库检索后可得到化合物的定性、定量结果。

质谱法（mass spectrum, MS）是通过对样品离子的质荷比分析来实现定性和定量的一种分析方法。被分析的样品首先要离子化，然后利用不同离子在电场或磁场中运动行为的不同，把离子按质荷比（m/z）分开而得到质谱图，通过样品的质谱图和相关信息，得到样品的定性和定量结果。质谱法主要是通过对样品的分子电离后所产生离子的质荷比及其强度的测量来进行成分结构分析的一种分析方法。首先，被分析样品的气态分子，在高真空中受到高速电子流或其他能量形式的作用，失去外层电子生成分子离子，或进一步发生化学键的断裂或重排，生成多种离子。然后，将各种离子导入质量分析器，利用离子在电场或磁场中的运动性质，使多种离子按不同质荷比的大小次序分开，并对多种的离子流进行控制、记录，得到质谱图。最后，得到谱图中的各种离子及其强度实现对样品成分及结构的分析。

GC – MS 主要由三部分组成：色谱部分、质谱部分和数据处理系统。色谱部分和一般的气相色谱仪基本相同，包括柱箱、气化室和载气系统，也带有分流或不分流进样系统，程序升温系统，压力、流量自动控制系统等，一般不再有色谱检测器，而是利用质谱仪作为色谱的检测器。在色谱部分，混合样品在合适的色谱条件下被分离成单个组分，然后进入质谱仪进行鉴定。气相色谱仪是在常压下工作，而质谱仪需要高真空，因此，如果色谱仪使用填充柱，必须经过一种接口装置——分子分离器，将色谱载气去除，使样品气体进入质谱仪；如果色谱仪使用毛细管柱，则可以将毛细管直接插入质谱仪离子源，因为毛细管载气流量比填充柱小得多，不会破坏质谱仪真空状态。GC – MS 的质谱仪部分可以是聚焦质谱仪、四极质谱仪，也可以是飞行时间质谱仪或离子阱。目前使用最多的是四极质谱仪。离子源主要是EI 源和 CI 源。GC – MS 的另外一个组成部分是计算机系统。由于计算机技术的提高，GC –MS 的主要操作都由计算机控制进行，这些操作包括利用标准样品校准质谱仪，设置色谱和质谱的工作条件，数据的收集和处理以及库检索等。进行 GC – MS 分析的样品应该是在 GC工作温度下（例如，250℃）能气化的样品，样品中应避免大量水的存在，浓度应该与机器灵敏度相匹配。对于不满足要求的样品要进行预处理。样品处理方式和普通气相色谱差不多，常采用的有萃取、浓缩、衍生化等。其工作原理为：一个混合物样品进入气相色谱仪后，在合适的色谱条件下，被分离成单一组分并逐一进入质谱仪，经离子源电离得到具有样品信息的离子，再经分析器、检测器即得每个化合物的质谱。这些信息都由计算机储存，根据需要，可以得到混合物的色谱图、单一组分的质谱图和质谱的检索结果等。根据色谱图还可以进行定量分析。因此，GC – MS 是有机物定性、定量分析的有力工具。

三、实验仪器、材料及试剂

（1）实验仪器　超纯水仪、气相色谱质谱分析仪、顶空瓶（50mL）、固相微萃取装置、石英毛细管柱、手动 SPME 进样器、30/50μm DVB（二乙烯基苯）/CAR（碳分子筛)/PDMS（聚二甲硅氧烷）纤维头、温度计、烧杯。

（2）实验材料　猕猴桃、芒果、香蕉、苹果等。

（3）实验试剂　氯化钠（分析纯）。

四、实 验 步 骤

（1）样品萃取及解析　将样品打碎，称取一定量的样品，打浆后放入顶空瓶内，盖上盖子，在采样台上面40℃预热10min后，置于50mL萃取瓶中，加 NaCl 8g，加盖密封，40℃水浴中平衡10min；将老化好的 SPME 柱（老化时间2h）插入样品瓶上，吸附30min后拔出，插入 GC 仪进样口，250℃解析5min。

（2）GC 条件　程序升温40℃，保持2.5min，以7℃/min升至200℃，以10℃/min升至230℃保持3min；进样口温度为250℃，不分流进样；载气（氦气）流速1.0mL/min。

（3）MS 条件　电子电离方式，电子能量70eV；质量扫描范围35～450U，扫描时间0.2s，传输线温度230℃，离子源温度230℃。

五、实验结果与计算

实验结果与计算值记入表2-3中。

表2-3	实验结果与计算值				
测定指标	样品分组				
	0	1	2	3	4
酯类					
醇类					
酸类					
烷烃类					
其他					

六、注 意 事 项

1. 萃取头在萃取每个样品之前均需老化。
2. 若色谱柱长时间未使用，需进行老化处理。

七、思 考 题

待测样品的萃取处理时间对测定结果是否有影响？该如何确定样品的萃取时间？

实验四　食品质地的测定

一、实验目的要求

以食品中的果蔬为例，了解果蔬质地的常用表达体系，掌握各参数代表的意义；掌握质构仪的基本构造、原理和使用方法。

二、实验基本原理

食品的质构是指用力学的、触觉的，可能的话包括视觉的、听觉的方法能够感知的食品流变学特性的综合感觉。质构是食品除色、香、味外的一种重要性质，是决定食品档次的最重要的指标之一，在某种程度上可以反映出食品的感官质量。

食品质构是与食品的组织结构及状态有关的物理性质（物性）。质构仪的检测方法包括五种基本模式：压缩实验、穿刺实验、剪切实验、弯曲实验、拉伸实验，这些模式可以通过不同的运动方式和配置不同形状的探头来实现。食品的物理性质主要包括：硬度、酥脆性、胶黏性、咀嚼性、粘附性、弹性等。其中咀嚼性是指把固态食品咀嚼成能够吞咽的状态所需要的能量；硬度是指使物体变形所需要的力；酥脆性是指破碎产品所需要的力；胶黏性是指把半固态食品咀嚼成能够吞咽的状态所需要的能量；粘附性是指食品表面和其他物体（舌、牙、口腔）附着时，剥离它们所需要的力；弹性是指表示物体在外力作用下发生形变，当撤去外力后回复原来状态的能力。这些物理特性不仅与食品的品质关系密切，而且也能在一定程度上反映食品的贮藏性。

三、实验仪器和材料

（1）实验仪器　质构仪（TA. XT puls 型号为例说明）、直径大小为 50mm（P/50）柱型探头、直径大小为 2mm（P/2）柱型探头、承重平台（HDP/90）、5kg 的力量感应元、1kg 的砝码校准、打孔器、双刃水果刀、菜板等。

（2）实验材料　不同种类的苹果（红富士、元帅、金冠等）、香蕉（不同成熟度的）、水晶梨等。

四、实 验 步 骤

1. 质构仪使用说明

（1）开机　打开物性测试仪后方开关，并打开操作软件。

（2）校准前检查　查看质构仪主机上有无探头，如有探头，将其取下。

（3）力量校正（每月校准一次即可）　点击 T. A. →Calibrate →Check Force，根据弹出对话框提示将砝码放在校准平台上，观察对话框中的读数变化，当读数接近砝码重量 1000g 时，点击 Tare 确定。

（4）安装所需探头　质构测定用 X 型探头，剪切力测定用刀片。

（5）高度校正　校正前，先将探头尽量调至靠近底座平台，点击 T. A. →Calibrate →Calibrate Heigh，在对话框中设置 Reture Distance（要求大于样品厚度，一般为 15mm），点击 OK。

（6）T. A. Setting　点击 T. A. →T. A. Setting，在 Library 里选择一个实验如 TPA（T. A. Sequence →Special Tests →Other Special Tests →TPA →OK），设置参数（根据已经报道文献参数设置）如下：Test Speed 一般为 1mm/sec，Target Mode 中选择 Strain（压缩比），Strain 一般为 65%，点击 OK。

剪切测定：第 1 步到第 5 步同上；第 6 步点击左侧 Project 栏下方 Project Shortcats →

Personal Project Shortcats →A – MORS →双击→是。剪切力测定参数设定：Test Speed 一般为 1mm/sec，Distance 为样品厚度的 1/2 ~2/3（厚度设置好之后可以进行预测，随时准备按下 RESET 按钮以防刀片绷断伤人）。第 7 步到第 10 步同下。

（7）Test Configuration　点击 Test Configuration（位于左侧 Project 栏 T. A. Setting 下方），在 Archive Information 中设置 File Name（File ID 如"草鱼"，File Number 为 1），Folder（勾选 Auto Save，选择 Path，），在 Probe Selection 中选择探头（质构测定选择 P/36R 型探头，剪切力测定则无），点击 OK。

（8）放置样品于测试平台中间，准备测试。

（9）测试　T. A →Run a Test →Start Test，或者使用快捷键"Ctrl + Q"。

（10）实验结束后将绘制相应的曲线，关闭电脑和物性测试仪。

2. 穿刺实验

（1）样品制备　可以根据自己实验的需要测试果蔬的不同位置，无需要求规则形状。

（2）开机步骤见质构仪使用说明。

（3）选择穿刺模式，探头选择 P/2。设置重要参数：测试前速度：4mm/s；测试速度：2mm/s；压缩距离：6mm；测试后速度 4mm/s。

（4）力量和高度校准同上。

（5）测试过程和数据分析同上。

五、实验结果与计算

实验结果与计算值记入表 2 – 4 中。

表 2 – 4　　　　　　　　　　　实验结果与计算值

果蔬样品	果实硬度/N				平均值/N
	读数 1	读数 2	读数 3	读数 4	
红富士苹果					
香蕉					

六、注　意　事　项

样品的制备、探头型号的选择直接影响到样品和探头的接触面积大小，测试速度、压缩变形量等参数的设置都会结果数据产生影响。如果需要不同样品间进行结果比较，则必须保证在探头、测试设置的所有参数都一样的条件下，数据比较才会有可比性。

七、思　考　题

（1）比较同一种类不同品种果蔬的质构差异性，并分析原因。

（2）针对同一样品，选择设置不同的参数进行测试，然后比较结果，并分析原因。

第三章 食品理论验证性实验

实验五 呼吸强度的测定

方法一 CO₂/O₂顶空分析仪测定呼吸强度

一、实验目的要求

（1）了解果蔬采后生命活动状态；

（2）了解果蔬呼吸强度测定原理；

（3）掌握使用顶空分析仪测定果蔬呼吸强度的方法。

二、实验基本原理

呼吸作用是有机体生命活动的基本代谢过程，也是食品进行的最重要的生理活动之一，它直接影响果蔬产品贮藏运输中的品质变化和寿命。

果蔬的呼吸代谢与多种有机大分子物质的合成、分解代谢过程密切相关，它为果蔬采后生命活动提供能量和必要的中间物质。但是，呼吸作用消耗了果蔬体内积累的有机养分（如糖、有机酸等），降低了果蔬食用品质和贮藏性。呼吸过程中释放的呼吸热还是影响果蔬贮运性的重要因素。通过测定呼吸强度可以衡量果蔬呼吸作用的强弱，了解果蔬采后生命活动状态，为低温和气调贮运以及呼吸热计算提供必要依据。

本实验利用顶空分析仪可直接测出果蔬在一定时间内呼吸作用所释放出来的 CO_2 含量，进而推导出果蔬的呼吸强度。

三、实验仪器和材料

（1）实验仪器 顶空分析仪、塑料密封罐、注射器、采样隔膜垫。

（2）实验材料 马铃薯（或萝卜），苹果（或番茄），生菜（或菠菜）。

四、实 验 步 骤

（1）每个实验样品取3个密封塑料罐（即做3个平行处理）。

（2）现将实验材料随机分成3个平行组，样品准确称量后记录（一般样品重量为1kg，具体可根据果蔬材料、密封塑料罐的大小调整），样品置于密封塑料罐，拧紧盖子，然后用透明胶封好口。

（3）从开始封口时开始计时，2~3h后进行测量（具体时间可以根据所选择的实验材料呼吸强度的强弱进行调整）。时间到后，将采样隔膜垫贴到密封塑料罐盖子上的小口处，将针头在隔膜垫上插入密封塑料罐，确定针头插入密封塑料罐，打开阀门，按下机器

"ANALYZE"键，记录数据。若3个平行数据间误差较大，则每个平行再测3次。

五、实验结果与计算

呼吸强度计算公式：呼吸强度 $[mg/(kg \cdot h)] = \dfrac{44 \times (D_1 - D_0) \times V \times 273}{22.4 \times (273 + T_0) \times W \times h}$

式中　V——玻璃干燥器体积

　　　W——果蔬材料净重

　　　T_0——测定时温度（℃）

　　　h——测定时间

　　　D_0——由顶空分析仪测得空白对照数据

　　　D_1——由顶空分析仪测得实验组数据

六、注 意 事 项

（1）每次使用顶空分析仪前必须校准，调零。

（2）测试时候，必须确保密封塑料罐不能漏气。

（3）在针头插入密封罐时，必须先贴采样隔膜垫，然后在隔膜垫上插入，使用采样隔膜垫能够保证在密封状态下吸气，而不吸入外界的气。采样隔膜垫，可以重复使用，拔出针头后，隔膜垫会自动收缩防止漏气。

（4）测完后，应立即算出结果，若有异常，请立即重新再做一次（3平行）。并清理干净仪器，放回原处。

七、思 考 题

在测定果蔬呼吸强度实验过程中，影响呼吸强度测定结果的因素有哪些？

方法二　碱液吸收法测定呼吸强度

一、实验目的要求

（1）了解果蔬采后生命活动状态；

（2）了解果蔬呼吸强度测定原理；

（3）掌握碱液吸收法测定测定果蔬呼吸强度的方法。

二、实验基本原理

呼吸强度的测定通常是采用定量碱液吸收果蔬在一定时间内呼吸所释放出来的 CO_2，再用草酸滴定剩余的碱，即可计算出呼吸所释放出的 CO_2 量，求出其呼吸强度，其单位为 $mg/(kg \cdot h)$。

反应如下所示：　　　　　$2NaOH + CO_2 \longrightarrow Na_2CO_3 + H_2O$

　　　　　　　　　　　　$Na_2CO_3 + BaCl_2 \longrightarrow BaCO_3 \downarrow + 2NaCl$

　　　　　　　　　　　　$2NaOH + H_2C_2O_4 \longrightarrow Na_2C_2O_4 + 2H_2O$

果蔬呼吸强度的测定方法主要有静置法、气流法和气相色谱法。本实验要求掌握静置法和气流法测定果蔬呼吸强度的方法与原理。碱液吸收法有静置法和气流法。静置法操作简单，但误差大。气流法操作复杂，但准确性高。

三、实验仪器、材料及试剂

（1）实验仪器　真空干燥器、大气采样器、吸收管、滴定管架、铁夹、25mL 滴定管、15mL 三角瓶、500mL 烧杯、Φ8cm 培养皿、小漏斗、10mL 移液量管、洗耳球、100mL 容量瓶、电子天平。

（2）实验材料　水果（苹果，梨，番茄等）、蔬菜（青菜，生菜）等。

（3）实验试剂　钠石灰、0.2g/mL 氢氧化钠、0.4mol/L 氢氧化钠、0.1mol/L 草酸、饱和氯化钡溶液、酚酞指示剂、正丁醇、凡士林等。

四、实验步骤

1. 气流法

气流法的特点是果蔬处在气流畅通的环境中进行呼吸，比较接近自然状态，因此，可以在恒定的条件下进行较长时间的多次连续测定。测定时先通过碱溶液把空气中 CO_2 吸收掉，然后再通入果蔬呼吸室。将果蔬呼吸室中气体（含有果蔬呼吸时释放的 CO_2）带入吸收管，被管中定量的碱液所吸收，经一定时间的吸收后，取出碱液，用酸滴定，由碱量差值计算出 CO_2 量。

（1）按图 3-1（暂不连接吸收管）连接好大气采样器，同时检查是否有漏气。开动大气采样器中的空气泵，如果在装有 0.2g/mL NaOH 溶液的净化瓶中有连续不断的气泡产生，说明整个系统气密性良好，否则应检查各接口是否漏气。

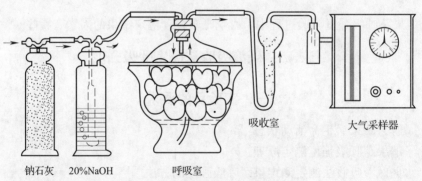

钠石灰　　20%NaOH　　　　呼吸室　　　　吸收室　　　大气采样器

图 3-1　气流法测定呼吸强度装置图

（2）呼吸室平衡　用天平称取果蔬材料 1kg 左右，放入呼吸室，先将呼吸室与安全瓶连接，拨动开关，将空气流量调节在 0.4L/min；将定时钟旋钮反时钟方向转到 30min 处，先使呼吸室抽空平衡 0.5h，然后连接吸收管开始正式测定。

（3）空白滴定　用移液管吸取 0.4mol/L 的 NaOH 溶液 10mL，放入一支吸收管中；加一滴正丁醇，稍加摇动后再将其中碱液毫无损失地移到三角瓶中，用煮沸过的蒸馏水冲洗五次，直至显中性为止。加 6mL 饱和的 $BaCl_2$ 溶液和酚酞指示剂 2 滴，然后用 0.1mol/L $H_2C_2O_4$（草酸）滴定至粉红色消失即为终点。记下滴定量，重复三次，取平均值，即为空白滴定量（V_1）。如果两次滴定相差 0.1mL，必须重滴一次，同时取一支吸收管装好同量碱液和一滴正丁醇，安装在大气采样器的管架上准备吸收来自呼吸室的二氧化碳气体。

（4）当呼吸室抽空 0.5h 后，立即接上吸收管、把定时针重新转到 30min 处，调整流量保持 0.4L/min。待样品测定 0.5h 后，取下吸收管，将碱液移入三角瓶中，加饱和 $BaCl_2$ 溶液 5mL 和酚酞指示剂 2 滴，用草酸滴定，操作同空白滴定，记下滴定量（V_2）。

2. 静置法

静置法操作比较简单，不需要复杂的设备。方法如下。

（1）将装有 0.4mol/L NaOH 溶液 10mL 的培养皿置于玻璃干燥器底部，放置带孔的隔板，板上放水果等材料，封盖，用凡士林密封，静置 2~3h 左右（每千克水果大约需 40mL NaOH 溶液）。

（2）取出培养皿把 NaOH 溶液移入锥形瓶中（冲洗 3~5 次），加饱和 $BaCl_2$ 溶液 6mL 和酚酞指示剂 2~3 滴，用 0.1mol/L 草酸滴定，记录消耗的草酸体积。每组 2 瓶。

（3）另吸取没有在干燥器中放置的 0.1mol/L NaOH 溶液 10mL 至锥形瓶中，加饱和 $BaCl_2$ 溶液 6mL 和酚酞指示剂 2~3 滴，做空白滴定，用 0.1mol/L 草酸滴定，记录消耗的草酸体积。

五、实验结果与计算

计算结果：呼吸强度以每小时每千克果蔬释放的 CO_2 的质量表示。计算公式：

$$\text{呼吸强度 } CO_2 \left[mg/(kg \cdot h)\right] = \frac{(V_1 - V_2) \times c \times 44}{M \times h}$$

式中　V_1——空白滴定消耗草酸体积

V_2——测定管消耗草酸体积均值

c——草酸溶液物质的量浓度

M——样品质量（kg）

h——测定时间（h）

44——CO_2 摩尔质量

六、注 意 事 项

（1）利用碱液吸收法测定果实呼吸强度时，应在玻璃干燥器磨口处涂凡士林，通过滑动滑盖，使容器保持较好的密封性。

（2）利用静置法测定果蔬呼吸强度时，密封时间不宜太久，以免果蔬因消耗过多的密封环境中的氧气，而造成缺氧，使果蔬出现无氧呼吸，从而导致结果出现较大的误差。

（3）果蔬材料的成熟度和发育情况以及果蔬的机械伤、病虫害等都会对果蔬的呼吸造成一定的影响，因此，在测定呼吸强度的时候应该尽可能选取果蔬材料的整齐度一致，剔除机械伤和病虫害的果蔬。

（4）酚酞显色过程中，反应需要一定时间，在滴定的时候一定要充分晃动，使充分反应，避免出现较大误差。

（5）观察酚酞显色的时候，个人的主观性较强，误差较大，要多人多次重复，减小误差。

七、思 考 题

分析利用静置法测呼吸实验中，影响结果的因素有哪些？如何避免？

实验六　乙烯释放量的测定

一、实验目的要求

（1）了解气相色谱仪的基本操作；
（2）了解气相色谱仪测定乙烯的原理。

二、实验基本原理

气相色谱仪是以气体为流动相。当某一种被分析的多组分混合样品被注入一起后，瞬间气化，样品由流动相载气所携带，经过装有固定相的色谱柱时，由于组分分子与色谱柱内部固定相分子间发生吸附、脱附、溶解等过程，组分分子在两相间反复多次分配，使混合样品中的组分得到分离。被分离的组分顺序进入检测器系统，由检测器转换成电信号形成色谱图。气相色谱仪具有分离效率高，分析速度快，例如，可将汽油样品在两小时内分离出 200 多个色谱峰，一般的样品分析可在 20min 内完成。样品用量少和检测灵敏度高，例如，气体样品用量为 1mL，液体样品用量为 0.1μL，固体样品用量为几微克。用适当的检测器能检测出含量在百万分之十几至十亿分之几的杂质。气相色谱仪选择性好，可分离、分析恒沸混合物，沸点相近的物质，某些同位素，顺式与反式异构体邻、间、对位异构体，旋光异构体等。气相色谱仪应用范围广，虽然主要用于分析各种气体和易挥发的有机物质，但在一定的条件下，也可以分析高沸点物质和固体样品。

乙烯是植物生长过程中自然散发的一种激素，广泛存在于植物的各种组织器官中，具有促进果实成熟的作用。我们通过检测食品中乙烯的释放量，来判定食品成熟衰老的程度，建立食品内源乙烯释放量与成熟衰老的关系，有助于我们认识食品成熟衰老机理。乙烯可以通过气象色谱柱进行分离，氢火焰离子化检测器检测，外标法定量测定。

三、实验仪器、材料及试剂

（1）实验样品　苹果，香蕉等；
（2）实验试剂　20mL/kL 的乙烯标样；
（3）实验仪器　气相色谱仪附氢火焰离子化检测器（FID）、密封罐、气体进样针。

四、实验步骤

1. 标准曲线制备

首先在设定好的色谱条件下进 2～3 次标准乙烯气体，确立标准气体的出峰时间。在同样的条件下测定样品（2～3 次），确立样品中是否有所需要得物质，并记录出峰时间及峰面积。然后根据标样和样品中的峰面积来设定标准曲线的梯度，每个梯度的不同浓度样品进样至少三次，记录出峰时间和峰面积。将记录的数据在 Excel 表格中把对应的浓度和峰面积填写，并将数据全部选中，点击插入按钮选择散点图，然后在出现的图中点击一个点（五个点任意一个）单击右键，选择添加趋势线，在出现的页面中选择显示公式和显示 R^2 值（R^2 必须大等于 0.98）即可得到标准曲线的公式、R^2 及标准曲线图。

标准曲线使用实例：每次进样 1mL，每次进样时间必须尽可能相同。注意：如若时间和峰面积之间相差很大或是梯度之间相差比较大，则重新配制梯度浓度。在样品中已知物质的峰面积，将峰面积代入公式中即可得出物质的浓度。

2. 样品静置及取样

（1）试验前首先检查密封罐是否破损、漏气。

（2）将要检测乙烯的水果平均分配成 3 组（挑选大小一致，无机械伤、病虫害的，注意不要使果实受到挤压、破损）。然后对每个罐子以及水果分别称重（精确到小数点后两位），记录，小心放入密封罐中，密闭后，密封罐盖子和罐体必须使用封口胶缠绕 2 圈，罐盖打孔处使用胶垫密封，于 25℃ 房间内密闭 2~3h，待水果释放内源乙烯。

（3）每间隔 30min 封闭一罐，并严格记录闷罐时间，并且必须区分开样品号，同时将样品对应的罐子编号记录在实验记录本上，严防样品混淆。

（4）使用专用气体进样针取样，取样前，先将罐子拿起，横向轻轻振荡 3 个往复，促进罐内气体均匀；立即将取样针拿到窗外，反复 3 次吸入、推出新鲜空气（每个样之前都必须做），然后小心经密封垫扎入开孔，吸取 1mL 气体，进样。

3. 气相色谱仪操作

（1）打开载气钢瓶，调节钢瓶减压阀至 0.5~0.6MPa。

（2）连接好色谱柱，检查无漏气现象，确认进样垫及玻璃衬管处于良好状态。

（3）打开色谱主机电源，参照文献分别设定进样口温度（INJ），方法为：在设备界面上，按 INJ 键，输入数字 150，设定所需温度后，按 ENTER 确定。设定检测器温度（DET），方法为：在设备界面上，按 DET 键，输入数字 160，设定所需温度后，按 ENTER 确定。设定柱温箱温度（COL），方法为：在设备界面上，按 COL 键，输入数字 46，设定所需温度后，按 ENTER 确定。

（4）打开氢气（绿色钢瓶），调节钢瓶减压阀至 0.12MPa，空气钢瓶调至 0.2~0.3MPa。

（5）调节氮气总压表（上层右二 P 表）至 400kPa，调节氮气（下层右二 P 表）至需要压力（内径 0.25mm 毛细柱大概设为 100kPa 左右，内径 0.32mm 毛细柱大概设为 50kPa 左右，内径 0.53mm 毛细柱大概设为 20~30kPa 左右），进样口温度需设定 AUX1（辅助加热单元），通常设定为 235℃，设定方法为：在设备界面上，按 AUX1 键，输入数字，设定所需温度后，按 ENTER 确定。

（6）由工作站控制仪器升温（具体参见工作站操作部分），待温度达到设定值后，调节氢气流量阀（仪器上）至 60kPa 左右，调节空气流量阀至 50kPa 左右，然后按住上表 IGNIT 键后，用点火器进行点火，并确认是否点火成功（观察基线上是否产生峰，产生峰即说明点火成功）。

（7）检查检测器的选择是否正确，当前使用的检测器应处于 ON 状态，不使用的处于 OFF 状态，方法为：在设备界面上，按 DET#键，通过 ON 打开 FID 检测器，OFF 关闭其余检测器；同时，通过 Enter 键进行切换，将极性 POL 设为 1（如为 FTD 检测器，则设为 2）。

（8）等待基线平稳后，开始进样，点击工作站单次运行按钮进行样品分析（通常基线平稳指的是 −0.004~+0.004mV）。进样时，尽量保证每次进样的时间相差不大，以免使出峰时间相差较大。

4. 关机步骤

（1）关闭氢气及空气流量阀，分别设定进样口（INJ）、检测器（DET）、柱温箱（COL）温度至室温；待各温度低于80℃后按DET#关闭FID检测器，（必须按照要求执行，否则造成设备损伤）。

（2）关闭气源（空气、氢气），关闭氢气、空气后10min再关闭氮气。

（3）关闭电源。

（4）严禁使用后，未降温直接关闭机器电源，严禁随意拆卸色谱柱和气体钢瓶。

五、实验结果与计算

假设罐装的体积为2.83L，在25℃封罐时间为3h，样品质量为437.5g，样品中峰面积为1355，乙烯的标准曲线为$y = 10183x - 904.9$。则样品中乙烯的含量为$x = (1355 + 904.9)/10183 = 0.22\mu L/L$。

乙烯的生成速率公式 = （灌装的体积×乙烯含量）/（样品质量×封罐时间）。（其中公式中质量单位为kg，乙烯含量单位μL，具体含量单位和标准曲线浓度梯度有关）

$$乙烯生成速率 = (2.83 \times 0.22)/(0.4375 \times 3) = 0.4738\mu L/(kg \cdot h)。$$

六、注　意　事　项

（1）进样应注意问题　手不要拿注射器的针头和有样品部位、不要有气泡，吸样时要慢、快速排出再慢吸，反复几次，进样速度要快，每次进样保持相同速度，针尖到气化室中部开始注射样品。

（2）氢气和空气的比例对FID检测器的影响　氢气和空气的比例应1∶10，当氢气比例过大时FID检测器的灵敏度急剧下降，在使用色谱时别的条件不变的情况下，灵敏度下降要检查一下氢气和空气流速。氢气和空气有一种气体不足点火时发出"砰"的一声，随后就灭火，一般当点火点着就灭，再点着随后又灭是氢气量不足。如何选择合适的密封垫：密封垫分一般密封垫和耐高温密封垫，气化室温度超过300℃时用耐高温密封垫，耐高温密封垫的一面有一层膜，使用时带膜的面朝下。

七、思　考　题

水果在测定乙烯时候，选果为什么必须是大小一致，无机械伤和病虫害的呢？在乙烯测定实验过程为什么要避免水果挤压、擦伤和碰伤呢？

实验七　可溶性固形物含量的测定

一、实验目的要求

（1）掌握果蔬中可溶性固形物含量的测定方法及原理。

（2）熟练运用折光仪。

二、实验基本原理

利用折光仪测定果蔬中的总可溶性固形物（Total Soluble Solid，TSS）含量，可大致表示果蔬的含糖量。光线从一种介质进入另一种介质时会产生折射现象，且入射角正弦之比恒为定值，此比值称为折光率。果蔬汁液中可溶性固形物含量与折光率在一定条件下（同一温度、压力）成正比例，所以测定果蔬汁液的折光率可求出果蔬汁液的浓度（含糖量的多少）。

可溶性固形物主要是指可溶性糖类，包括单糖、双糖，多糖（除淀粉，纤维素、几丁质、半纤维素不溶于水），我们喝的果汁一般糖都在100g/L以上（以葡萄糖计），主要是蔗糖、葡萄糖和果糖，可溶性固形物含量可以达到9%左右。

通过测定果蔬可溶性固形物含量（含糖量），可了解果蔬的品质，估计果实的成熟度，以便确定采摘时间。

三、实验仪器、材料及试剂

（1）实验仪器　阿贝折光仪。
（2）实验材料　苹果、猕猴桃、菠萝等果类。
（3）试剂　蒸馏水。

四、实 验 步 骤

（1）将棱镜表面擦拭干净后，把被测液体用滴管加在进光棱镜的磨砂面上，合上棱镜并旋转棱镜锁紧手柄扣紧两棱镜。
（2）调节两个反射镜，使观测系统、读数系统的镜筒视场明亮。
（3）旋转刻度调节旋钮，使棱镜组转动，通过观察系统的镜筒观测明暗分界线上下移动，同时调节色散棱镜手轮使视场为黑白两色，当视场中的黑白分界线与交叉十字线中点相割时，观察读数系统的镜筒，视场中细黑线所指示的数值即为被测液体的折光率或糖液的浓度值。

五、实验结果与计算

仪器读数即为果蔬的可溶性固形物含量的百分比，可以做三次平行实验，然后取平均值，计算标准差。

六、注 意 事 项

（1）测试腐蚀性液体时应及时做好清洗工作。
（2）测定完毕后，打开棱镜，用擦镜纸轻轻擦干，不论在任何情况下，不允许用擦镜纸以外的任何东西接触到棱镜，以免损坏它的光学平面。

七、思 考 题

影响折射仪的折射率有哪些？

实验八　还原糖含量的测定

食品中可溶性糖可分为还原糖和非还原糖，还原糖包括各种单糖和麦芽糖，非还原糖主要是蔗糖。还原糖有醛基和酮基，主要是来源于多糖和其他一些大分子的降解产物。还原糖在代谢过程中有着非常重要的作用，它可以为淀粉、纤维素、果胶质等大分子碳水化合物和核苷酸等多种物质的合成提供糖基供体，与食品的生理生化代谢密切相关。

在测定食品组织中多种碳水化合物如总糖、淀粉、纤维素，多种酶如淀粉酶、果胶酶、纤维素酶、葡聚糖酶和糖苷酶时，都需要用测定还原糖的方法测定这些物质的含量和酶活性，因此，如何能准确地测定食品中还原糖含量显得尤为重要，还原糖含量的测定在研究食品生理生化代谢中有着重要的意义。常用的测定食品还原糖含量的化学方法有3,5-二硝基水杨酸法、斐林试剂法、碘量法、高锰酸钾法、铁氰化钾法等。

方法一 3,5-二硝基水杨酸法测定还原糖

一、实验目的要求

掌握还原糖和总糖测定的基本原理，学习用3,5-二硝基水杨酸法测定还原糖的方法。

二、实验基本原理

单糖和某些寡糖含有游离的醛基和酮基，有还原性，属于还原糖；而多糖和蔗糖等属于非还原性糖。利用多糖能被酸水解为单糖的性质可以通过测定水解后的单糖含量对总糖进行测定。

还原糖在碱性条件下加热，被氧化成糖酸及其他产物，3,5-二硝基水杨酸则被还原为棕红色的3-氨基-5-硝基水杨酸。在过量的NaOH碱性溶液中此化合物呈橘红色，在540nm时一定的浓度范围内还原糖的量与光吸收值呈线性关系，利用比色法可测定样品中的含糖量和总糖的含量。

三、实验仪器、材料及试剂

（1）实验仪器　电子天平、烧杯、三角瓶、水浴锅、移液管、洗耳球、紫外分光光度计、容量瓶（1000mL，100mL）、漏斗、滤纸等。

（2）实验材料　苹果。

（3）实验试剂

① 标准葡萄糖液1mg/mL　准确称取干燥恒重的葡萄糖100mg，溶于蒸馏水并定容至100mL，混匀，4℃冰箱中保存备用。

② 3,5-二硝基水杨酸（DNS）试剂　将6.3gDNS和262mL 2mol/L NaOH溶液，加到500mL含有185g酒石酸钾钠的热水溶液中，再加5g结晶酚和5g亚硫酸钠，搅拌溶解，冷却后加蒸馏水定容至1000mL，贮于棕色瓶中备用。盖紧容量瓶塞子，防止二氧化碳进入瓶中。在使用过程中如果发现溶液浑浊可过滤后再使用，不影响实验结果。

四、实　验　步　骤

1. 样品处理

将苹果用刀切碎后，匀浆，过滤，取3mL加水定容至100mL，混匀备用。

2. 制作葡萄糖标准曲线

取 6 支 25mL 定量管编号，按表 3 – 1 分别加入浓度为 1mg/mL 的葡萄糖标准液、蒸馏水和 3，5 – 二硝基水杨酸（DNS）试剂，配成不同葡萄糖含量的反应液。

表 3 – 1 　　　　　　　　　　　　　　　　葡萄糖标准曲线制作

管号	1mg/mL 葡萄糖标准液/mL	蒸馏水/mL	DNS/mL	葡萄糖含量/mg	光密度值/OD_{550nm}
0	0	1.0	3.0	0	0
1	0.2	0.8	3.0	0.2	0.120
2	0.4	0.6	3.0	0.4	0.271
3	0.6	0.4	3.0	0.6	0.419
4	0.8	0.2	3.0	0.8	0.548
5	1.0	0	3.0	1.0	0.705

将各管摇匀，在沸水浴中准确加热 10min，取出，用冷水迅速冷却至室温，用蒸馏水定容至 25mL，加塞后颠倒混匀。调分光光度计波长至 550nm，用 0 号管调零点，等后面 6～8 号管准备好后，测出 0～5 号管的光密度值。以光密度值为纵坐标，葡萄糖含量（mg）为横坐标，做出标准曲线。

3. 样品中还原糖的测定

取 3 支 25mL 定量管，编号，按表 3 – 2 所示，分别加入待测液和显色剂，将各管摇匀，在沸水浴中准确加热 10min，取出，用冷水迅速冷却至室温，用蒸馏水定容至 25mL，加塞后颠倒混匀，在分光光度计上进行比色。调波长 550nm，用 0 号管调零点，测出 6～8 号管的光密度值。

表 3 – 2 　　　　　　　　　　　　　　　　样品还原糖测定

管号	还原糖待测液/mL	蒸馏水/mL	DNS/mL	光密度值/OD_{550nm}	查曲线葡萄糖量/mg	平均值
6	0.5	0.5	3.0			
7	0.5	0.5	3.0			
8	0.5	0.5	3.0			

五、实验结果与计算

计算出 6、7、8 号管光密度值的平均值，在标准曲线上分别查出相应的葡萄糖毫克数，按下式计算出样品中还原糖百分比（以葡萄糖计）。

$$还原糖含量 = \frac{m' \times V \times N}{V' \times m \times 1000} \times 100\%$$

式中　m'——从标准曲线查得的葡萄糖质量，mg

　　　V——样品提取液总体积，mL

　　　N——样品提取液稀释倍数

　　　V'——测定时所取样品提取液体积，mL

　　　m——样品质量，g

六、注 意 事 项

（1）在配制3,5-二硝基水杨酸试剂的时候，在将含DNS的NaOH溶液加到含酒石酸钾钠的热水溶液中时，一定要慢慢倒入，边倒边搅拌，以防被烫伤。

（2）测定波长问题 在还原糖提取液中，带还原性基团（醛基）的糖多种多样，在利用3,5-二硝基水杨酸法测定时形成的呈色化合物最大吸收峰可能会发生不同程度的变化。一般波长变化范围为500~540nm。在具体测定时，可在波长500nm、510nm、520nm和540nm等处进行预实验，选择实验样品最大吸收峰所在的波长，以便获得较好实验结果。

七、思 考 题

在用3,5-二硝基水杨酸法测定还原糖的时候，影响因素主要有哪些？如何避免？

方法二 斐林试剂法测定食品中还原糖含量

一、实验目的要求

掌握斐林试剂法测定食品中还原糖含量的方法。

二、实验基本原理

利用糖的还原性，将斐林试剂（氧化剂）中的二价铜离子还原为一价铜，进行氧化还原反应，而进行测定。非还原糖必须转化为还原糖之后，再进行测定。斐林试剂中酒石酸钾钠铜是一种氧化剂，反应的终点可用次甲基蓝作指示剂，在碱性、沸腾环境下还原呈无色。根据斐林试剂完全还原所需的还原糖，计算出样品中还原糖量。

三、实验仪器、材料及试剂

（1）实验仪器 碱式滴定管、滴定管架、电子天平、称量纸、漏斗、研钵、容量瓶（1000mL、1000mL）、移液管、刻度试管（25mL）、烧杯（1000mL、1000mL）、水浴锅等。

（2）实验材料 苹果等各种果蔬组织。

（3）实验试剂

① 斐林试剂

甲：69.3g $CuSO_4 \cdot 5H_2O$ 加水溶解并定容至1000mL；

乙：346g酒石酸钾钠+100g NaOH加水溶解并定容至1000mL；

② 1%次甲基蓝指示剂：1g次甲基蓝加水溶解并定容至100mL，棕色瓶保存；

③ 0.2%标准葡萄糖溶液：2g 105℃烘干到恒重的葡萄糖加水定容到1000mL。

四、实验步骤

1. 斐林试剂标定

取甲液5mL加入5mL乙液中，置于250mL三角瓶中，加入水10mL，从滴定管中加入 0.2% 的标准葡萄糖若干毫升（约 23mL，量控制在后滴定时消耗葡萄糖在 0.5 ~ 1.0mL）。电炉上加热至沸，并保持微沸 2min，加 2 滴 1% 次甲基蓝溶液，趁沸以每 2s 一滴的速度继续滴加葡萄糖标准溶液，用 0.2% 标准葡萄糖滴定至蓝色消失，有红棕色沉淀，溶液清亮为终点。记录耗用的葡萄糖量为 V_0，必须在 1min 内完成（注意：还原的次甲基蓝易被空气中的氧气氧化，恢复成原来的蓝色，所以滴定过程中必须保持溶液成沸腾状态，并且避免滴定时间过长）。

2. 样品的提取

准确称取 1.0g 苹果组织于研钵内，加入少量蒸馏水研磨，然后转入刻度试管中，并用蒸馏水冲洗研钵转入刻度试管，补充蒸馏水至 25mL。将刻度试管于 80℃ 水浴锅中保持 30min，期间摇晃刻度试管 5 ~ 7 次，使还原糖浸出。取出后冷却、过滤浸提液，用 20mL 的蒸馏水洗涤过滤残渣，再次过滤。两次过滤液收集到 100mL 的容量瓶中，定容，上下颠倒混匀，作为还原糖提取液备用。

3. 样品滴定预备试验

同取斐林试剂，加 10mL 样品液，摇匀于电炉上加热至沸，保持微沸 2min，加 2 滴 1% 次甲基蓝，用 0.2% 葡萄糖滴定至蓝色消失。趁沸以先快后慢的速度从滴定管中滴加样品提取液，必须始终保持溶液的沸腾状态，待溶液蓝色变浅时，趁热以 2s 一滴的速度滴定，直到溶液蓝色刚好褪去为终点。记录耗用的葡萄糖量为 V_1。

4. 样品滴定

同上法吸取斐林试剂加 10mL 样品液（预先稀释），补加 $(V_0 - V_1)$ mL 水，并从滴定管中预先加入 $(V_1 - 1)$ mL 0.2% 葡萄糖，摇匀至电炉上加热至沸，保持 2min 微沸，加入 2 滴 1% 次甲基蓝，继续用葡萄糖滴定至蓝色消失。记录消耗的标准葡萄糖体积为 V 毫升。重复三次，取平均值。

五、实验结果与计算

$$还原糖含量（以葡萄糖计，g/mL）= (V_0 - V) \times 0.002 \times n \times 25 \times 1/n$$

式中　V_0——斐林试剂标定值，mL

　　　　V——样品糖液测定值，mL

　0.002——标准葡萄糖溶液浓度，g/mL

　　　10——样品糖液体积，mL

　　　25——表示 1g 样品稀释至 25mL

　　　n——样品稀释倍数

六、注　意　事　项

（1）斐林试剂法测定的特点

本方法又称直接滴定法、快速测定法，它是国际上常用的定量糖的方法蓝 - 爱农（Lane - Eynon）容量法基础上发展起的，它有试剂用量少，操作过程和计算方法都比较简便和快速，滴定终点非常明显，误差非常小的特点，适用于各类食品中还原糖的测定。这些还原糖包括葡萄糖、麦芽糖、果糖、乳糖等，只是在结果计算的时候用葡萄糖或其他转化糖的含量表示。在测定一些有颜色的样品时候，例如酱油、胡萝卜果汁等，受到色素干扰，往往会造成滴定终点比较模糊，不是很明确而影响到实验结果的准确性。

（2）食品中蛋白质也会对还原糖的测定有一定的影响。对于那些含蛋白质较多的样品，在提取的时候，往往先缓慢加入5mL乙酸锌溶液和5mL亚铁氰化钾溶液混合，静置30min后过滤。乙酸锌及亚铁氰化钾此时可以充当蛋白质沉淀剂，这两种试剂混合后形成的白色氰亚铁酸锌沉淀，能使溶液中的蛋白质沉淀下来。

乙酸锌溶液的配制方法：称取21.9g乙酸锌，加3mL冰醋酸，加蒸馏水溶解并稀释至1000mL。

亚铁氰化钾溶液的配制方法：称取106.0g，加蒸馏水溶解并稀释至1000mL。

这种方法是根据一定量碱性酒石酸铜溶液（Cu^{2+}量一定）消耗的样品液量来计算样品液中的还原糖含量，反应体系中Cu^{2+}的含量是定量的，所以在处理样品所含的蛋白质时，不能用选用含有铜盐的溶液作为蛋白质的沉淀剂，以免里面的Cu^{2+}影响正确的实验结果。

（3）斐林试剂法所用的氧化剂碱性酒石酸铜的氧化能力较强，醛糖和酮糖都可被氧化，所以测得的是总还原糖量。利用此方法也可以测定蔗糖和总糖含量。

（4）本实验滴定过程需要在沸腾条件下滴定。一方面可以加快还原糖与碱性铜试剂的反应速度；另一方面，由于次甲基蓝变色反应是可逆的，在常温下，无色还原型次甲基蓝受到空气中氧作用时又会被氧化为氧化型而呈蓝色；此外，氧化亚铜也极不稳定，易被空气中的氧所氧化。保持反应液沸腾可防止空气进入，避免次甲基蓝和氧化亚铜被氧化而增加耗糖量。滴定时也不能随意摇动锥形瓶，更不能把锥形瓶从热源上取下来滴定，以防空气进入反应液中。

（5）次甲基蓝也是一种氧化剂，但在测定条件下氧化能力比Cu^{2+}弱，所以还原糖先与Cu^{2+}反应，Cu^{2+}完全反应后，稍过量的还原糖才与次甲基蓝指示剂反应，使之由蓝色变为无色，指示到达终点。

（6）为消除氧化亚铜沉淀对滴定终点观察的干扰，在斐林试剂乙液中加入少量亚铁氰化钾（4g/L），使之与Cu_2O生成可溶性的无色络合物，而不再析出红色沉淀。

（7）本法对样品溶液中还原糖质量浓度有一定要求（1g/L左右），测定时样品溶液的消耗体积应与标定葡萄糖标准溶液时消耗的体积相近。因此，通过样品溶液的预测，可以调整样品液的稀释程度，使预测时样品液消耗量在10mL左右。通过预备实验还可知道样品液的大概消耗量，以便在正式测定时，预先加入比实际用量少1mL左右的样品液，只留下1mL左右样品液在后续滴定时加入。为了提高测定的准确度，滴定实验务必在1min内完成。此外，影响测定结果的操作因素还有反应液碱度、热源强度、煮沸时间和滴定速度等。

（8）实验结果表明，1mol葡萄糖只能还原5mol多一点的碱性铜试剂，且随反应条件而变化。分别用葡萄糖、果糖、乳糖、麦芽糖标准品配制标准溶液，滴定等量已标定的斐林氏液，所消耗标准溶液的体积有所不同。因此，不能根据反应式来直接计算还原糖含量，而需用溶液标定的方法进行计算。

七、思　考　题

在本实验过程中，斐林试剂滴定的时候为什么必须保持沸腾状态？

实验九　可滴定酸含量的测定

一、实验目的要求

利用氢氧化钠溶液滴定法测定果蔬中可滴定酸含量；了解可滴定酸含量对果蔬品质的影响。

二、实验基本原理

大多数有机酸是弱酸，如果某有机酸易溶于水，解离常数 $K_a \gg 10^{-7}$，用标准碱溶液可直接测其含量，反应产物为强碱弱酸盐。滴定突跃范围在弱碱性内，可选用酚酞指示剂，滴定溶液由无色变为微红色即为终点。

NaOH 标准溶液是采用间接配制法配制的，因此必须用基准物质标定其准确浓度。邻苯二甲酸氢钾（$KHC_8H_4O_4$），它易制得纯品，在空气中不吸水，容易保存，摩尔质量较大，是一种较好的基准物质，反应产物为二元弱碱，在水溶液中显微碱性，可选用酚酞作指示剂。邻苯二甲酸氢钾通常在 105～110℃下干燥 2h 后备用，干燥温度过高，则脱水成为邻苯二甲酸酐。

在一定温度下，用蒸馏水或乙醇将植物材料中的有机酸浸提出来，用碱溶液滴定浸出液，即可计算出样品的可滴定酸含量。果实中的有机酸含量如柑橘类可换算成柠檬酸、葡萄可换算成酒石酸、苹果类可换算成苹果酸表示。

三、实验仪器、材料及试剂

（1）实验仪器　全自动电位滴定仪、离心管、打浆机、容量瓶、水浴锅、烧杯、锥形瓶、三角漏斗、移液器等。

（2）实验材料　蓝莓、猕猴桃、火龙果、生菜等。

（3）实验试剂

① 0.01mol/L 氢氧化钠溶液：精密称取 0.40g NaOH（小数点后四位），溶解并定容至 1000mL（由于 NaOH 容易与空气中 CO_2 反应，造成 NaOH 浓度降低，每次用之前现配现用）。

② 0.01mol/L 盐酸溶液：精密量取 0.9mL 盐酸，缓慢注入 1000mL 水，配好后可长时间备用。

四、实验步骤

1. 样品处理

称取 10g 果蔬样品，用 30mL 左右煮沸后并冷却的蒸馏水少量多次转移到 100mL 容量瓶中，轻轻将瓶塞放入容量瓶（不要塞紧，防止受热冲出），固定后沸水浴 30min，再冰水浴冷却至室温后定容至 100mL，摇匀，静置 20min，然后在低温 4℃条件下过滤，备用，精密移取 25mL 至样品杯中待测。

2. 滴定仪操作步骤

（1）将吸液管插入蒸馏水瓶中，将滴定管插入 NaOH 溶液瓶中。

（2）仪器安装连接好以后，插上电源线，打开电源开关，仪器开始启动。待仪器启动完毕后，进入主菜单界面（注意：必须先将吸液管插入蒸馏水中、滴定管插入 NaOH 溶液瓶中后再打开主机电源并启动工作程序）。

（3）将 pH 电极从饱和 KCl 水溶液里面拿出，用蒸馏水清洗并且使用滤纸轻轻擦净。

（4）将已经洗好的 pH 电极插入待测液中，电极头浸没在液面下；等电极电位基本稳定时（显示屏上数据不波动），在操作界面上启动测量程序。

（5）按照全自动电位滴定仪的使用说明进行测定实验。

（6）测定下一样品时，必须将电极使用蒸馏水冲洗，使用滤纸轻轻擦干，才可使用；

（7）测量结束拿出电极清洗擦干后放回 KCl 饱和液体中待用，关闭滴定仪和电脑电源，结束操作。

五、实验结果与计算

1. 将测定的数据与计算值记入表 3 - 3 中

表 3 - 3　　　　　　　　　　　　　　　　实验结果与计算值

样品	质量/g	体积/mL	前 pH	后 pH	V_{NaOH}/mL
1 - 1					
1 - 2					
1 - 3					

2. 计算方法

$$X = C \times (V_1 - V_0) \times K \times F \times 100/m \times 100\%$$

式中　　X——每 100g 样品中酸的克数 g/100g

$c \times (V_1 - V_0) \times K \times F \times 100\%$ 表示实验所测得的总样品中酸的克数，$c \times (V_1 - V_0) \times K \times F \times 100/m \times 100\%$ 表示实验所测得的每克样品中酸的克数；

　　　　c——氢氧化钠标准滴定溶液的浓度，mol/L

　　　　V_1——滴定试液时消耗氢氧化钠标准滴定溶液的体积，mL

　　　　V_0——空白试验时消耗氢氧化钠标准滴定溶液的体积，mL

　　　　F——V 提取液总体积/V 滴定时提取液的体积；例如，用容量瓶定容蓝莓提取液 250mL，滴定时从容量瓶中每次提取 25mL 进行实验，则 $F = V$ 提取液总体积/V 滴定时提取液的体积 = 250mL/25mL = 10

　　　　m——试样的取样量，g

　　　　K——酸的换算系数，换算系数 K 的单位是 g/mmol（一水柠檬酸：0.064）

六、注 意 事 项

（1）每次使用前要进行仪器校准，必须使用 0.01mol/L 盐酸校正机器。

（2）滴定时，为使复合电极内外平衡，滴定时应注意将填液帽打开。当电极内充液下降后，应及时补充电极内充液。

影响果蔬样品酸碱度强弱的因素有哪些?

实验十 过氧化氢酶活性的测定

方法一 滴定法测过氧化氢酶活性

一、实验目的要求

了解过氧化氢酶的作用,掌握高锰酸钾滴定法测定果蔬中过氧化氢酶活性的方法。

二、实验基本原理

过氧化氢酶(CAT)属于血红蛋白酶,含有铁,它能催化过氧化氢分解为水和分子氧,在此过程中起传递电子的作用,过氧化氢既是氧化剂又是还原剂。

$$R(Fe^{+2})+H_2O_2 = R(Fe^{+3}+OH^-)$$
$$R(Fe^{+3}OH^-)_2+H_2O_2 = R(Fe^{+2})_2+2H_2O+O_2$$

据此,可根据 H_2O_2 的消耗量或 O_2 的生成量测定该酶活力大小。在反应系统中加入一定量(反应过量)的 H_2O_2 溶液,经酶促反应后,用标准高锰酸钾溶液(在酸性条件下)滴定多余的 H_2O_2。

$$5H_2O_2+2KMnO_4+4H_2SO_4 \longrightarrow 5O_2+2KHSO_4+8H_2O+2MnSO_4$$

即可求出消耗的 H_2O_2 的量。

三、实验仪器、材料及试剂

(1)实验仪器 研钵、三角瓶(50mL)、酸式滴定管(10mL)、恒温水浴、容量瓶(25mL)、离心机。

(2)实验材料 蓝莓、猕猴桃等果蔬。

(3)实验试剂

① 10% H_2SO_4。

② 0.2mol/L 磷酸缓冲液 pH 7.8。

③ 0.1mol/L 高锰酸钾标准液 称取 $KMnO_4$(AR)3.1605g,用新煮沸后冷却的蒸馏水配制成1000mL,用0.1mol/L 草酸溶液标定。

④ 0.1mol/L H_2O_2 市售30% H_2O_2 大约等于17.6mol/L,取30% H_2O_2 溶液5.68mL,稀释至1000mL,用标准0.1mol/L 的高锰酸钾溶液(在酸性条件下)进行标定。

⑤ 0.1mol/L 草酸:称取优级纯 $H_2C_2O_4 \cdot 2H_2O$ 12.607g,用蒸馏水溶解后,定容至1000mL。

四、实 验 步 骤

(1)酶液提取 取果蔬组织2.5g加入 pH 7.8的磷酸缓冲溶液少量,研磨匀浆,转移至 25mL 容量瓶中，用该缓冲液冲洗研钵，并将冲洗液转入容量瓶中，用同一缓冲液定容，4000r/min 离心 15min，上清液即为过氧化氢酶的粗提液。

（2）取 50mL 三角瓶 4 个（两个测定两个对照），测定瓶中加入酶液 2.5mL，对照瓶中加入高温灭活酶液 2.5mL，再加入 2.5mL 0.1mol/L 的 H_2O_2，同时计时，于 30℃ 恒温水浴中保温 10min 后，立即加入 10% H_2SO_4 2.5mL。

（3）用 0.1mol/L 的高锰酸钾标准溶液滴定 H_2O_2，直至出现粉红色（在 30min 内不消失）为终点。

五、实验结果与计算

过氧化氢酶酶活性用每克鲜重样品 1min 内分解 H_2O_2 的质量（mg）表示：

$$过氧化氢酶活性 [H_2O_2 mg/(g \cdot min)] = (A - B) \times V_T/(W \times V_S \times 1.7 \times t)$$

式中　A——对照 $KMnO_4$ 滴定体积

　　　B——酶反应后 $KMnO_4$ 滴定体积

　　　V_T——提取酶液总量，mL

　　　V_S——反应时所用酶液量，mL

　　　W——样品鲜重，g

　　　t——反应时间，min

1.7——1mL 0.1mol/L $KMnO_4$ 相当于 1.7mg H_2O_2

六、注 意 事 项

（1）市售 30% H_2O_2 具有腐蚀性，操作时要戴手套、口罩。

（2）实验中高温灭活酶液时，一定要经过沸水充分煮后才可以。

七、思 考 题

滴定法测过氧化氢酶活性，有哪些因素会影响到实验结果？

方法二　过氧化氢酶的活性测定——紫外吸收法

一、实验目的要求

了解过氧化氢酶的作用，掌握紫外吸收法测定果蔬中过氧化氢酶活性的方法。

二、实验基本原理

H_2O_2 在 240nm 波长下有强烈吸收，过氧化氢酶能分解过氧化氢，使反应溶液吸光度（A_{240}）随反应时间增加而降低。根据测量吸光度的变化速度即可测出过氧化氢酶（CAT）的活性。

三、实验仪器、材料及试剂

（1）实验仪器　冷冻预冷过夜的研钵、高速冷冻离心机、移液器、离心管、紫外分光光度计、水浴锅、容量瓶。

（2）实验材料　猕猴桃、蓝莓等果蔬。

（3）实验试剂

① 0.05mol/L 磷酸缓冲液（pH 7.0）

A 液：称取 3.12g $NaH_2PO_4 \cdot 2H_2O$ 溶解，以蒸馏水定容至 100mL。

B 液：称取 7.17g $Na_2HPO_4 \cdot 2H_2O$ 溶解，以蒸馏水定容至 100mL。

取 A 液 32mL 与 B 液 68mL 混匀。

② 200mmo/L H_2O_2 溶液：取 30% H_2O_2 11.36mL 定容至 250mL（使用过程中注意密封，即在不取用时及时盖上瓶盖，并放入 4℃ 冰箱保存。30% H_2O_2 必须放在 4℃ 冰箱保存）。

③ 0.1mol/L 的 HCl：浓盐酸物质的量浓度为 12mol/L，使用移液器量取 0.9mL 盐酸，缓慢注入 1000mL 水。

④ 50mmol/L pH 7.0 的 Tris-HCl 缓冲溶液：精确称取 1.2114g Tris（三羟甲基氨基甲烷），以蒸馏水定容至 100mL。取 Tris 溶液 50mL 与 0.1mol/L 的 HCl 46.7mL 混匀定容至 100mL。

四、实 验 步 骤

1. 实验前准备

前一天将研磨洗净、烘干后放入 -18℃ 冰箱内冷冻过夜。

2. 酶液制备

称取 5.0g（猕猴桃）果蔬组织，置于预冷的研钵中，加入 8mL 0.05mol/L 磷酸缓冲液，冰浴研磨、匀浆，转入 50mL 离心管，然后分别使用 3mL、2mL 0.05mol/L 磷酸缓冲液冲洗，确保将所有样品转入离心管，涡旋仪处理，每处理完一个样品，迅速放置到 4℃ 冰箱中暂存。取 10mL，配平，然后全部样品于 4℃，10000r/min 离心 10min，使用移液器在离心机旁迅速吸取上清液 4mL，置于塑料离心管中（若取样时不慎将植物组织吸入，重新离心，重新取），立即放入有生物冰袋（冻硬）的采样箱中，逐一取出处理。

3. 酶活性测定

实验前将紫外室空调打开，保持 25℃ 至少 1h。将紫外分光光度计开机、预热，空载点击基线校正，然后选择光谱功能，设定检测波长，设定方法。将参比溶液加入两个比色皿，然后点击调零。将样品池中比色皿取出，逐一装入样品进行检测，不需再点击调零。将水浴锅抬至紫外室，将水加热至 37℃。

以蒸馏水为对照，在试管中加入酶提液 3.0mL、Tris-HCl 液 4.0mL，蒸馏水 6.8mL，于 37℃ 水浴中预热 3min 后，转入比色皿，放入紫外分光光度计后，加入 0.4mL H_2O_2 溶液，立即测定 240nm 处吸光度，测定时每隔 30s 读一次，共测 3min。注意：本实验受温度影响极大，所以必须注意逐一处理样品、严格控制时间。

五、实验结果与计算

1. 将测定的数据与计算值记入表 3-4 中

表 3 – 4　　　　　　　　　　　　　　　实验结果与计算值

重复次数	m/g	V_t/mL	V_s/mL	A_1	A_2	A_3	A_4	A_5	A_6	ΔA
1										
2										
3										

2. 计算方法

同一批样品，选择变化最大区间，计算 ΔA

$$CAT\ 活性\ [U/(g \cdot min)] = \frac{\Delta A_{240} \times V_t}{0.1 \times V_s \times t \times m}$$

式中　ΔA_{240}——反应时间内的吸光度变化

V_t——酶提取液的总体积，mL

V_s——测定所取酶液的体积，mL

t——反应时间，min

m——为样品鲜重

六、注 意 事 项

（1）由于果蔬组织之间差异非常大，所以样品的称取要依据实验材料的不同而做出相应的调整。

（2）过氧化氢酶活性受外界温度影响非常大，所以在实验过程要严格控制温度。

七、思 考 题

（1）紫外法测过氧化氢酶活性，有哪些因素会影响到实验结果？

（2）用紫外分光光度计的时候如何避免在 240nm 下其他吸收物质的影响？

实验十一　果蔬叶绿素含量的测定

一、实验目的要求

了解叶绿素含量变化对水果、蔬菜采后贮藏保鲜品质的影响，掌握紫外分光光度计测定叶绿素含量的原理。

二、实验基本原理

叶绿素广泛存在于果蔬等绿色植物组织中，并在植物细胞中与蛋白质结合成叶绿体。当植物细胞死亡后，叶绿素即游离出来，游离叶绿素很不稳定，对光、热较敏感。在酸性条件下，叶绿素生成绿褐色的脱镁叶绿素，在稀碱液中可水解成鲜绿色的叶绿酸盐以及叶绿醇和甲醇。高等植物中叶绿素有两种（图 3 – 2 与图 3 – 3），均易溶于乙醇、乙醚、酒精和氯仿。

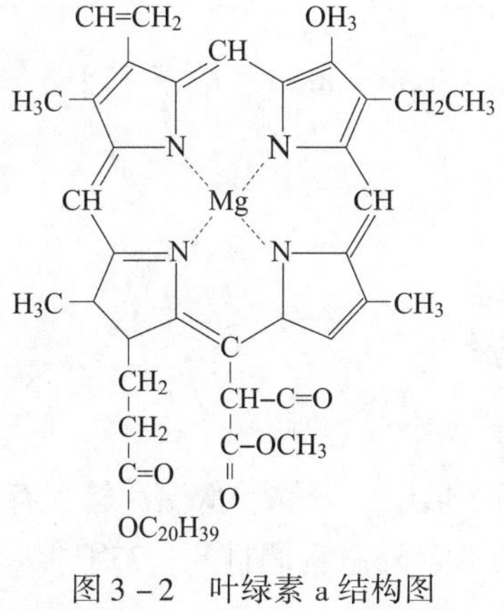

图 3 - 2　叶绿素 a 结构图

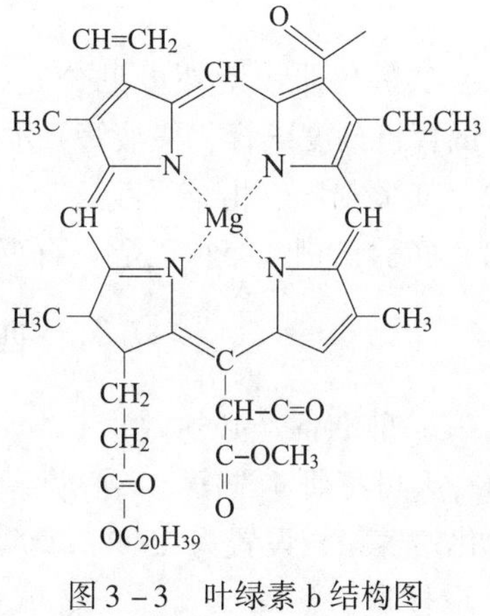

图 3 - 3　叶绿素 b 结构图

　　叶绿素是一切果蔬绿色的来源，它最重要的生物学作用是光合作用。叶绿素是两种结构相似的成分，叶绿素 a 和叶绿素 b 的混合物。叶绿素 a 呈青绿色，叶绿素 b 呈黄绿色，两者大约呈 3:1 的比例。叶绿素在植物细胞中与蛋白质结合成叶绿体。

　　在正常生长发育的果蔬中，叶绿素的合成作用大于分解作用，外表看不出绿色的变化。当果蔬进入成熟期后或采收后，合成作用逐渐停止，叶绿素在酶的作用下水解生成叶绿醇和叶绿酸盐等溶于水的物质，加上光氧化破坏继续进行，原有的叶绿素减少或消失，表现为绿色消退，可使其他种类的色素如类胡萝卜素、花青素的颜色得以呈现。这种颜色变化常被用来作为衡量成熟度和新鲜度变化的指标。一般说来，在果蔬保鲜过程中，保鲜效果越好，其果蔬组织中叶绿素含量越高。

　　利用分光光计测定叶绿素含量的依据是朗伯 - 比尔定律，即当一束单色光通过溶液时，溶液的吸光度与溶液的浓度和液层厚度的乘积成正比。其数学表达式为：

$$A = Kbc$$

式中　A——吸光度

　　　K——吸光系数

　　　b——溶液的厚度

　　　c——溶液浓度

　　叶绿素 a、b 的丙酮溶液在可见光范围内的最大吸收峰分别位于 645nm、663nm 处。叶绿素 a 和 b 在 663nm 处的吸光系数（当溶液厚度为 1cm，叶绿素浓度为 1g/L 时的吸光度）分别为 82.04 和 9.27；在 645nm 处的吸光系数分别为 16.75 和 45.60。根据朗伯 - 比尔定律列方程式表示：

$$A_{663} = 82.04c_a + 9.27c_b \tag{1}$$

$$A_{645} = 16.76c_a + 45.6c_b \tag{2}$$

　　根据以上方程组可以求得：

$$c_a\ (mg/L)\ = 12.72A_{663} - 2.59A_{645} \tag{3}$$

$$c_b\ (mg/L)\ = 22.88A_{645} - 4.67A_{663} \tag{4}$$

三、实验仪器、材料及试剂

（1）实验仪器　紫外可见分光光度计、离心机（8000r/min）、电子天平、离心管、研钵、试管、刻度试管、移液管、水浴锅等。

（2）实验材料　生菜等蔬菜。

（3）实验试剂　95%乙醇、石英砂、碳酸钙粉。

四、实验步骤

1. 实验前准备（必须做）

前一天可将研钵洗净、离心管、试管、刻度试管、烘干。研钵于低温冰箱保存。打开一台生化培养箱，设置为25℃；实验前，先将有空调的紫外室空调打开，25℃保持1h。

2. 取样量

一般紫外可见分光光度计最佳读数范围为0.2~0.8，一般可取1.0g样品。此项是否合理，可通过紫外读数判定，若吸光值较大，则可取一定量提取液加入95%乙醇稀释后测定。

3. 实验操作

将生菜样品放入低温预冻过夜的研钵，研钵在冰上研磨。加少量石英砂（0.3g）和碳酸钙粉（0.2g），加入3mL 95%乙醇，迅速研成匀浆，再加95%乙醇3mL，迅速继续研磨至组织变白，迅速使用6mL 95%乙醇将匀浆分三次转入玻璃离心试管，转入25mL容量瓶，使用95%乙醇定容至25mL容量瓶，旋紧盖子，反复振摇，生化培养箱中静置1h，取出后转入15mL塑料离心管在10℃、8000r/min离心15min。从离心机提出后，立即在离心机旁使用移液管小心移取10mL上清液左右至干净离心管中（若不慎将植物组织移入，重新离心、重新取，这一步对检测结果影响极大）。

实验前将紫外室空调打开，25℃至少1h。将紫外分光光度计开机、预热，空载点击基线校正，然后选择光谱功能，设定检测波长，设定方法。将参比溶液（95%乙醇）加入两个比色皿，然后点击调零。将样品池中比色皿取出，逐一装入样品进行检测，不需再点击调零。分别在663nm和645nm下测定吸光度，以95%乙醇为空白对照。待测液注意避光保存，测完一个，测量下一个。

五、实验结果与计算

1. 公式及计算

提取液中叶绿素浓度为：

$$c_a(mg/L) = 12.72A_{663} - 2.59A_{645}$$
$$c_b(mg/L) = 22.88A_{645} - 4.67A_{663}$$
$$c_T(mg/L) = c_a + c_b = 8.02A_{663} + 20.21A_{663}$$
$$叶绿素含量（mg/gFW） = (c_T \times N)/(1000 \times W)$$

式中　c_T——提取液中叶绿素浓度，mg/L

　　　W——样品的鲜重，g

　　　N——稀释倍数

2. 计算示例

如称取生菜组织 $1.00g$，$A_{663} = 0.702$，$A_{645} = 0.259$，稀释倍数为 25（因为分别加入了 3/3/6mL 乙醇，并使用乙醇定容至 25mL），计算过程为：

例如称取 $1.00g$ 生菜叶片组织，$A_{663} = 0.702$，$A_{645} = 0.259$，因定容至 25mL，测吸光度时又稀释 10 倍（预实验发现定容至 25mL 溶液的吸光度极大，超过 2，因此再稀释 10 倍），因此 $N = 250$，则

$$c_a = 12.72 \times 0.702 - 2.59 \times 0.259 = 8.2586$$
$$c_b = 22.88 \times 0.259 - 4.67 \times 0.702 = 2.6476$$
$$c_T = 8.2586 + 2.6476 = 10.9062$$

叶绿素含量（mg/g）= $(10.9062 \times 25 \times 10) / (1000 \times 1.00) = 2.7266$ mg/g 样品鲜重

六、注 意 事 项

（1）为了避免叶绿素的分解，应在弱光和低温下操作，研磨时间尽量短，提取、静置过程应在避光、室温下进行；叶绿素提取液不能浑浊，必须利用定量滤纸过滤或进行高速低温离心。

（2）如果材料叶绿素含量较高时，可将提取液体积定容至 100mL，或对提取液进行适当倍数的稀释后再测定。若提取液吸光度 A 大于 0.8，可将提取液用 95% 乙醇稀释测定。

七、思 考 题

（1）为什么提取干材料中的叶绿素时一定要用 80% 无水乙醇，而提取新鲜的果蔬组织时用无水乙醇较好呢？

（2）研磨提取生菜样品的时候加入碳酸钙粉有什么作用呢？

实验十二 花色苷含量的测定

一、实验目的要求

掌握果蔬中花色苷含量的测定方法及原理。

二、实验基本原理

花青素是具有 2 - 苯基苯并吡喃阳离子结构的衍生物，广泛存在于植物中的水溶性天然色素。花青素在自然状态下常与各种单糖形成糖苷，称为花色苷。溶液 pH 不同，花色苷的存在形式也不同。对于一个给定的 pH，在花色苷的 4 种结构之间存在着平衡，即蓝色的醌式（脱水）碱，红色的花锌正离子，无色的甲醇假碱和查尔酮。花色苷在 pH 很低时，其溶液呈现最强的红色。随着 pH 的增大，花色苷的颜色将褪至无色，最后在高 pH 时变成紫色或蓝色。pH 示差法测定花色苷含量的依据是花色苷发色团的结构转换是 pH 的函数，起干扰作用的褐色降解物的特性不随 pH 变化。因此在花青素最大吸收波长下确定两个对花青苷吸光度差别最大但是对花色苷稳定的 pH。

三、实验仪器、材料及试剂

（1）实验仪器　紫外可见分光光度计、离心机（10000r/min）、电子天平、离心管、研钵、试管、刻度试管、水浴锅、pH 计、恒温振荡器、真空抽滤装置。

（2）实验材料：蓝莓等果蔬。

（3）实验试剂

① 60% 酸性乙醇溶液：移取 99mL 60% 乙醇，然后加入 1mL 的浓 HCl 混合（60% 乙醇必须使用 95% 乙醇配制，具体为 100mL 95% 乙醇，加入 95mL 蒸馏水混合即得），该溶液 pH 1 ± 0.1，室温保存，使用前必须使用 pH 计检测后方可使用。

② KCl 缓冲液：取 0.20mol/L 的 KCl 溶液（1.49g KCl 溶于 100mL 蒸馏水中）25mL 与 67mL 的 0.20mol/L 的 HCl（0.9mL 浓盐酸与 59.25mL 蒸馏水混合）溶液混合即可（pH 1.0 ± 0.1 左右），室温保存，使用前必须使用 pH 计检测后方可使用。

③ NaAc 缓冲液：准确称取无水乙酸钠 18.00g，溶解，取乙酸 9.80mL 混合，移至 1000mL 容量瓶中定容即可（pH = 4.5 ± 0.1 左右），室温保存，使用前必须使用 pH 计检测后方可使用。

四、实验步骤

1. 实验前准备

前一天可将研钵洗净、烘干，置于 −18℃ 冰箱过夜。实验前，先将有空调的紫外室空调打开，25℃ 保持 1h。

2. 研磨

称取 1.5g 用液氮冻过的样品，放到刚从冰箱里面拿出来的研钵中，研磨。

3. 提取与显色反应

将研磨好的样品加入 50mL 塑料离心试管中，加入 60% 酸性乙醇 50mL，50℃ 恒温水浴避光震荡 1h，取出后不开盖用自来水水浴 2min 降温，防止溶剂因蒸发导致损失，然后将上述溶液倒入 100mL 容量瓶，使用 60% 酸性乙醇洗涤至少 3 ~ 5 遍，最终使用 60% 酸性乙醇定容至 100mL，得花色苷提取液，使用玻璃漏斗抽滤（滤纸片不得大于过滤面），抽滤过程中要求抽滤装置必须冷至室温，且抽滤瓶必须放置在冰水浴中。

4. 分离与平衡

每个样品取上述滤液（10mL 左右）2 份，4000r/min、离心 10min。使用移液器吸取滤液 3mL 置于塑料离心管（已标记）内。然后分别使用 NaAc 缓冲液和 KCl 缓冲液稀释 5 倍（加入 12mL 缓冲液）。稀释后放置于 25℃ 生化培养箱内平衡 20min，得平衡液。平衡液避光保存，测完一个样品，从柜子中拿出下一个样品。

5. 吸光度测定

实验前将紫外室空调打开，25℃ 至少 1h。将紫外分光光度计开机、预热，空载点击基线校正，然后选择光谱功能，设定检测波长，设定方法。将参比溶液加入两个比色皿中，然后点击调零。将样品池中比色皿取出，逐一装入样品进行检测，不需再点击调零。分别以 60% 酸性乙醇与 NaAc 缓冲液混合溶液（体积比 1：5），60% 酸性乙醇与 KCl 缓冲液混合溶液（体积比 1：5）为空白，测定平衡液在 510nm 和 710nm 的吸光度。

五、实验结果与计算

计算公式：$A = \text{pH } 1.0\,(A_{510nm} - A_{700nm}) - \text{pH } 4.5\,(A_{510nm} - A_{700nm})$

色苷含量（mg/100g）$= (A \times MW \times DF \times V \times 100)/(\varepsilon \times 1 \times m)$

式中　MW——449.2g/mol（矢车菊素 3 - O - 葡萄糖苷的摩尔质量）

　　　DF——稀释倍数

　　　V——样品提取液的总体积（定容的体积）

　　　m——蓝莓质量（g）

　　　ε——26900mol/L/cm（矢车菊素 3 - O - 葡萄糖苷的摩尔消光系数）

计算示例：

510nm：KCl（pH 1.0）= 0.233　　NaAc（pH 4.5）= 0.081

700nm：KCl（pH 1.0）= 0.051　　NaAc（pH 4.5）= 0.057

由 $m = 1.0429$g，得 $A = (0.233 - 0.051) - (0.081 - 0.057) = 0.158$

因此，含量（mg/100g）$= (0.158 \times 449.2 \times 5 \times 100 \times 100)/(26900 \times 1 \times 1.0429)$

$= 126.4946$mg/100g

六、注　意　事　项

（1）花色苷极为不稳定，应在弱光和低温下操作，研磨时间尽量短，提取、静置过程在避光、室温下进行；

（2）若提取液吸光度 A 大于 0.8，可将提取液使用 95% 乙醇稀释测定。

七、思　考　题

是否还有其他的方法来测定花色苷含量？

实验十三　食品还原型谷胱甘肽含量的测定

一、实验目的要求

了解果蔬组织中抗坏血酸 - 谷胱甘肽循环代谢过程，学习还原型谷胱甘肽含量的测定原理和方法。

二、实验基本原理

谷胱甘肽（GSH）是由谷氨酸（Glu）、半胱氨酸（Cys）、和甘氨酸（Gly）组成的天然三肽。它是一种含巯基（—SH）的化合物，广泛存在于动物组织、植物组织、微生物和酵母中。谷胱甘肽能和二硫代硝基苯甲酸（5，5 - dithiobs - 2 - nitrobenzoic acid，DT-NB）反应产生 2 - 硝基 - 5 - 基苯甲酸和谷胱甘肽二硫化物（GSSG）。2 - 硝基 - 5 - 基苯甲酸为黄色产物，在波长 412nm 处具有最大光吸收。因此，利用分光光度计法可测定样品中谷胱甘肽的含量。

三、实验仪器、材料及试剂

（1）实验仪器 研钵、高速冷冻离心机、离心管、试管、水浴锅、容量瓶（100mL、200mL、1000mL）、分光光度计。

（2）实验材料 蓝莓、猕猴桃等。

（3）实验试剂

① 50g/L 三氯乙酸（TCA）溶液（含 5mmol/L EDTA - Na$_2$）：称取 5.0g 三氯乙酸，用蒸馏水溶解、稀释至90mL。再称取 186mg EDTA - Na$_2$ · 2H$_2$O，加入到90mL 50g/L 三氯乙酸溶液中溶解，最后定容至100mL，常温放置备用。

② 0.1mol/L、pH 7.7 的磷酸钠缓冲液（常温保存）

母液 A（0.2mol/L Na$_2$HPO$_4$ 溶液）：称取 35.61g Na$_2$HPO$_4$ · 2H$_2$O（相对分子质量 = 178.05）或 53.65g Na$_2$HPO$_4$ · 7H$_2$O（相对分子质量 = 268.25）或 71.64g Na$_2$HPO$_4$ · 12H$_2$O（相对分子质量 = 358.22），溶解，稀释至1000mL（常温保存）。

母液 B（0.2mol/L NaH$_2$PO$_4$ 溶液）：称取 27.60g NaH$_2$PO$_4$ · H$_2$O（相对分子质量 = 138.01）或 31.21g NaH$_2$PO$_4$ · 2H$_2$O（相对分子质量 = 156.03），溶解，稀释至1000mL（常温保存）。

0.2mol/L Na$_2$HPO$_4$ 溶液 85.0mL 和 0.2mol/L NaH$_2$PO$_4$ 溶液 15.0mL 混合定容到100mL 容量瓶（常温保存）。

③ 0.1mol/L、pH 6.8 磷酸钠缓冲液

母液 A（0.2mol/L Na$_2$HPO$_4$ 溶液）：称取 35.61g Na$_2$HPO$_4$ · 2H$_2$O（相对分子质量 = 178.05）或 53.65g Na$_2$HPO$_4$ · 7H$_2$O（相对分子质量 = 268.25）或 71.64g Na$_2$HPO$_4$ · 12H$_2$O（相对分子质量 = 358.22），溶解，稀释至1000mL（常温保存）。

母液 B（0.2mol/L NaH$_2$PO$_4$ 溶液）：称取 27.60g NaH$_2$PO$_4$ · H$_2$O（相对分子质量 = 138.01）或 31.21g NaH$_2$PO$_4$ · 2H$_2$O（相对分子质量 = 156.03），溶解，稀释至1000mL（常温保存）。

0.2mol/L Na$_2$HPO$_4$ 溶液 50.0mL 和 0.2mol/L NaH$_2$PO$_4$ 溶液 50.0mL 混合定容到100mL 容量瓶（常温保存）。

④ 4mmol/L 二硫代硝基苯甲酸（5，5 - dithiobs - 2 - nitrobenzoic acid，DTNB）溶液（常温保存）：称取 15.8mg DTNB，用 0.1mol/L、pH 6.8 的磷酸缓冲溶液溶解，定容至10mL，混匀，4℃保存，现用现配。

⑤ 100μmol/L 还原型谷胱甘肽标准液：称取 3.1mg 还原型谷胱甘肽，加入少量无水乙醇溶解，用蒸馏水溶解，定容至100mL。

四、实 验 步 骤

1. 取样、提取

使用小烧杯精密称取 5.00g [深色组织取 2.50g（如蓝莓），浅色组织取 5.00g，精确到小数点后四位] 植物组织（尽量多块），转入研钵中，并使用10mL 4℃预冷至少 3h 的50g/L 的三氯乙酸溶液（含 5mmol/L EDTA - Na$_2$）分两次将植物组织洗涤入研钵，然后再加入 5.0mL 经4℃预冷过夜的50g/L 的三氯乙酸溶液（含 5mmol/L EDTA - Na$_2$），在冰

浴条件下研磨匀浆。将匀浆于4℃、12000g离心20min，收集上清液测定谷胱甘肽含量，测量提取液体积。

2. 标准曲线的制作

取6支具塞试管，编号，按照下方表3-5加入各种试剂，混匀，塞上玻塞，于25℃保温反应10min。以0号管为参比调零，测定显色液在波长412nm处的吸光度值。以吸光度值为纵坐标，还原型谷胱甘肽物质的量（μmol）为横坐标，绘制标准曲线，见表3-5。

表3-5　　　　　　　　　　　绘制还原型谷胱甘肽标准曲线的试剂量

项目	管号					
	0	1	2	3	4	5
100μmol/L 还原型谷胱甘肽标准液/mL	0	0.4	0.8	1.2	1.6	2.0
蒸馏水/mL	2.0	1.6	1.2	0.8	0.4	0
0.1mol/L、pH7.7 磷酸缓冲液/mL	2.0	2.0	2.0	2.0	2.0	2.0
4mmol/L DTNB 试剂/mL	1.0	1.0	1.0	1.0	1.0	1.0
相当于还原型谷胱甘肽物质的量/μmol	0	20	40	60	80	100

3. 测定

取一支试管，依次加入1.0mL蒸馏水、1.0mL pH 7.7磷酸钠缓冲液和0.5mL 4mmol/L DTNB溶液，混匀即为绘制标准曲线的0号管液。以此溶液作为参比在波长412nm处对分光光度计进行调零。

再取2支试管，分别都加入0.5mL待测液的上清液，3.0mL pH 7.7磷酸钠缓冲液；然后向其中一支试管中加入1.5mL 4mmol/L DTNB溶液，另一支试管中加入1.5mL 0.1mol/L、pH 6.8磷酸钠缓冲液。将2支反应管置于25℃保温反应10min（水浴）。按照制作标准曲线的方法，迅速测定显色液在波长412nm处的吸光度，分别记作ODs和ODc，重复三次。

五、实验结果与计算

1. 将测定的数据与计算值记入表3-6中

表3-6　　　　　　　　　　　　　实验结果与计算值

重复次数	样品质量 m/g	提取液体积 V/mL	吸取样品液体积 V_s/mL	412nm吸光度			由标准曲线查得GSH物质的量 $n/\mu mol$	样品中还原型GSH含 $\mu mol/g$	
				ODs	ODc	ODs-ODc		计算值	平均值±标准偏差
1									
2									
3									

2. 计算结果

显色反应后，分别记录样品管反应混合液的吸光度值（ODs）和空白对照管反应混合液的吸光度（ODc）。根据吸光度差值，从标准曲线上查出相应的还原型谷胱甘肽量，计算每克果蔬组织（鲜重）中还原型谷胱甘肽含量，表示为 μmol/g。计算公式：

$$还原型 GSH 含量 = n \times V/(V_s \times m)$$

式中　n——由标准曲线查得的溶液中还原型 GSH 物质的量，μmol

　　　V——样品中提取液总体积（15mL），mL

　　　V_s——吸取样品液体积（3mL），mL

　　　m——样品质量，g

六、注 意 事 项

（1）在提取样品时，需要沉淀除去蛋白质，以防止蛋白质中所含巯基及相关酶对测定结果的影响。

（2）利用本方法还可以测定样品中总谷胱甘肽（GSSG + GSH）和氧化型谷胱甘肽（GSSG）的含量。在谷胱甘肽还原酶（GR）作用下，将 GSSG 还原成 GSH 再进行测定和计算。

（3）建议在第一次测定时先做 2 或 3 个样品本底对照，如果样品中本底对照和空白对照非常接近，则说明样品液中不存在干扰物质，可以不再检测样品本底对照。

七、思 考 题

在还原型谷胱甘肽含量测定过程，通过什么方法来避免样品中蛋白质对实验结果的影响？

实验十四　多酚含量的测定

一、实验目的要求

掌握果蔬中多酚含量的测定方法及原理。

二、实验基本原理

在碱性条件下利用多酚的还原性，多酚可以将磷钨钼酸还原成蓝色，蓝色深浅与多酚含量呈正相关，可以用分光光度计进行测定。

三、实验仪器、材料及试剂

（1）实验仪器　紫外可见分光光度计、电子天平、离心管、研钵、试管、刻度试管、水浴锅、移液管等。

（2）实验材料　蓝莓，猕猴桃等果类材料。

（3）实验试剂

① 70% 乙醇溶液：70% 乙醇必须使用 95% 或 100% 乙醇配制。

② 福林酚试剂：使用时现配为 0.25mol/L（室温避光保存），一般购买的浓度为 1mol/L，但使用前请看标签。具体配制方法为：取 2mol/L 福林酚试剂 6.2mL，使用蒸馏水定容至 50mL，现配现用，剩余的不可用于下一次实验。

③ 12% Na_2CO_3 溶液：准确称取碳酸钠 12.00g，溶解，使用蒸馏水定容至 100mL，室

温保存。

④ 标准品：焦性没食子酸。

四、实 验 步 骤

1. 标准曲线的建立

标准品溶液配制：本实验使用焦性没食子酸为标准品，准确称取 0.1g 焦性没食子酸，用蒸馏水溶解并定容至 1000mL，得到浓度为 100μg/mL 的没食子酸标准溶液。

精确移取 0mL、0.25mL、0.50mL、0.75mL、1.00mL、1.25mL、1.50mL 没食子酸标准溶液于 25mL 的容量瓶中，再分别加入 3.0mL 的福林酚试剂，摇匀避光静置 30s，再分别加入 6.0mL 12% Na_2CO_3 溶液，摇匀定容至 25mL，在 25℃生化培养箱中静置 1h，以 0 样为空白，在 760nm 处测量吸光度。以标准溶液浓度（μg/mL）为横坐标，吸光度为纵坐标绘制标准曲线，$R^2 \geq 0.98$ 方可使用（注意，待测样品放置在黑暗处，测完一个，拿出一个）。

2. 提取液制备与贮存

在小烧杯中精密称取 5.00g ［小数点后四位，深色植物组织（如蓝莓）取 1.00g，浅色植物组织（如桃子）取 5.00g］组织，使用少量 4℃贮藏过夜的 70% 乙醇转入预冷过夜研钵，迅速加入 10mL 4℃贮藏过夜的 70% 乙醇研磨成浆（保持在冰浴中）。将植物组织转入 25mL 玻璃具塞试管中，并经 70% 乙醇少量多次洗涤研钵，并使用 70% 乙醇定容，在 50℃恒温水浴避光震荡 1h（A204、水要没过试管 1/4 处），取出后再次定容。将所有提取液（含果肉组织）倒入 50mL 塑料离心管中，10℃ 10000r/min 离心 5min，使用玻璃真空漏斗抽滤，得滤液。

3. 样品测定

使用移液器小心移取滤液 1.0mL ［其中浅色试材（桃子、猕猴桃、葡萄）取 1.0mL，深色试材（蓝莓）取 0.5mL］，采用和标准曲线制作相同的方法测定待测液中多酚的含量，以没食子酸计。其中以标准曲线中的 0 样为空白。注意：样品吸光值应该在标准曲线线性范围内，否则需要通过改变取样量或稀释倍数来调整。

4. 吸光度测定

实验前将紫外室空调打开，25℃至少 1h。将紫外分光光度计开机、预热，空载点击基线校正，然后选择光谱功能，设定检测波长，设定方法。将参比溶液加入两个比色皿中，然后点击调零。将样品池中比色皿取出，逐一装入样品进行检测，不需再点击调零。以标准曲线中的 0 号液为空白，测定 760nm 吸光度。待测液注意避光保存，测完一个，从柜子里拿出下一个测量。

五、实验结果与计算

1. 将测定的数据与计算值记入表 3 – 7 中

表 3 – 7　　　　　　　　　　　　　　实验结果与计算值

编号	重量/g	提取液取样量/mL	吸光度	多酚含量 M/（mg/g）	平均值/（mg/g）	标准偏差
1						
2						
3						

2. 计算公式（根据 1 中数据得出 $y = aX + b$ 的标准曲线）

$$M = \frac{(A - b) \times 25 \times 25}{a \times m \times 1000a}$$

式中 M——样品中总多酚的含量，mg/g

m——样品的质量，g

25——样品提取液定容的体积，mL

25——测量时样品定容的体积（mL）

A——所测样品吸光度

a、b——分别为 $y = aX + b$ 标准曲线中数值

六、注 意 事 项

1. 不同的分光光度计所测得的 A 值可能不一样，所以，同一次实验要用同一台分光光度计；

2. 福林酚试剂

可向试剂公司购买，一般其浓度为 2mol/L。也可以自配，方法如下：将 100g 钨酸钠（$Na_2WO_4 \cdot 2H_2O$），25g 钼酸钠（$Na_2MoO_4 \cdot 2H_2O$），700mL 蒸馏水，50mL 85% 磷酸及 100mL 浓盐酸装入带回流装置的 2000mL 圆底烧瓶中，充分混合，文火缓慢回流 10h，再加入 150g 硫酸锂（Li_2SO_4），50mL 蒸馏水及数滴液溴，然后将烧瓶内溶液开口煮 15min，以驱除过量的溴，冷至室温后用容量瓶定容至 1000mL，过滤。滤液呈微绿色。置于冰箱中长期冷藏备用，临用时稀释。

七、思 考 题

是否还有其他方法来测定果蔬中多酚含量？

实验十五　抗坏血酸含量的测定

抗坏血酸（ascorbic acid, ASA），即还原型维生素 C，是人类营养中最重要的维生素之一。人体缺乏抗坏血酸时容易出现坏血病。近年来研究还发现抗坏血酸可增强机体对肿瘤的抵抗能力，并对化学致癌具有阻断作用。维生素 C 是一种己糖醛酸，主要分为还原型和脱氢型两种，广泛存在于植物组织中，新鲜的水果、蔬菜、特别是枣、辣椒、苦瓜、柿子叶、猕猴桃、柑橘等果蔬中含量较多。果蔬中抗坏血酸含量受果蔬种类、品种、栽培条件、成熟度和贮藏条件的影响。维生素 C 含量可以作为果蔬的营养品质和贮藏效果的评价指标之一。

方法一　分光光度计法测定抗坏血酸

一、实验目的要求

学习利用分光光度计法测定维生素 C（抗坏血酸）含量的原理和方法。

二、实验基本原理

维生素 C（抗坏血酸）具有较强的还原力，可以把铁离子（Fe^{3+}）还原成亚铁离子（Fe^{2+}），亚铁离子与红菲啰啉（4，7 - 二苯基 - 1，10 - 菲啰啉，BP）反应形成红色螯合物。此化合物在波长 534nm 处具有强的吸收峰，且吸光度与反应液中抗坏血酸含量呈正相关。因此，可用比色法来测定抗坏血酸含量。

三、实验仪器、材料及试剂

（1）实验仪器　离心机、分光光度计、研钵、电子天平、容量瓶（50mL 和 100mL）、漏斗、滤纸、离心管、试管。

（2）实验材料　苹果、梨、香蕉、柑橘等果实。

（3）实验试剂

① 50g/L 三氯乙酸（TCA）溶液：称取 5g 三氯乙酸（分析纯），用蒸馏水溶解，稀释至 100mL。

② 0.4% 磷酸 - 乙醇溶液：量取 0.47mL 85% 磷酸溶液加入到无水乙醇中，并用无水乙醇稀释至 100mL。

③ 5g/L BP - 乙醇溶液：称取 0.25g BP（纯度 >97%）加入到无水乙醇中溶解，并用无水乙醇稀释至 50mL。

④ 0.3g/L $FeCl_3$ - 乙醇溶液：称取 0.03g $FeCl_3$ 加入到 100mL 无水乙醇中，摇匀。

⑤ 100μg/mL 标准抗坏血酸溶液：称取 10mg 抗坏血酸（应为洁白色，如变为黄色则不能用），用 50g/L TCA 溶液溶解，定容至 100mL，即 1mL 溶液含 100μg 抗坏血酸。现用现配，保存于棕色瓶中，低温冷藏。

四、实验步骤

1. 制作标准曲线

取 7 支试管，编号，按表 3 - 8 加入各种溶液，将混合液置于 30℃ 反应 60min，然后以 0 号试管混合液为参照，于波长 534nm 处测定吸光度。以抗坏血酸质量为横坐标，吸光度为纵坐标绘制标准曲线，求回归方程。

表 3 - 8　　　　　　　　　　制作抗坏血酸标准曲线试剂含量

项目	试管号						
	0	1	2	3	4	5	6
抗坏血酸标准液/mL	0	0.1	0.2	0.3	0.4	0.5	0.6
50g/L TCA/mL	2.0	1.9	1.8	1.7	1.6	1.5	1.4
无水乙醇/mL	1.0	1.0	1.0	1.0	1.0	1.0	1.0
混匀、摇匀							
0.4% 磷酸 - 乙醇溶液/mL	0.5	0.5	0.5	0.5	0.5	0.5	0.5
5g/L BP - 乙醇溶液/mL	1.0	1.0	1.0	1.0	1.0	1.0	1.0
0.3g/L $FeCl_3$ - 乙醇溶液/mL	0.5	0.5	0.5	0.5	0.5	0.5	0.5
相当于抗坏血酸量/μg	0	10	20	30	40	50	60

2. 提取

洗净新鲜果实，晾干，剪碎后混匀，分别称取 5g 样品置于研钵中，加入 20mL 50g/L TCA 溶液，在冰浴条件下研磨成浆状，转入到 100mL 容量瓶中，并用 50g/L TCA 溶液定容至刻度，混合、提取 10min 后，过滤收集滤液备用。

3. 测定

取 1mL 样品提取液于试管中，加入 1mL 50g/L TCA 溶液，再按制作标准曲线的方法，加入其他成分，进行反应、测定。记录反应体系在波长 534nm 处吸光度。重复 3 次。

五、实验结果与计算

根据吸光度值，在标准曲线上查出相应的混合液中抗坏血酸质量，按下式计算植物组织中抗坏血酸含量。植物组织中抗坏血酸含量以 100g 样品（鲜重）中含有的抗坏血酸的质量表示，即 mg/100g。

$$抗坏血酸含量 = \frac{V \times m \times 100}{V_s \times M \times 1000} \times 100 \ （mg/100g）$$

式中　m——由标准曲线求得的抗坏血酸的质量，μg

　　　V_s——滴定时所用样品中提取液体积，mL

　　　V——样品提取液总体积，mL

　　　M——样品质量，g

六、注　意　事　项

（1）利用此法还可以测定植物组织中脱氢抗坏血酸和总抗坏血酸的含量。

（2）测定原理

利用二流苏糖醇（DTT）将脱氢抗坏血酸还原成还原型的抗坏血酸，这样可以通过测定抗坏血酸的含量对脱氢抗坏血酸进行定量分析。

七、思　考　题

影响分光光度计法测定抗坏血酸含量的因素有哪些？

方法二　荧光法测抗坏血酸

一、实验目的要求

掌握荧光法测抗坏血酸的测定方法。

二、实验基本原理

样品中还原型抗坏血酸经活性炭氧化成脱氢型抗坏血酸后，与邻苯二胺（OPDA）反应生成具有荧光的喹喔啉（quinoxaline），其荧光强度与脱氢抗坏血酸的浓度在一定条件下成正比，以此测定食物中抗坏血酸和脱氢抗坏血酸的总量。脱氢抗坏血酸与硼酸可形成复合物而不与 OPDA 反应，以此排除样品中荧光杂质所产生的干扰。本方法的最小检出限为 0.022g/mL。

三、实验仪器、材料及试剂

（1）实验仪器 荧光分光光度计或具有 350nm 及 430nm 波长的荧光计、打碎机及其他常用设备。

（2）实验材料 蓝莓，辣椒等。

（3）实验试剂 本实验用水均为蒸馏水，试剂不加说明均为分析纯试剂。

① 偏磷酸-乙酸液：称取 15g 偏磷酸，加入 40mL 冰乙酸及 250mL 水，搅拌，放置过夜使之逐渐溶解，加水至 500mL。4℃冰箱可保存 7~10d。

② 0.15mol/L 硫酸：取 10mL 硫酸，小心加入水中，再加水稀释至 1200mL。

③ 偏磷酸-乙酸-硫酸液：以 0.15mol/L 硫酸液为稀释液，其余同偏磷酸-乙酸液配制。

④ 50% 乙酸钠溶液：称取 500g 乙酸钠（$CH_3COONa \cdot 3H_2O$），加水至 1000mL。

⑤ 硼酸-乙酸钠溶液：称取 3g 硼酸，溶于 100mL 乙酸钠溶液④中。使用前配制。

⑥ 邻苯二胺溶液：称取 20mg 邻苯二胺，于临用前用水稀释至 100mL。

⑦ 0.04% 百里酚蓝指示剂溶液：称取 0.1g 百里酚蓝，加 0.02mol/L 氢氧化钠溶液，在玻璃研钵中研磨至溶解，氢氧化钠的用量约为 10.75mL，磨溶后用水稀释至 250mL。变色范围：pH = 1.2 红色，pH = 2.8 黄色，pH > 4.0 蓝色。

⑧ 活性炭的活化：加 200g 炭粉于 1L（1 + 9）盐酸中，加热回流 1~2h，过滤，用水洗至滤液中无铁离子为止，置于 110~120℃烘箱中干燥，备用。

⑨ 标准溶液

a. 抗坏血酸标准溶液（1mg/mL）：准确称取 50mg 抗坏血酸，用偏磷酸-乙酸溶液溶于 50mL 容量瓶中，并稀释至刻度。

b. 抗坏血酸标准使用液（100μg/mL）：取 10mL 抗坏血酸标准液，用偏磷酸-乙酸溶液稀释至 100mL。定容前测试 pH，如其 pH > 2.2 时，则应用溶液偏磷酸-乙酸-硫酸稀释。

c. 标准曲线的制备：取下述"标准"溶液（抗坏血酸含量 10μg/mL）0.5mL、1.0mL、1.5mL 和 2.0mL，取双份分别置于 10mL 带盖试管中，再用水补充至 2.0mL。

四、实 验 步 骤

（1）样品制备 全部实验过程应避光。称取 100g 鲜样，加 100g 偏磷酸-乙酸溶液，倒入打碎机内打成匀浆，用百里酚蓝指示剂调试匀浆酸碱度。如呈红色，即可用偏磷酸-乙酸溶液稀释，若呈黄色或蓝色，则用偏磷酸-乙酸-硫酸溶液稀释，使其 pH 为 1.2。匀浆的取量需根据样品中抗坏血酸的含量而定。当样品液含量在 40~100μg/mL，一般取 20g 匀浆，用偏磷酸-乙酸溶液稀释至 100mL，过滤，滤液备用。

（2）氧化处理 分别取样品滤液及标准使用液各 100mL 于带盖三角瓶中，加 2g 活性炭，用力振摇 1min，过滤，弃去最初数毫升滤液，分别收集其余全部滤液，即样品氧化液和标准氧化液，待测定。

（3）各取 5mL 标准氧化液于 2 个 50mL 容量瓶中，分别标明"标准"及"标准空白"。

（4）各取 5mL 样品氧化液于 2 个 50mL 容量瓶中，分别标明"样品"及"样品空白"。

（5）于"标准空白"及"样品空白"溶液中各加5mL硼酸-乙酸钠溶液，混合摇动15min，用水稀释至50mL，在4℃冰箱中放置2h，取出备用。

（6）于"样品"及"标准"溶液中各加入5mL 50%乙酸钠溶液，用水稀释至50mL，备用。

（7）荧光反应　取"标准空白"溶液"样品空白"溶液及（6）中"样品"溶液各2mL，分别置于10mL带盖试管中。在暗室中迅速向各管中加入5mL邻苯二胺溶液，振摇混合，在室温下反应35min，用激发光波长338nm、发射光波长420nm测定荧光强度。标准系列荧光强度分别减去标准空白荧光强度为纵坐标，对应的抗坏血酸含量为横坐标，绘制标准曲线或进行相关计算，其直线回归方程供计算时使用。

五、实验结果与计算

计算公式　　　　　　　$X = (c \times V/m) \times F \times (100/1000)$

式中　X——样品中抗坏血酸及脱氢抗坏血酸总含量，mg/100g

　　　c——由标准曲线查得或由回归方程算得样品溶液浓度，μg/mL

　　　m——试样质量，g

　　　F——样品溶液的稀释倍数

　　　V——荧光反应所用试样体积，mL

例：测定每一制备溶液的荧光强度。用标准溶液每毫升含2.5μg、5.0μg、7.5μg及10.0μg样品，各标准浓度管读数减去相应的标准空白读数的各平均值做标准曲线。由样品液读数减去样品液空白读数之值，从标准曲线上查得相应的抗坏血酸浓度（μg/mL），按取样量及稀释率计算样品中抗坏血酸的含量。

如：取制备好的辣椒样品2.138g，稀释到100mL，氧化后分别取10mL滤液稀释到50mL，样品读数为23.34，样品空白读数为3.188，样品读数减去样品空白读数为20.152，查荧光标准曲线相当标准抗坏血酸的2.23μg/mL。

$$X = (2.23 \times 100/2.138) \times (50/10) \times (100/1000) = 52(\text{mg/100g})$$

六、注　意　事　项

（1）大多数植物组织内含有一种能破坏抗坏血酸的氧化酶，因此，抗坏血酸的测定应采用新鲜样品并尽快用偏磷酸-醋酸提取液将样品制成匀浆以保存维生素C。

（2）某些果胶含量高的样品不易过滤，可采用抽滤的方法，也可先离心，再取上清液过滤。

七、思　考　题

荧光法测抗坏血酸为什么要在避光环境下实验？

方法三　2,4-二硝基苯肼法

一、实验目的要求

了解测定果蔬组织中抗坏血酸含量的意义，掌握利用2,4-二硝基苯肼法测定抗坏血酸含量的方法。

二、实验基本原理

总抗坏血酸包括还原型、脱氢型和二酮古乐糖酸。样品中还原型抗坏血酸经活性炭氧化为脱氢抗坏血酸，再与2,4 – 二硝基苯肼作用生成红色脲，脲的含量与总抗坏血酸含量成正比，进行比色测定。

三、实验仪器、材料及试剂

（1）实验仪器 恒温箱、紫外分光光度计、打碎机及其他常用设备等。

（2）实验材料 蔬菜、水果等。

（3）实验试剂

① 4.5mol/L硫酸：谨慎地加入250mL硫酸（相对密度1.84）于700mL水中，冷却后用水稀释至1000mL。

② 85%硫酸：谨慎地加入900mL硫酸（相对密度1.84）于100mL水中。

③ 2,4 – 二硝基苯肼溶液（20g/L）：溶解2g 2,4 – 二硝基苯肼于100mL 4.5mol/L硫酸内，过滤。不用时存于冰箱内，每次用前必须过滤。

④ 草酸溶液（20g/L）：溶解20g草酸（$H_2C_2O_2$）于700mL水中，稀释至1000mL。

⑤ 草酸溶液（10g/L）：稀释500mL草酸溶液④稀释至1000mL。

⑥ 硫脲溶液（10g/L）：溶解5g硫脲于500mL草酸溶液⑤中。

⑦ 硫脲溶液（20g/L）：溶解10g硫脲于500mL草酸溶液⑥中。

⑧ 1mol/L盐酸：取100mL盐酸，加入水中，并稀释至1200mL。

⑨ 活性炭：将100g活性炭加到750mL 1mol/L盐酸中，回流1~2h，过滤，用水洗数次，至滤液中无铁离子（Fe^{3+}）为止，然后置于110℃烘箱中烘干。

⑩ 标准

a. 抗坏血酸标准溶液（1mg/mL）：溶解100mg纯抗坏血酸于100mL 1%草酸溶液中。

b. 标准曲线绘制

Ⅰ. 加1g活性炭于50mL标准溶液中，摇动1min，过滤。

Ⅱ. 取10mL滤液放入500mL容量瓶中，加5.0g硫脲，用1%草酸溶液稀释至刻度。此时抗坏血酸浓度为20μg/mL。

Ⅲ. 取5、10、20、25、40、50、60mL稀释液，分别放入7个100mL容量瓶中，用1%硫脲溶液稀释至刻度，使最后稀释液中抗坏血酸的浓度分别为1、2、4、5、8、10及12μg/mL。按样品测定步骤形成脲并比色。以吸光值为纵坐标，以抗坏血酸浓度（μg/mL）为横坐标绘制标准曲线。

四、实 验 步 骤

1. 样品的制备

全部实验过程应避光。

（1）鲜样的制备 称100g鲜样和100g 20g/L草酸溶液，倒入捣碎机中打成匀浆，取10~40g匀浆（含1~2mg抗坏血酸）倒入100mL容量瓶中，用10g/L草酸溶液稀释至刻度，混匀。

（2）干样制备 称1~4g干样（含1~2mg抗坏血酸）放入研钵内，加入1%草酸溶液磨成匀浆，倒入100mL容量瓶内，用10g/L草酸溶液稀释至刻度，混匀。

（3）将（1）和（2）液过滤，滤液备用。不易过滤的样品可用离心机沉淀后，取上清液，过滤，备用。

2. 氧化处理

取25mL上述滤液，加入2g活性炭，振摇1min，过滤，弃去最初数毫升滤液。取10mL此氧化提取液，加入10mL 20g/L硫脲溶液，混匀，此试样为稀释液。

3. 呈色反应

（1）于三个试管中各加入4mL上述稀释液。一个试管作为空白，在其余试管中加入1.0mL 20g/L 2,4–二硝基苯肼溶液，将所有试管放入（37±0.5）℃恒温箱或水浴中，保温3h。

（2）3h后取出，除空白管外，将所有试管放入冰水中。空白管取出后使其冷却到室温，然后加入1.0mL 20g/L 2,4–二硝基苯肼溶液，在室温中放置10~15min后放入冰水内。其余步骤同试样。

4. 85%硫酸处理

当试管放入冰水后，向每一试管中加入5mL 85%硫酸，滴加时间至少需要1min，需边加边摇动试管。将试管自冰水中取出，在室温放置30min后比色。

5. 比色

用1cm比色杯，以空白液调零点，于500nm测吸光度。

五、实验结果与计算

计算公式

$$X = \frac{c \cdot V}{m} \times F \times \frac{100}{1000}$$

式中 X——样品中总抗坏血酸含量，mg/100g

c——由标准曲线查得或由回归方程算得"试样氧化液"中总抗坏血酸的浓度，μg/mL

V——试样用10g/L草酸溶液定容的体积，mL

F——样品氧化处理过程中的稀释倍数

m——试样质量，g

六、注意事项

（1）大多数植物组织内含有一种能破坏抗坏血酸的氧化酶，因此，抗坏血酸的测定应采用新鲜样品并尽快用2%草酸溶液制成匀浆以保存维生素C。

（2）若溶液中含有糖，硫酸加得太快，溶解热会使溶液变黑。

（3）试管自冰水中取出后，颜色会继续变深，所以，加入硫酸后30min应准时比色。

七、思考题

分析2,4–二硝基苯肼法测定抗坏血酸含量为什么要在避光环境下实验，外界影响因素有哪些？

方法四　碘酸钾滴定法测抗坏血酸含量

一、实验目的要求

了解测定果蔬组织中抗坏血酸含量的意义，学习利用碘酸钾滴定法测定抗坏血酸含量的原理和方法。

二、实验基本原理

当碘酸钾溶液滴入到含有碘化钾——淀粉指示剂的酸性试液中时，能释放出游离态的碘。释放出的游离碘可使淀粉指示剂呈蓝色。其反应如下：

$$KIO_3 + 5KI + 6HCL \longrightarrow 6KCL + 3H_2O + 3I_2$$

当酸性试液中含有抗坏血酸时，可将释放的游离态碘还原生成碘酸，不会使溶液呈现蓝色。同时抗坏血酸被氧化成脱氢抗坏血酸，失去还原能力。继续滴加碘酸钾溶液，直至就坏血酸完全被氧化后，滴加的碘酸钾溶液释放出的游离碘不能再被还原，这时就可使淀粉指示剂呈蓝色，即为终点。根据碘酸钾溶液的滴定消耗量，可计算出溶液中抗坏血酸的含量。

三、实验仪器、材料及试剂

（1）实验仪器　研钵、三角瓶、容量瓶、移液管、滴定管架、滤纸、电子天平、铁架台、漏斗架等。

（2）实验材料　辣椒、苹果等。

（3）实验试剂

① 1mmol/L KIO_3 溶液：称量预先在105℃条件烘干至恒重的 KIO_3 356.8mg，溶解于蒸馏水中，然后定容到1000mL。

② 2%盐酸：取2mL的浓盐酸，加入到90mL的蒸馏水中，再稀释至100mL。

③ 5g/L 淀粉溶液：称取0.5g可溶性淀粉，先用少量的蒸馏水溶解成糊状，然后再加80mL的蒸馏水，煮沸至透明状态，待冷却到常温后稀释到100mL。

④ 10g/L KI 溶液：称取1g KI，用蒸馏水溶解，稀释到100mL。

四、实　验　步　骤

1. 提取

把要测的实验样品用刀切碎，然后取10g置于研钵后，加入2%盐酸溶液，在冰上进行研磨，然后全部转移到100mL的容量瓶中，用2%盐酸溶液冲洗研钵三次并转入容量瓶中。用2%盐酸溶液定容到100mL，盖住容量瓶盖子，上下颠倒混匀。然后用滤纸过滤，取过滤液进行下一步实验。

2. 滴定

取0.5mL 10g/L KI 溶液、2.5mL 蒸馏水、2mL 5g/L 淀粉溶液和5mL 提取液置于三角瓶中，混匀后，用 KIO_3 溶液进行逐滴滴入。在滴定过程中，要不断轻轻晃动三角瓶，直至滴到三角瓶的溶液呈现微蓝色不褪时为终点（要保证 30s 内不褪色）。记录所消耗的 KIO_3 溶液体积 mL，滴定重复三次，取平均值。

取 5mL 2% 盐酸溶液进行同样方法的滴定，记录消耗体积，作为空白对照实验。

五、实验结果与计算

1. 将测定的数据与计算值记入表 3 – 9 中

表 3 – 9 实验结果与计算值

重复次数	样品质量 m/g	提取液体总体积 V/mL	吸取滤液体积 V_S/mL	滴定液的消耗量/mL		抗坏血酸含量/（mg/100g）	
				测定（V_1）	空白（V_0）	计算值	平均值 ± 标准偏差
1							
2							
3							

2. 计算结果

根据 KIO_3 溶液消耗的体积，计算果蔬材料中抗坏血酸的含量，单位用 mg/100g 表示。公式：

$$抗坏血酸含量 = \frac{V \times （V_1 - V_0） \times 0.088}{V_S \times m} \times 100 （mg/100g）$$

式中　V_1——样品滴定消耗的 KIO_3 溶液体积，mL

　　　V_0——2% 盐酸溶液空白滴定所消耗 KIO_3 溶液，mL

　　0.088——1mL 1mmol/L 溶液相当的抗坏血酸的质量，mg

　　　V_S——滴定时所取溶液体积，mL

　　　V——样品提取液总体积，mL

　　　m——样品的质量，mg

六、注 意 事 项

（1）样品在研磨的时候要在冰上，低温条件，避免被氧化。用研钵研磨的速度要快，尽可能避光。

（2）在滴定过程中，由于滴定终点需要人眼观察判定，带有主观性，需要重复实验来减小误差。实验过程中，可由不同的人来判定结果，进而计算平均值。

七、思 考 题

在碘酸钾滴定法测定抗坏血酸实验过程中，有哪些因素可能对实验结果造成一定的影响？

实验十六　丙二醛含量的测定

果蔬组织衰老过程中发生一系列生理生化变化，如核酸和蛋白质含量下降、叶绿素降解、光合作用降低及内源激素平衡失调等。这些指标在一定程度上反映衰老过程的变化。

近来大量研究表明，植物在逆境胁迫或衰老过程中，细胞内活性氧代谢的平衡被破坏而有利于活性氧的积累。活性氧积累的危害之一是引发或加剧膜脂过氧化作用，造成细胞膜系统的损伤，严重时会导致植物细胞死亡。活性氧包括含氧自由基。自由基是具有未配对价电子的原子或原子团。生物体内产生的活性氧主要有超氧自由基（O_2^-）、羟自由基（OH·）、过氧自由基（ROO·）、烷氧自由基（RO·）、过氧化氢（H_2O_2）、单线态氧（O_{21}）等。植物对活性氧产生有酶促和非酶促两类防御系统，超氧化物歧化酶（SOD）、过氧化氢酶（CAT）、过氧化物酶 POD 和抗坏血酸过氧化物酶（ASA – POD）等是酶促防御系统的重要保护酶，抗坏血酸（ASA）和还原型谷胱甘肽（GSH）等是非酶促防御系统中的重要抗氧化剂。

丙二醛（MDA）是细胞膜脂过氧化作用的产物之一，它的产生还能加剧膜的损伤。因此，丙二醛产生数量的多少能够代表膜脂过氧化的程度，也可间接反映植物组织的抗氧化能力的强弱。所以在植物衰老生理和抗性生理研究中，丙二醛含量是一个常用指标。

一、实验目的要求

了解果蔬组织衰老过程中，果蔬丙二醛含量变化的原因以及意义，并掌握果蔬组织中丙二醛含量测定的方法。

二、实验基本原理

植物组织中的丙二醛（MDA）在酸性条件下加热可与硫代巴比妥酸（TBA）产生显色反应，反应产物为粉红色的 3，5，5 – 三甲基噁唑 2，4 – 二酮（Trimet – nine）。该物质在 539nm 波长下有吸收峰。由于硫代巴比妥酸也可与其他物质反应，并在该波长处有吸收，为消除硫代巴比妥酸与其他物质反应的影响，在丙二醛含量测定时，同时测定 600nm 下的吸光度，利用 539nm 与 600nm 下的吸光度的差值计算丙二醛的含量。

三、实验仪器、材料及试剂

（1）实验仪器　分光光度计、离心机、水浴锅、电子天平、研钵、剪刀、刻度离心管、刻度试管（10mL）、镊子、移液管（5mL、2mL、1mL）、洗耳球、低温冰箱、比色皿、紫外分光光度计。

（2）实验材料　苹果、黄瓜等。

（3）实验试剂

① 0.05mol/L pH 7.8 磷酸钠缓冲液。

② 石英砂。

③ 5% 三氯乙酸溶液：称取 5g 三氯乙酸，先用少量蒸馏水溶解，然后定容到 100mL。

④ 0.5% 硫代巴比妥酸溶液：称取 0.5g 硫代巴比妥酸，用 5% 三氯乙酸溶解，定容至 100mL，即为 0.5% 硫代巴比妥酸的 5% 三氯乙酸溶液。

四、实　验　步　骤

1. 丙二醛的提取

取 0.5g 样品，加入 2mL 预冷的 0.05mol/L pH 7.8 的磷酸缓冲液，加入少量石英砂，在经过冰浴的研钵内研磨成匀浆，转移到5mL刻度离心试管，将研钵用缓冲液洗净，清洗也移入离心管中，最后用缓冲液定容至5mL。在4500r/min离心10min，上清液即为丙二醛提取液。

2. 丙二醛含量测定

吸取2mL的提取液于刻度试管中，加入0.5%硫代巴比妥酸的5%三氯乙酸溶液3mL，于沸水浴上加热10min，迅速冷却。于4500r/min离心10min。取上清液于532nm、600nm波长下，以蒸馏水为空白调透光率100%，测定吸光度。

五、实验结果与计算

计算公式：

$$\text{丙二醛含量（nmol/g）} = \frac{(A_{532} - A_{600}) \times V_1 \times V}{1.55 \times 10^{-1} \times W \times V_2}$$

式中　　A——吸光度

V_1——反应液总量（5mL）

V——提取液总量（5mL）

V_2——反应液中的提取液数量（2mL）

W——植物样品重量（0.5g）

1.55×10^{-1}——丙二醛的微摩尔吸光系数（在1L溶液中含有1μmol丙二醛时的吸光度）

六、注　意　事　项

（1）0.1%~0.5%的三氯乙酸对MDA-TBA反应较合适，若高于此浓度，其反应液的非专一性吸收偏高。

（2）MDA-TBA显色反应的加热时间，最好控制沸水浴10~15min。时间太短或太长均会引起532nm下的光吸收值下降。

（3）如用MDA作为植物衰老指标，首先应检验被测试材料提取液是否能与TBA反应形成532nm处的吸收峰。否则只测定532nm、600nm两处吸光值，计算结果与实际情况不符，测得的高吸光值是一个假象。

（4）在有糖类物质干扰条件下（如深度衰老时），吸光度的增大，不再是由于脂质过氧化产物MDA含量的升高，而是水溶性碳水化合物的增加，由此改变了提取液成分，不能再用532nm、600nm两处吸光值计算MDA含量，可测定510nm、532nm、560nm处的吸光值，用$A_{532} - (A_{510} - A_{560})/2$的值来代表丙二醛与TBA反应液的吸光值。

（5）测定过程中，需在同一台紫外分光光度计上分别在波长450nm、532nm和600nm处进行测定。因为不同紫外分光光度计仪器之间差别会影响到实验结果。

七、思　考　题

在丙二醛测定实验中，TBA为什么要溶解在三氯乙酸中？提取液与TBA的混合液为什么要加热？为什么加热时间又不能过长？为什么要测定反应液在600nm下的吸光度？

实验十七　果胶酶活性的测定

果胶（pectinase）是一类复合物，是分解果胶物质的多种酶的总称，主要包括多聚半乳糖醛酸酶（poiygalacturonase，PG）、果胶果酯酶（pectin methylesterase，PME）和果胶裂解酶（pectinlyase，PL）等。其中，多聚半乳糖醛酸酶通过水解作用和反式消去作用，能切断果胶分子中的 $\alpha-1$，$4-$糖苷键，将果胶分子降解为小分子物质。PG 每切断一个 $\alpha-1$，$4-$糖苷键，就会形成一个还原性醛基。通过测定这些还原性醛基生成的量，或果胶分子降解时引起的黏度下降来测定 PG 的活性大小。

测定果胶酶活性的方法主要有比色法，滴定法和黏度降低法等。比色法测定的灵敏度、准确度均高，重现性好，试剂用量少，尤其是操作省时简便；滴定法测试重现性好，准确度高，但测定时间长，过程较繁琐，试剂用量较大；黏度降低法测定果胶酶的复合酶活性比较准确，但测定灵敏度不高。在具体测定时，应根据实际需要选择合适的方法。

方法一　比色法测定果胶酶活性

一、实验目的要求

学习比色法测定果蔬组织中多聚半乳糖醛酸酶活性的原理和方法。

二、实验基本原理

果胶在多聚半乳糖醛酸酶作用下，能水解产生带有还原性醛基的半乳糖醛酸。3,5-二硝基水杨酸试剂可与其发生显色反应。根据颜色的深浅程度，可通过分光光度计测定 PG 活性。

三、实验仪器、材料及试剂

（1）实验仪器　冷冻预冷过夜研钵、高速冷冻离心机、移液器、离心管、分光光度计、比色皿、擦镜纸、具塞刻度试管（25mL）、水浴锅、容量瓶。

（2）实验材料　蓝莓、猕猴桃等果类材料。

（3）实验试剂

① pH 4.0 醋酸–醋酸钠缓冲液

A 液：0.2mol/L 醋酸液（11.55mL 冰醋酸定容稀释至 1000mL，常温放置）。

B 液：0.2mol/L 醋酸钠溶液（使用小烧杯精密称取 16.40g $C_2H_3O_2Na$ 或 27.20g $C_2H_3O_2Na \cdot 3H_2O$ 溶解并定容至 1000mL，常温保存）。

缓冲液配制：A 液（410mL）+B 液（90mL）混合，并定容至 1000mL，常温保存。

② 0.5%、pH 4.0 果胶底物

精密称取 0.50g 果胶，使用 pH 4.0 醋酸–醋酸钠缓冲液溶解并定容至 100mL，4℃保存，备用。

③ 3,5-二硝基水杨酸（DNS）显色液

2mol/L 氢氧化钠溶液：使用小烧杯精密称取 40g 氢氧化钠，溶解，定容至 500mL

（现配现用）。

酒石酸钾钠溶液：使用小烧杯精密称取 182.00g 酒石酸钾钠，溶解并定容至 500mL。

准确称取 6.3g 3,5 – 二硝基水杨酸置于 2mol/L NaOH 262mL 溶液中，然后加入 500mL 酒石酸钾钠溶液，再加入 5.00g 苯酚、5.00g 亚硫酸钠，加热、搅拌至溶解，溶解后，冰水浴至室温后使用蒸馏水定容至 1000mL，贮存于棕色容量瓶中置 4℃ 中备用。每次取用后及时盖紧瓶塞，勿使 CO_2 进入。

④ 0.1% 半乳糖醛酸溶液：精密称取 0.1g 半乳糖醛酸，溶于提取缓冲液中，并用该缓冲液定容至 100mL，4℃ 冷藏，每次使用前，密闭容量瓶 40℃ 水浴 20min。

四、实 验 步 骤

1. 制作标准曲线（该标准溶液可冷藏保存，每次测定前，40℃ 水浴 10min）

配制一系列已知浓度的标准半乳糖醛酸溶液，（如表 3 – 10 所示），用 0 号管作为参比调零，在 540nm 处测定吸光度，制作标准曲线。

取 7 支具塞刻度试管，编号，按表 3 – 10 所示的量，精确各组分。

表 3 – 10　　　　　　　DNS 法测定果胶酶活性半乳糖醛酸溶液标准曲线的试剂量

浓度	0	1	2	3	4	5	6	7
标准液	0	0.2	0.4	0.6	0.8	1.0	1.2	1.4
醋酸 – 醋酸钠缓冲液	4.0	3.8	3.6	3.4	3.2	3.0	2.8	2.6
DNS 试剂	2.5	2.5	2.5	2.5	2.5	2.5	2.5	2.5

将各管摇匀，轻塞瓶塞，在沸水浴中加热 5min，取出后立即放入盛有冷水的烧杯中冷却至室温，再以提取缓冲液定容至 25mL，混匀（4℃ 避光保存，每次使用前 25℃ 避光水浴 10min，取完后立即放回冰箱冷藏层，最多使用 1 周）。在 540nm 波长下，用 0 号管作为参比调零，测定显色液的吸光度。以吸光度为纵坐标，半乳糖醛酸质量浓度为横坐标，绘制标准曲线，求线性回归方程（$R^2 \geqslant 0.98$ 即可使用）。

2. 样品制备

可以取新鲜的果蔬材料 5.0g 切碎迅速转移到预冷的研钵中，也可用经过液氮速冻的样品。

3. 酶液制备

研钵中加入 10mL 提取缓冲液，冰浴研磨、匀浆，转入离心管，然后使用 5mL 提取缓冲液冲洗，确保将所有样品转入离心管，每处理一个样品，迅速放置到 4℃ 冰箱中，并确保每个样品 4℃ 低温放置 10min。然后于 4℃，11000r/min 离心 20min，使用移液器在离心机旁迅速吸取上清液 0.4mL 置于塑料试管中。

4. 酶活性测定

实验前将紫外室空调打开，保持 25℃ 至少 1h。将紫外分光光度计开机、预热，空载点击基线校正，然后选择光谱功能，设定检测波长（540nm），设定方法。将参比溶液加入两个比色皿中，然后点击调零。将样品池中比色皿取出，逐一装入样品进行检测，不需再点击调零。

取上清液 0.4mL，加 0.5%、pH 4.0 果胶溶液 3.8mL，37℃恒温反应 30min 后（生化培养箱或水浴）加入 2.5mL DNS，沸水浴 5min，冷水浴至室温后缓冲液定容至 25mL，每个样品至少 2 个平行（待测样品暂放在盛放冻硬生物冰袋采样箱内）。

将定容至 25mL 的待测样放入 4℃冰箱上层，逐一取出倒 10mL 至 10mL 离心管再次离心（11000 转速4℃ 5min），离心完后将足够检测的上清液在离心机旁立即转入预冻处理过的 EP 管内，放入盛放冻硬生物冰袋的采样箱内去测吸光值。

五、实验结果与计算

根据样品反应管和对照管溶液吸光度值的差值，从标准曲线上查得对应多聚半乳糖醛酸质量。果胶酶（PG）活性以每小时每克果蔬组织样品（鲜重）在 37℃催化多聚半乳糖醛酸水解生成半乳糖醛酸的质量表示，即 $\mu g/(h \cdot g)$。计算公式：

$$PG 酶活性 [U/(h \cdot g)] = AN \times 1.08/(t \times W)$$

式中　A——由标准曲线查的半乳糖醛酸的质量，μg

N——稀释倍数（$N = 20$，$62.5/$鲜重）

t——酶解所用的时间，min，此反应为 $t = 5$

W——鲜样重

1.08——葡萄糖换算成半乳糖醛的系数（$= 194/180$）

六、注 意 事 项

（1）酶促反应时间，温度条件必须严格控制，否则会产生较大误差。为减小误差，应特别注意以下两步操作：果胶溶液先在 37℃恒温水浴中预热 5min。酶液在 37℃恒温水浴中预热 2min 后，加入预热过的果胶溶液，迅速混合，记时。这样可以使反应一开始就在预定条件下进行；在酶促反应结束前，迅速操作。

（2）在配制 3,5 - 二硝基水杨酸（DNS）时，加入氢氧化钠，而使得 DNS 试剂的碱性非常强，强碱抑制了果胶酶的活性。可以利用加入的 DNS 试剂来终止保温后的酶促反应。

（3）一般可以用葡萄糖作为还原糖计算各种还原性醛基的生成量，也可以在具体测定某种还原性醛基时，用相应的产物半乳糖醛酸来制作标准曲线。

（4）若效果不好，对于某些果蔬样品，以 50mmol/L、pH 4.5 乙酸 - 乙酸钠缓冲液作为反应缓冲液，测定效果会更好些。

七、思 考 题

影响多聚糖醛酸提取效果的外界因素有哪些？

方法二　碘液滴定法测定果胶酶活性

一、实验目的要求

学习碘液滴定法测定果蔬组织中果胶酶活性的原理和方法。

二、实验基本原理

果胶酶彻底水解果胶生成的半乳糖醛酸，在碱性溶液中可与碘发生反应。反应后剩余碘的量可通过硫代硫酸钠溶液滴定进行测定，进而计算酶解反应中产生的半乳糖醛酸的量，用来衡量果胶酶活性的大小。

三、实验仪器、材料及试剂

（1）实验仪器　研钵、高速冷冻离心机、移液管、洗耳球、离心管、水浴锅、滴定管、铁架台、三角瓶。

（2）实验材料　苹果、蓝莓等果类材料。

（3）实验试剂

① 0.1mol/L、PH 4.5乙酸 – 乙酸钠缓冲液（含0.2mol/L NaCl）

母液A（0.2mol/L乙酸溶液）：量取11.55mL冰醋酸，加蒸馏水稀释至1000mL。

母液B（0.2mol乙酸钠溶液）：称16.4g无水乙酸钠（或27.2g三水合乙酸钠），用蒸馏水溶解、稀释至1000mL。

量取57mL母液A和43mL母液B混合后，调节pH至4.5，然后稀释至200mL，即为0.1mol/L、pH为4.5乙酸 – 乙酸钠缓冲液。

称取10.5g NaCl，用0.1mol/L、pH 4.5乙酸 – 乙酸钠缓冲液溶解、稀释至100mL，摇匀即可。

② 10g/L果胶溶液：称取1g果胶，用热水溶解，煮沸。冷却后用滤纸过滤，把pH调至3.5，然后用容量瓶定容到1000mL。

③ 1mol/L碳酸钠溶液。

④ 0.1mol/L碘 – 碘化钾溶液：称取碘化钾25g，溶于200mL水中，再迅速称取12.7g结晶碘，置于烧杯中，将溶解的碘化钾溶液倒入其中，用玻璃棒搅拌直至碘完全溶解后，转入1000mL容量瓶中，定容，混匀。然后转移到贮藏瓶中。

⑤ 1mol/L硫酸溶液：取1mL浓硫酸，稀释到18mL。

⑥ 50mmol/L硫代硫酸钠溶液：称取12.4g $Na_2S_2O_3 \cdot 5H_2O$ 溶解到新煮沸后冷却的蒸馏水中，稀释至1000mL再加入0.2g Na_2CO_3，标定。贮于棕色瓶中，若储存的时间过长，使用前需重新标定。

硫代硫酸钠滴定液（50mmol/L）的标定：精确称取已经经过120℃干燥至恒重的基准重铬酸钾0.15g置于碘瓶中，加50mL蒸馏水溶解，再加入2.0g碘化钾，轻轻振摇使溶解，最后加入40mL 1mol/L的硫酸溶液，摇匀，密塞后在暗处放置10min。然后加入250mL蒸馏水稀释。用硫代硫酸钠滴定液（50mmol/L）滴定至近终点时，加3mL淀粉指示剂，继续滴定至蓝色消失而显亮绿色，并将滴定的结果用空白试验校正。每1mL的硫代硫酸钠滴定液（50mmol/L）相当于2.452mg的重铬酸钾。根据硫代硫酸钠溶液的消耗量与重铬酸钾的取用量，算出本液的浓度即可。在室温25℃以上时，应将反应液及稀释用水降温至约20℃。

⑦ 0.5%淀粉指示剂：取可溶性淀粉0.5g，加水约5mL搅拌成糊状，缓缓倾入100mL水中，煮沸2~3min冷却。

四、实 验 步 骤

1. 酶液制备

参考本实验方法一的步骤。

2. 酶活性测定

取 6mL 10g/L 果胶溶液，加入 1mL 酶液，在 50℃ 水浴锅中保持 2h 后拿出，加热煮沸 3min。待冷却后，取 5mL 反应液转移到三角瓶中，加入 1mL 1mol/L 的碳酸钠溶液和 5mL 0.1mL/L 碘 – 碘化钾溶液，摇匀，盖塞子，在室温下避光放置 20min。然后加入 2mL 1mol/L 硫酸溶液，立即用 50mmol/L 硫代硫酸钠溶液滴定至淡黄色后，加入 1mL 5g/L 淀粉指示剂，继续滴定至蓝色消失为止。记录所消耗的硫代硫酸钠溶液的体积 V_1。

空白对照实验中，取 6mL 10g/L 果胶溶液，加入 1mL 酶液后立即加热煮沸 3min。待冷却后，直接从中取 5mL 混合液转移到三角瓶中，参照上一段的操作，然后滴定，记录消耗的硫代硫酸钠溶液的体积 V_2。

五、实 验 结 果 与 计 算

1. 将测定的数据与计算值记入表 3 – 11 中

表 3 – 11　　　　　　　　　　　　　　实验结果与计算值

重复次数	样品质量 m/g	提取液体体积 V/mL	吸取样液体积 V_S/mL	硫代硫酸钠溶液消耗量/mL		硫代硫酸钠浓度 $c/$（mol/L）	样品中果胶酶活性/［μmol/（h·g）］	
				样品 V_1	空白 V_2		计算值	平均值 ± 标准偏差
1								
2								
3								

2. 计算结果

在上述条件下，将每克果蔬组织中果胶酶每小时催化果胶分解产生 1μmol 游离半乳糖醛酸定为一个酶活性单位，单位是 μmol/（h·g）。

计算公式：

$$U = \frac{(V_2 - V_1) \times c \times V \times 0.51 \times 10^9}{V_s \times t \times m}$$

式中　c——硫代硫酸钠溶液物质的量浓度，mol/L

　　　V_2——空白滴定消耗硫代硫酸钠溶液体积，mL

　　　V_1——样品滴定消耗硫代硫酸钠溶液体积，mL

　　　0.51——1mol 硫代硫酸钠相当于 0.51mol 游离半乳糖醛酸

　　　V——果胶酶提取液总体积，mL

　　　V_S——吸取样液体积，mL

　　　t——酶促反应时间，h

　　　m——样品质量，g

六、注 意 事 项

（1）硫代硫酸钠由于容易吸水潮解，做标定时必须经过120℃干燥至恒重，恒重标准是两次称量值完全一样。

（2）加入淀粉指示剂后，在用硫代硫酸钠溶液滴定时候，要每滴一滴，充分晃动瓶子，待反应充分后，再滴下一滴。

七、思 考 题

影响滴定法测定果胶酶活性的因素有哪些？

方法三 黏度降低法测定果胶酶活性

一、实验目的要求

学习黏度降低法测定果蔬组织中果胶酶活性的原理和方法。

二、实验基本原理

果胶溶于水后形成黏稠状溶液。在果胶酶作用下，果胶分子降解，聚合程度和酯化程度降低，果胶溶液黏度降低。因此，果胶溶液黏度的下降程度可以反映果胶酶的活性的大小。

三、实验仪器、材料及试剂

（1）实验仪器 黏度计、研钵、高速冷冻离心机、计时器、移液管、洗耳球、离心管、水浴锅。

（2）实验材料 苹果、蓝莓等果类材料。

（3）实验试剂 40g/L多聚半乳糖醛酸（钠盐）溶液，用50mmol/L、pH 4.5醋酸缓冲液配制。

四、实 验 步 骤

1. 酶液提取

参考方法一。

2. 酶活性测定

反应体系由4mL 40g/L多聚半乳糖醛酸（钠盐）溶液和1mL精酶提取液组成。分别测定混合液在37℃保温0h和6h时，混合液流出黏度计所需的时间。重复三次。

五、实验结果与计算

果胶酶活性以每小时每克果蔬组织中酶催化多聚半乳糖醛酸水解，所引起的反应混合液黏度下降程度表示。

$$相对黏度变化率 = \frac{t_0 - t_1}{t_2 \times t_0 \times m} \times 100 \quad （\%）$$

式中　t_0——保温时间，s

t_1——反应混合液在保温后流出黏度计所需时间，s

t_2——反应混合液在保温前流出黏度计所需时间，s

m——样品质量，g

六、注 意 事 项

（1）特别注意被测液体的温度。在实验过程不能认为温度差一点无所谓，已经有报道实验证明：当温度偏差 0.5℃时，有些液体黏度值偏差超过 5%，温度偏差对黏度影响很大，温度升高，黏度下降。所以要特别注意将被测液体的温度恒定在规定的温度点附近，精确测量最好不要超过 0.1℃。

（2）仪器的性能指标必须满足国家计量检定规程要求。使用中的仪器要进行周期检定，必要时（仪器使用频繁或处于合格临界状态）要进行中间自查以确定其计量性能合格，系数误差在允许范围内，否则无法获得准确数据。

七、思 考 题

影响黏度降低法测定果胶酶活性的因素有哪些？

实验十八　超氧化物歧化酶活性的测定

方法一　氮蓝四唑法测定超氧化物歧化酶活性

一、实验目的要求

学习和掌握氯化硝基四氮唑蓝（NBT）光化还原法测定超氧化物歧化酶（SOD）活性的方法和原理，并了解 SOD 的作用特性。

二、实验基本原理

超氧化物歧化酶（superoxide dismutase，SOD）普遍存在于动植物与微生物体内。SOD是含金属辅基的酶，高等植物中有两种类型的 SOD：Mn - SOD 和 Cu/Zn - SOD。SOD 能够清除超氧自由基（O_2^-），它与过氧化氢酶（CAT），过氧化物酶（POD）等酶协同作用来防御活性氧或其他过氧化物自由基对细胞膜系统的伤害，从而减少自由基对有机体的毒害。

由于超氧自由基（O_2^-）为不稳定自由基，寿命极短，测定 SOD 活性一般为间接方法。并利用各种显色反应来测定 SOD 的活性。核黄素在有氧条件下能产生超氧自由基负离子 O_2^-，当加入 NBT 后，在光照条件下，与超氧自由基反应生成单甲月替（黄色），继而还原生成二甲月替，它是一种蓝色物质，在 560nm 波长下有最大吸收。当加入 SOD 时，可以使超氧自由基与 H^+ 结合生成 H_2O_2 和 O_2，从而抑制了 NBT 光还原的进行，使蓝色二甲月替生成速度减慢。通过在反应液中加入不同量的 SOD 酶液，光照一定时间后测定560nm 波长下各反应液光密度值，抑制 NBT 光还原相对百分率与酶活性在一定范围内呈正比，以酶液加入量为横坐标，以抑制 NBT 光还原相对百分率为纵坐标，在坐标纸上绘制出二者相关曲线，根据 SOD 抑制 NBT 光还原相对百分率计算酶活性。找出 SOD 抑制

NBT 光还原相对百分率为 50% 时的酶量作为一个酶活力单位（U）。

三、实验仪器、材料及试剂

（1）实验仪器　冰箱、低温高速离心机、移液器（1mL、20μL、100μL）、移液管、精密电子天平、紫外分光光度计、试管、研钵、剪刀、镊子、荧光灯（反应试管处照度为 4000Lux 或 Lx）、烧杯、量筒。

（2）实验材料　蓝莓、生菜等果蔬。

（3）实验试剂

① 0.1mol/L pH 7.8 磷酸钠（$Na_2HPO_4 - NaH_2PO_4$）缓冲液

A 液（0.1mol/L Na_2HPO_4 溶液）：准确称取 $Na_2HPO_4 \cdot 12H_2O$（$M_w = 358.14$）3.5814g 于 100mL 小烧杯中，用少量蒸馏水溶解后，移入 100mL 容量瓶中用蒸馏水定容至刻度，充分混匀。4℃冰箱中保存备用。

B 液（0.1mol/L NaH_2PO_4 溶液）：准确称取 $NaH_2PO_4 \cdot 2H_2O$（$M_w = 156.01$）0.780g 于 50mL 小烧杯中，用少量蒸馏水溶解后，移入 50mL 容量瓶中用蒸馏水定容至刻度，充分混匀。4℃冰箱中保存备用。

取上述 A 液 183mL 与 B 液 17mL 充分混匀后即为 0.1mol/L pH 7.8 的磷酸钠缓冲液。4℃冰箱中保存备用。

② 0.026mol/L 蛋氨酸（Met）磷酸钠缓冲液：准确称取 $L -$ 蛋氨酸（$C_5H_{11}NO_2S$，$M_w = 149.21$）0.3879g 于 100mL 小烧杯中，用少量 0.1mol/L pH 7.8 的磷酸钠缓冲液溶解后，移入 100mL 容量瓶中并用 0.1mol/L pH 7.8 的磷酸钠缓冲液定容至刻度，充分混匀（现用现配）。4℃冰箱中保存可用 1~2d。

③ 7.5×10^{-4} mol/L NBT 溶液：准确称取 NBT（$C_4OH_3OCl_2N_{10}O_6$，$M_w = 817.7$）0.1533g 于 100mL 小烧杯中，用少量蒸馏水溶解后，移入 250mL 容量瓶中用蒸馏水定容至刻度，充分混匀（现配现用）。4℃冰箱中保存可用 2~3d。

④ 含 1.0μmol/L EDTA 的 2×10^{-5} mol/L 核黄素溶液

A 液：准确称取 EDTA（$M_w = 292$）0.00292g 于 50mL 小烧杯中，用少量蒸馏水溶解。

B 液：准确称取核黄素（$M_w = 376.36$）0.0753g 于 50mL 小烧杯中，用少量蒸馏水溶解。

C 液：合并 A 液和 B 液，移入 100mL 容量瓶中，用蒸馏水定容至刻度，此溶液为含 0.1mmol/L EDTA 的 2mmol/L 核黄素溶液。4℃冰箱中保存可用 8~10d。该溶液应避光保存，即用黑纸将装有该液的棕色瓶包好，置于 4℃冰箱中保存。

当测定 SOD 酶活时，将 C 液稀释 100 倍，即为含 1.0μmol/LEDTA 的 2×10^{-5} mol/L 核黄素溶液。

⑤ 0.05mol/L pH 7.8 磷酸钠缓冲液：取 0.1mol/L pH 7.8 的磷酸钠缓冲液 50mL，移入 100mL 容量瓶中用蒸馏水定容至刻度，充分混匀。4℃冰箱中保存备用。

⑥ 石英砂。

四、实验步骤

1. 酶液的制备

按每克鲜叶加入 3mL 0.05mol/L pH 7.8 磷酸钠缓冲液，加入少量石英砂，于冰浴中的研钵内研磨成匀浆，定容到 5mL 刻度离心管中，于 8500r/min（10000g）冷冻离心 30min，上清液即为 SOD 酶粗提液。

2. 酶活性的测定

每个处理取 8 个洗净干燥好的微烧杯编号，按表 3－12 加入各试剂及酶液，反应系统总体积为 3mL。其中 4～8 号杯中磷酸钠缓冲液量和酶液量可根据试验材料中酶液浓度及酶活性进行调整（如酶液浓度大、活性强时，酶用量适当减少）。

各试剂全部加入后，充分混匀，取 1 号微烧杯置于暗处，作为空白对照，比色时调零用。其余 7 个微烧杯均放在温度为 25℃，光强为 4500Lux 的光照箱内（安装有 3 根 20W 的日光灯管）照光 15min，然后立即遮光终止反应。在 560nm 波长下以 1 号杯液调零，测定各杯液吸光度并记录结果。以 2、3 号杯液吸光度的平均值作为抑制 NBT 光还原率 100%，根据其他各杯液的吸光度分别计算出不同酶液量的各反应系统中抑制 NBT 光还原的相对百分率。

表 3－12　　　　　　　　　　　　反应系统中各试剂及酶液的加入量/mL

杯号	试剂⑤	试剂②	试剂③	酶液	试剂④
1	0.9	1.5	0.3	0	0.3
2	0.9	1.5	0.3	0	0.3
3	0.9	1.5	0.3	0	0.3
4	0.85	1.5	0.3	0.05	0.3
5	0.80	1.5	0.3	0.10	0.3
6	0.75	1.5	0.3	0.15	0.3
7	0.70	1.5	0.3	0.20	0.3
8	0.65	1.5	0.3	0.25	0.3

五、实验结果与计算

1. 560nm 波长下各杯液的吸光度值记入表 3－13 中。

表 3－13　　　　　　　　　　氮蓝四唑法测定 SOD 活性数据记录表

杯号	1	2	3	4	5	6	7	8	2、3 号平均值
酶液量/mL	0	0	0	0.05	0.10	0.15	0.20	0.25	—
吸光度/OD$_{560nm}$	0								
抑制率/%	—	100	100						100

以酶液加入量为横坐标，以抑制 NBT 光还原相对百分率为纵坐标，在坐标纸上绘制出二者相关曲线。找出 50% 抑制率的酶液量（μL）作为一个酶活性单位（U）。

2. SOD 酶活性按下式计算

$$A = \frac{V \times 1000 \times 60}{B \times W \times T}$$

式中　A——酶活力，U/g（FW）·h

　　　V——酶提取液总体积，mL

　　　B——一个酶活性单位的酶液量，μL

　　　W——样品鲜重，g

　　　T——反应时间 min

　1000——1mL＝1000μL

　　60——1h＝60min

3. 抑制率按下式计算

$$抑制率 = \frac{D_1 - D_2}{D_1} \times 100\%$$

式中　D_1——2、3 号杯液的吸光度平均值

　　　D_2——加入不同酶液量的各杯液的吸光度值

注：有时因测定样品的数量多，每个样品均按此法测定酶活性工作量将会很大，也可每个样品只测定 1 个或 2 个酶液用量的吸光度值，按下式计算酶活力。

计算公式：

$$A = \frac{(D_1 - D_2)\ V \times 1000 \times 60}{D_1 \times B \times W \times T \times 50\%}$$

式中　D_1——2、3 号杯液的吸光度平均值

　　　D_2——测定样品酶液的吸光度

　50%——抑制率 50%

其他各因子代表的内容与上述 SOD 酶活性计算公式的各因子代表的内容相同。

六、注 意 事 项

（1）富含酚类物质的植物在匀浆时产生大量的多酚类物质，会引起酶蛋白不可逆沉淀，使酶失去活性，因此在提取此类植物 SOD 酶时，必须添加多酚类物质的吸附剂，将多酚类物质除去，避免酶蛋白变性失活，一般在提取液中加 1%～4% 的聚乙烯吡咯烷酮（PVP）。

（2）测定时的温度和光化反应时间必须严格控制一致。为保证各微烧杯所受光强一致，所有微烧杯应排列在与日光灯管平行的直线上。

七、思 考 题

（1）为什么 SOD 酶活力不能直接测得？

（2）超氧自由基为什么能对机体活细胞产生危害，SOD 酶如何减少超氧自由基的毒害？

方法二　邻苯三酚自氧化法测定超氧化物歧化酶活性

一、实验目的要求

学习使用邻苯三酚自氧化法测定果蔬组织中超氧化物歧化酶活性原理和方法。

二、实验基本原理

超氧阴离子自由基（O_2^-）是生物细胞某些生理生化反应常见的中间产物。SOD 能通过歧化反应清除生物细胞中的超氧阴离子自由基，生成 H_2O_2 和 O_2。H_2O_2 再由 CAT 进一步催化生成 H_2O 和 O_2。超氧化物歧化酶催化以下反应：

$$2O_2^- + 2H^+ \longrightarrow H_2O_2 + O_2$$

由于超氧自由基非常不稳定，寿命极短，一般利用间接方法测定 SOD 活性。本实验依据在碱性条件下，邻苯三酚迅速氧化释放出超氧化物阴离子，生成有色中间产物，吸光度随之增加，使吸光度与反应时间呈良好的线性关系。SOD 加入邻苯三酚自氧化反应体系后，催化超氧化物阴离子生成过氧化氢，使有色中间产物的生成受阻，导致吸光度下降，邻苯三酚自氧化速率降低，可作为测定 SOD 活性的理论依据。

在碱性条件下，邻苯三酚可在羟基 H^+ 发生离解时与溶液中的溶解氧发生反应生成半醌自由基，并产生 $O_2^- \cdot$；然后半醌自由基可进一步被 $O_2^- \cdot$ 氧化成具有强吸收的醌，如下式所示：

如果溶液中含有 SOD，则 $O_2^- \cdot$ 一经产生即被 SOD 歧化生成 H_2O_2 和 O_2，半醌自由基不能形成具有强吸收的醌，检测到的吸收强度将比无 SOD 时减弱，且减弱的程度与 SOD 的浓度或活性有关，依据此原理可对 SOD 的活性进行测定。

三、实验仪器、材料及试剂

（1）实验仪器　研钵、高速冷冻离心机、分光光度计、恒温水浴锅、计时器、移液枪、离心管、数显 pH 酸度计、容量瓶（100mL、200mL、1000mL）。

（2）实验材料　蓝莓、生菜等果蔬材料。

（3）实验试剂

① 0.1mol/L 盐酸：使用玻璃移液管取 0.9mL 浓盐酸于小烧杯中，加入少量蒸馏水，然后转入 1000mL 容量瓶并定容，避光常温保存。

② 10mmol/L 盐酸：使用量筒量取 100mL 0.1mol/L 盐酸于小烧杯中，加入少量蒸馏水，然后转入 1000mL 容量瓶并定容，避光常温保存。

③ A 液：0.1mol/L Tris – HCl（pH = 8.20 含 2.0mmol/L EDTA）溶液

准确称取 12.1140g Tris 和 0.3720g EDTA・2Na，溶于 624mL、0.1mol/L 盐酸溶液中，用蒸馏水定容至 1000mL，避光常温保存。

④ B 液：4.5mol/L 邻苯三酚溶液

准确称取 0.2835g 邻苯三酚，使用少量 10mmol/L 盐酸溶解，使用 10mmol/L 盐酸定容于 500mL 容量瓶中，于 4℃冰箱中保存，使用前使用黑色塑料布包住，30℃ 水浴 10min 后使用（该溶液最多贮备一周）。

四、实 验 步 骤

1. 样品中酶液制备

称取 1.00g 果蔬样品、组织，使用 3mL 蒸馏水两次将称量纸上粗浆转移至预冻过夜的研钵中，加入 5 粒石英砂，冰浴研磨 1min，然后用 1.5mL 蒸馏水洗涤并移入 10mL 离心管、密封，涡旋处理 10s。4℃、避光静置 10min，10000r/min、4℃离心 20min，在离心机旁立即使用移液器取上清液，转入预冷冻至少 1h 的 EP 管内。待测液立即放入冰浴中避光保存。

表 3-14　SOD 活性测定加样表

试液	空白	样液	SOD 液
A 液/mL	2.35	2.35	2.35
蒸馏水/mL	2.00	1.80	1.80
样液或 SOD 液/μL	—	20.0	20.0
B 液/mL	0.15	0.15	0.15

2. 酶活性的测定

（1）测定前准备　实验前将紫外室空调打开，25℃至少 1h。将紫外分光光度计开机、预热，空载点击基线校正，然后选择光谱功能，设定检测波长（325nm），设定方法，20s 读数一次，读 3 次。

（2）邻苯三酚自氧化速率的测定　在 25℃ 左右，于两只比色皿中均加入 A 液 2.35mL，蒸馏水 2.00mL、盖盖，以该混合液作为空白，点击工作站空白调零。将样品池比色皿取出，在塑料离心管中加入 A 液 2.35mL，蒸馏水 2.00mL、B 液 0.15mL、涡旋处理 3s。立即将混合液倒入比色皿，盖盖，放入样品池，关闭紫外分光光度计舱门后立即在 325nm 波长条件下读取初始值和 1min 后吸光值（间隔 20s 读一次，共记录 3 次）。二者之差为自氧化 ΔA_{325}（min^{-1}）。每次实验必须重复测定三次。

（3）样品液抑制邻苯三酚自氧化速率测定　冰浴保存的样品，每个样品的平行样（3 个）一起放入 25℃ 水浴内 3min。3min 后等待样品避光保存。按此方法，逐一处理。

以邻苯三酚自氧化速率实验空白为参比，在 25℃ 左右，在塑料离心管中加入 A 液 2.35mL，蒸馏水 1.80mL、水浴处理酶液 30μL、B 液 0.15mL、涡旋处理 3s。立即将混合液倒入比色皿，盖盖，放入样品池，关闭紫外分光光度计舱门后立即在 325nm 波长条件下读取初始值和 1min 后吸光值（间隔 20s 读一次）。二者之差为自氧化 $\Delta' A_{325}$（min^{-1}）。

五、实验结果与计算

计算结果

$$SOD 活性（U/g）= \frac{(\Delta A_{325} - \Delta' A_{325}) \times 100\% \ \Delta A_{325}}{50\%} \times 4.5 \times \frac{D}{V} \times \frac{V_1}{m}$$

式中　V——加入酶液或样液体积，mL

ΔA_{325}——邻苯三酚自氧化速率

$\Delta' A_{325}$——样液或 SOD 酶液抑制邻苯三酚自氧化速率

D——酶液或样液稀释的倍数

V_1——样液总体积，mL

m——样品质量，g

4.5——反应液总体积，mL

精密度：在重复条件下获得的两次独立测定结果的绝对差值不超过算术平均值的10%。

六、注 意 事 项

邻苯三酚溶液，最后现配现用，因为它暴露空气中容易氧化成淡黄色。可以贮存在棕色瓶子里一周左右。

七、思 考 题

影响邻苯三酚自氧化法测定超氧化物歧化酶活性的因素有哪些？如何避免？

实验十九　过氧化物酶活性的测定

一、实验目的要求

了解过氧化物酶的作用，掌握愈创木酚法测定果蔬组织中过氧化物酶活性的方法。

二、实验基本原理

过氧化物酶（peroxidase，POD）是果蔬体内普遍存在的一种重要的氧化物还原酶，它与果蔬的许多生理过程和生化代谢过程都有密切关系。在果蔬的生长发育、成熟衰老过程、抗病、抗氧化、抗逆境胁迫中，过氧化物酶活性不断发生变化。在受到外界刺激、病原菌侵染、贮藏环境变化、加工条件改变等作用时，果蔬组织中过氧化物酶活性都会做出相应的应答反应。

过氧化物酶催化过氧化氢（H_2O_2）氧化酚类物质产生醌类化合物。这些化合物进一步缩合，或与其他分子缩合形成颜色较深的化合物。在过氧化物酶催化作用下，过氧化氢能将愈创木酚（邻甲氧基苯酚）氧化形成4–邻甲氧基苯酚。该产物呈红棕色，在470nm处有最大光吸收，故可通过比色法测定过氧化物酶的活性。

三、实验仪器、材料及试剂

（1）实验仪器　研钵、50mL冷冻离心机、紫外分光光度计、计时器、记号笔、标签纸、移液器、离心管、试管、容量瓶（50mL、100mL、1000mL）等。

（2）实验材料　蓝莓、猕猴桃、菜心等果蔬材料。

（3）实验试剂

① 0.1mol/L、pH 5.5乙酸–乙酸钠缓冲液（常温贮存）

母液甲（200mmol/L乙酸溶液）：量取11.55mL冰乙酸，用蒸馏水在容量瓶中稀释至1000mL。

母液乙（200mmol/L乙酸钠溶液）：称取16.4g无水醋酸钠（或称取27.2g三水合乙酸钠），然后蒸馏水溶解后，转移到容量瓶中，最终定容至1000mL。

取68mL母液甲和432mL母液乙混合后，调节pH至5.5，然后加蒸馏水稀释，最终定容到1000mL。

② 提取缓冲液（含1mmol PEG、4% PVPP 和 1% Triton X-100）　　　称取0.34g PEG6000（聚乙二醇6000）、4.00g PVPP（聚乙烯吡咯烷酮，polyvinyl-poly-pyrroli-done），取1.00mL Triton X-100，用0.1mol/L、pH 5.5 乙酸-乙酸钠缓冲液（上一步配好的溶液）溶解，稀释，最终定容至100mL。

③ 25mmol/L 愈创木酚溶液（备注：此药品配制须在通风橱中操作，并戴口罩）：现将100mL 50mmol/L、pH 5.5 乙酸缓冲液（0.1mol/L、pH 5.5 乙酸-乙酸钠缓冲液稀释1倍）置于已清洁、干燥棕色试剂瓶中，然后移取320μL 愈创木酚于棕色试剂瓶内，于50℃水浴中，玻璃棒搅拌至溶解，然后密封常温贮存。下一次使用前务必检查是否有凝结液体，若有，水浴处理。

④ 0.5mol/L H_2O_2 溶液（备注：由于此药品易挥发氧化，影响浓度，每次实验前须现配现用）：取1.42mL 30% H_2O_2 溶液（30% H_2O_2 溶液的浓度约为17.6mol/L），用50mmol/L、pH 5.5 乙酸缓冲液定容至50mL，每次使用时候现用现配，且低温避光保存。

四、实验步骤

1. 酶液制备

称取3~4g 冻样或者鲜样于冷冻预冷过夜的研钵中，加入5.0mL 提取缓冲液，在冰浴条件下研磨成匀浆，转入离心管，再分别使用3mL、2mL 提取缓冲液冲洗研钵和研棒，将所有样品转入离心试管。然后在4℃，10000r/min 下离心15min，上清液即为酶提取液。

2. 活性测定

取一支比色皿，加入2.4mL 25mmol/L 愈创木酚溶液和0.4mL 酶提取液，使用擦镜纸擦干比色皿，再加入160μL 0.5mol/L H_2O_2 溶液迅速混合启动反应，加入瞬间开始人工计时，同时放入分光光度计样品室中。以蒸馏水为参比，在反应15s时开始记录反应体系在波长470nm处吸光度值，作为初始值，然后点测定，机器自动每隔30s记录一次，连续测定，测定总时间为2min，至少获取6个点（含初始值）的数据。重复三次。

如果是第一次进过氧化物酶活性的测定实验，应先进行预实验。测定30s反应体系的吸光值的变化，确定该酶促反应速度显现性变化（初级反应）的时间段。这样，只测定每一段时间内反应液的初始吸光度值（OD_I）和最终值（OD_F）这两个数据，就可以计算出每分钟吸光度值的变化量。

五、实验结果与计算

1. 测定数据记录到表3-15中

表3-15　　　　　　　　　邻苯三酚自氧化法测定SOD活性数据记录表

样品名称	样品质量/m	提取液体体积 V_1/mL	吸取样品液体 V_2/mL	470nm下的吸光度值							样品中过氧化物酶活性	
				OD_0	OD_1	OD_2	OD_3	OD_4	OD_5	ΔOD	平均值	平均值±标准偏差
1												
2												
3												

2. 计算结果

记录反应体系在 470nm 处的吸光度值，制作 OD_{470} 值随时间变化曲线，根据曲线的初始线性部分计算每分钟吸光度变化值 ΔOD_{470}。

$$\Delta OD_{470} = (OD_{470F} - OD_{470T}) / (t_p - t_1)$$

式中　ΔOD_{470}——每分钟反应吸光度变化值

　　　OD_{470F}——反应混合液吸光度终止值

　　　OD_{470T}——反应混合液吸光度初始值

　　　t_p——反应终止时间，min

　　　t_1——反应初始时间，min

以每克果蔬样品（鲜重）每分钟吸光度变化值增加 1 时为 1 个过氧化物酶活性单位，单位是 $\Delta OD_{470}/min \cdot g$。

计算公式：

$$U = (\Delta OD_{470} \times V_1) / (V_2 \times m)$$

式中　V_1——样品提取液总体积，mL

　　　V_2——测定时所取样品提取液体积，mL

　　　m——样品质量，g

过氧化物酶活性还可以每分钟反应体系在波长 470nm 处吸光值读数变化增加 1 所需的酶量为 1 个活性单位，单位是 $\Delta OD_{470}/(min \cdot mg$ 蛋白质 $)$。酶提取液中蛋白质含量可利用考马斯亮蓝染色法或超微量紫外仪器进行测定。即：

$$U = \Delta OD_{470}/(V_2 \times c)$$

其中，c 表示酶提取液中蛋白质浓度（mg/mL）。这里所计算的实际上是酶的比活力，有利于减少操作过程带来的误差。

六、注 意 事 项

（1）进行预实验的目的就是测定每分钟反应体系的吸光度值的变化，确定过氧化物酶促反应速度是呈线性变化（初级反应）的时间段。这样，只测定某一段时间内反应液的初始吸光度值（OD_{470T}）和最终值（OD_{470F}）这两个数据，通过数据统计，计算出线性方程，就可以计算出每分钟吸光度值的变化量。

（2）利用 0.1mol/L、pH 6.0 磷酸钠缓冲液作为提取液，可以提取多数果蔬组织中过氧化物酶，如果过某些特殊的材料，可以适当调整。

（3）果蔬材料中，果实组织含有大量的蛋白质，会对过氧化物酶活性测定造成一定影响。因此，在提取缓冲液中加入 PEG，PVPP 和 Triton X–100 等都是为了提高蛋白质的溶解性喊少，最大程度的减小在提取过程中蛋白质对酶活性的影响。

七、思 考 题

（1）过氧化物酶在果蔬成熟衰老过程中有什么重要的作用？

（2）过氧化物酶在测定过程中数据记录、统计分析与实验处理有哪些特点以及意义？

实验二十　多酚氧化酶活性的测定

一、实验目的要求

了解多酚氧化酶的作用，掌握果蔬组织中多酚氧化酶活性的测定方法。

二、实验基本原理

多酚氧化酶（PPO）是一种以铜为辅基的酶，能催化多种简单酚类物质氧化形成醌类化合物，醌类化合物进一步聚合形成呈褐色、棕色或黑色的聚合物。在后熟衰老过程中或采后的贮藏加工中，果蔬出现的组织褐变与组织中的多酚氧化酶活性密切相关。所以在植物衰老生理和抗性生理研究中，多酚氧化酶含量是一个常用指标。当果蔬组织受到病菌侵染或者其他逆境胁迫的时候，PPO的活性将会明显升高，这样可以减少果蔬组织受到伤害。一般说来，植物组织中多酚氧化酶含量越高，植物组织越趋向衰老，在果蔬保鲜过程中，保鲜效果越好，其果蔬组织中多酚氧化酶含量越低。

多酚氧化酶催化邻苯二酚氧化形成的产物在420nm处有最大光吸收峰。因此，可利用比色法测定多酚氧化酶活性。

三、实验仪器、材料及试剂

（1）实验仪器　紫外可见分光光度计、离心机（12000r/min）、电子天平、离心管、研钵、试管、刻度试管、水浴锅等。

（2）实验材料　蓝莓、猕猴桃等果类材料。

（3）实验试剂

① 0.1mol/L儿茶酚（邻苯二酚）：1.101g溶解并定容至100mL，避光、常温保存。

② 20%的三氯乙酸：称取20g三氯乙酸溶解于80mL水，使用试剂瓶或蓝盖瓶贮藏，避光、常温保存、备用。

③ 0.05mol/L pH 7.8的磷酸缓冲液（避光、常温保存）

甲液：$Na_2HPO_4 \cdot 12H_2O$：相对分子质量=358.22，0.2mol/L溶液为71.64g/L，即称取25.82g$Na_2HPO_4 \cdot 12H_2O$溶解，并定容至500mL备用；

乙液：$NaH_2PO_4 \cdot 2H_2O$：相对分子质量=156.03，0.2mol/L溶液为31.21g/L，即称取15.61g$NaH_2PO_4 \cdot 2H_2O$溶解，并定容至500mL备用；

取上述甲液91.5mL与乙液8.5mL于试剂瓶混合，摇匀，使用pH计测量确认后备用。

四、实验步骤

1. 酶液制备

称取1~2g研磨样品于预冷过夜的研钵中（鲜果组织1g，叶片组织为2g左右），加入5mL 0.05mol/L pH 7.8的磷酸缓冲液在冰浴中迅速充分研磨，转入离心管，再分别使用 5mL、5mL 缓冲液冲洗研钵和研棒，将所有样品转入离心试管，迅速放入承装有冷冻坚硬生物冰袋的泡沫箱内。然后于 4℃，12000r/min 下离心 15min，上清液即为酶提取液（待离心机为 5℃时从泡沫箱取出放入）。

2. 活性测定

取 3.9mL 0.05mol/L pH 7.8 的磷酸缓冲液，然后加入 1mL 0.1mol/L 儿茶酚和 3mL 酶提取液（使用移液器小心移取，若不慎将组织吸入，重新离心、重新取样），37℃水浴保温 10min，同一批样品迅速放入冰浴中并立即加入 2mL 20% 的三氯乙酸终止反应，等待测定的样品，使用冷冻坚硬生物冰袋的泡沫箱存放，逐一在 420nm 下测定吸光度值，以磷酸缓冲液代替酶液调零。酶活性以 $0.01\Delta A/(g \cdot min)$ 表示，重复 3 次。

五、实验结果与计算

1. 测定数据记录到表 3 – 16 中

表 3 – 16 　　　　　　　　　多酚氧化酶活性测定数据记录表

样品名称	样品质量 /m	提取液体体积 V_1/mL	吸取样品液体体积 V_2/mL	420nm 下的吸光度值			样品中多酚氧化酶活性	
				平行 1	平行 2	平行 3	平均值	平均值 ± 标准偏差
1								
2								
3								

2. 样品中 PPO 含量

$$X = \frac{\Delta A \times D}{0.01 \times t \times W}$$

式中　X——酶的相对活性，$0.01\Delta A/(g \cdot min)$

ΔA——反应时间内吸光度的变化，即 420nm 下的吸光度值

D——稀释倍数即提取的总酶液为反应系统内酶液体积的倍数

t——反应时间，min，即为 37℃ 的水浴时间

W——称取样品质量，g

六、注 意 事 项

（1）由于酶活性受外界影响较大，在实验开始之前请将实验操作过程所需的实验仪器全部找出，并做好标记，以便快速测定。

（2）样品在等待处理、测量时，使用防治坚硬生物冰袋的泡沫箱存放，以减小误差。

七、思 考 题

随着实验时间的延长，多酚氧化酶的活性会发生一定的变化，思考将会出现什么样的变化？为什么会出现这种变化？

实验二十一　总黄酮含量的测定

方法一　紫外法测定总黄酮含量

一、实验目的要求

掌握紫外分光光度法测定蓝莓中总黄酮含量的测定方法及原理。

二、实验基本原理

黄酮类化合物是广泛存在于植物界的一大类天然产物，种类繁多，大多数黄酮类化合物与葡萄糖或鼠李糖结合成苷，部分为游离态或与鞣质结合存在。黄酮化合物系色原烷或色原酮的 2 - 或 3 - 苯基衍生物，一般具有 C—C 和—C 的基本骨架结构。近年来，黄酮类化合物以其广谱的药理作用备受青睐，人们对含有黄酮的化合物进行大量研究，以期获得黄酮含量较高的植物源。因此黄酮的含量测定成为研究的热点。目前植物中黄酮含量的测定主要有直接紫外分光光度法、HPLC 法、毛细管电泳法等方法。然而，直接紫外分光光度法在植物材料中存在着干扰较大的问题，HPLC 法、毛细管电泳法存在测定含量偏低、设备价格昂贵、难以普及的问题。因此具有重复性好、准确、简便、易掌握、不需要复杂的仪器设备，且所需试剂便宜易得的分光光度法较为普遍应用于测定植物中黄酮含量。本实验以蓝莓、猕猴桃等果蔬材料为研究对象，研究比较提取方法、显色体系等因素对总黄酮含量测定的影响，以期建立一种快速、准确测定果蔬材料中总黄酮含量的光度分析方法。

三、实验仪器、材料及试剂

（1）实验仪器　电子天平、称量纸、低温高速离心机、台式水浴恒温振荡器、台式超声波清洗器、分光光度计、容量瓶、锥形瓶、烧杯等。

（2）实验材料　蓝莓、火龙果等果类材料。

（3）实验试剂　芦丁对照品、95% 乙醇、$AlCl_3$、CH_3COOK、蒸馏水。

① 芦丁标准溶液配制：精确称取芦丁对照品 0.0050g，置于小烧杯中，加体积分数 75% 乙醇溶液后，移入 100mL 容量瓶中，用甲醇溶液稀释至刻度，摇匀配制成质量浓度为 0.0500mg/mL 溶液，备用（4℃，避光保存）。

② 75% 乙醇溶液（使用 95% 乙醇经计算后使用蒸馏水配制，即 50mL 95% 乙醇加入 13.3mL 蒸馏水）。

③ 配制 0.1mol/L $AlCl_3$ 溶液：精密称取 13.35g $AlCl_3$，置于烧杯中用蒸馏水溶解，移入 1000mL 容量瓶中并用蒸馏水定容至 1000mL，备用。

④ 配制 1mol/L　CH_3COOK 溶液：精密称取 98.00g CH_3COOK，置于烧杯中用蒸馏水溶解，移入 1000mL 容量瓶中并用蒸馏水定容至 1000mL，备用。

四、实　验　步　骤

1. 芦丁标准曲线的绘制

分别取芦丁标准溶液 0.25mL、0.50mL、1.00mL、2.00mL、3.00mL、4.00mL 置于 10mL 的比色管中，并用 0.1mol/L　$AlCl_3$ 溶液定容，同时以不加标准溶液作空白。

$AlCl_3$ 显色法在波长 420nm 处测定吸光度，以浓度为横坐标，吸光度为纵坐标绘制标准曲线。

2. 样品的提取

称取 0.5g 果蔬材料，用液氮速冻后，转移到研钵中充分研磨，然后转移到带塞子的 250mL 锥形瓶中。往锥形瓶中加入 30mL 的提取液，盖上瓶塞。然后进行超声处理。在功率 210W、30℃条件下超声 1h，趁热过滤至 50mL 容量瓶中，分别用提取液洗涤滤纸和锥形瓶，最后分别用各自的提取液定容至 50mL，摇匀，备用。

准确称取 0.5g 果蔬果浆，分别按 1:3 料液比（g/mL），加入 70% 乙醇溶液，40℃水浴处理 1h 后，避光过滤，定容 50mL 提取液备用。

精密吸取样液 1.0mL 各 3 份，分别置于 10mL 刻度试管中，按标准曲线方法操作，测定显色液的最大光吸收值并求平均值。

3. $AlCl_3$ 显色法测定

取 1mL 样品溶液置于 10mL 的比色管中，加入 0.1mol/L $AlCl_3$ 溶液 2mL，加入 1mol/L 的乙酸钾溶液 3mL，用 75% 乙醇溶液定容至刻度，摇匀，室温下放置 30min，于 420nm 波长处用分光光度计比色法测定。

五、实验结果与计算

$$黄酮含量（mg/100g） = （c \times 50 \times 10） / （M \times V） \times 100$$

式中　c——测定样液浓度，mg/mL

　　　　V——提取的供试样液体积，mL

　　　　M——样品重，g

六、注　意　事　项

（1）本实验用的超声波清洗器主要是为了样品能充分溶解于提取液。
（2）最后的黄酮的含量应根据不同浓度的芦丁制作标准曲线，进而推导出来。

七、思　考　题

为什么用芦丁作为黄酮测定的标准曲线？

方法二　高效液相色谱法测定总黄酮含量

一、实验目的要求

（1）了解高效液相色谱法分离测定样品含量的实验原理及测定方法。
（2）了解高效液相色谱仪的主要组成、操作要点及其维护知识。

二、实验基本原理

高效液相色谱法又称高压液相色谱法，是 20 世纪 60 年代末，在经典液相色谱（采用普通规格的固定相及流动相常压输送的液相色谱）的基础上，引入气相色谱的理论和实验方法，流动相改为高压输送、采用高效固定相及在线检测手段发展起来的一种分离分析方法。高效液相色谱法与经典液相色谱法相比具有：适用性广，分离性能好，测定灵敏度高，分析速度快，流动性可选择性范围宽，色谱柱可反复使用，分离组分易收集等特点。

果蔬材料的总黄酮经甲醇溶液溶解，经高速离心分离，微孔滤膜过滤后直接进样，用C18 反相色谱柱分离，经紫外检测器检测，与标准比较定量，用外标法计算含量。

三、实验仪器、材料及试剂

（1）实验仪器　高效液相色谱仪、超声波脱气装置、高速离心机、0.45μm 滤膜过滤器（滤头、滤膜及注射器组成）、电子天平等。

（2）实验材料　蓝莓、火龙果等果蔬材料。

（3）实验试剂

① 乙腈（色谱纯）。

② 二次蒸馏水。

③ 冰醋酸（AR）。

④ 流动相：乙腈 – 水 – 醋酸（1∶9∶0.1）混合液。临用时超声波脱气处理 10min。

⑤ 3, 5, 7, 3', 4', 5' – 六羟基 – 2, 3 – 双氢黄酮标准贮备液　称取 50mg（0.0001g）标准样品，用甲醇溶解至 50mL，高速离心，用 0.45μm 滤膜过滤，备用。此时溶液浓度为 1mg/mL。

四、实 验 步 骤

1. 样品溶液配制

称取果蔬材料总黄酮提取物 50mg，用甲醇溶解至 100mL，高速离心 12000r/min，用 0.45μm 滤膜过滤，备用。

2. 样品测定

（1）液相色谱检测条件

① 色谱柱　Symmetry C18，5μm，3.9150cm。

② 流动相：乙腈/水/醋酸。

③ 检测波长：293nm。

④ 柱温：25℃。

⑤ 流速：1mL/min 等速洗脱。

（2）按仪器使用操作要求开启仪器，进入分析软件，设置相关的实验参数及实验条件，用流动相平衡色谱柱，待检测基线平衡后，开始进样分析。

3. 标准工作曲线制备

用标准贮备液按一定比例配制成：0.2mg/mL、0.4mg/mL、0.6mg/mL、0.8mg/mL、1.0mg/mL 五个不同浓度的黄酮标准使用液。

分别注入各不同浓度的黄酮标准使用液 10μL 上机分析，记录各标样色谱峰的保留时间、峰面积（或峰高）。

4. 样品测定

注入样品溶液 10μL 上机分析（可根据检测结果调整进样量），与标准样品峰保留时间作对照，确定植物黄酮峰的检出峰。记录样品峰的保留时间及峰面积（或峰高）。重复二次平衡检测。

5. 液相色谱柱子的保存

样品检测完毕对柱子的保存操作：样品检测完毕，以 1.0mL/min 流速，用流动相冲洗柱子 30min，再用二次蒸馏水冲洗柱子 20min，甲醇冲洗柱子 30min 保存柱子。

五、实验结果与计算

1. 实验数据记录到表 3 – 17 中

表 3 – 17　　　　　　　　高效液相色谱法测定总黄酮含量数据记录表

序号	进样量 /μL	相当标样含量 /μg	检测峰保留时间 /min	峰面积	峰高
浓度 1	10	2			
浓度 2	10	4			
浓度 3	10	6			
浓度 4	10	8			
浓度 5	10	10			
样品	10	—			

2. 以标样的峰面积及所对应的含量（μg）计算一次线性回归方程

$$Y_{\mathrm{m}} = aS + b$$

式中　S——峰面积

　　　Y_{m}——黄酮含量，μg

3. 外标法计算样品黄酮含量

$$X = \frac{Y_{\mathrm{m}}}{\dfrac{m}{V} \times V_1 \times 1000 \times 1000} \times 100$$

式中　X——样品植物黄酮（3，5，7，3'，4'，5'–六羟基–2，3–双氢黄酮）含量
　　　　（g/100g）

　　　Y_{m}——样品进样量黄酮含量，μg

　　　m——样品称取量，g

　　　V——样品稀释体积，mL

　　　V_1——样品进样量，mL

六、注 意 事 项

1. 使用色谱柱注意事项

正确安装色谱柱。安装色谱柱时确定柱子安装方向十分重要，反向装柱有可能导致色谱柱报废，正常操作是根据柱身标记的箭头方向安装色谱柱，通用接头与色谱柱的松紧连接程度以不漏为宜，避免接头的变形或滑丝，影响柱子连接质量。所配置的预柱起到保护色谱柱寿命的作用，其参数与性能与相应的色谱柱相同，也有方向性。

不同型号或不同用途的预柱不能互换使用，按实际情况及时更换保护预柱。

2. 对流动相及检测样品的要求

（1）流动相的要求　使用色谱纯试剂及高纯水，使用前需进行脱气处理（可采用超声波脱气法）以除去流动相中溶解的气体（如氧气）以防止在洗脱过程中流动相由色谱柱至检测器时，因压力降低而产生气泡造成分析灵敏度下降，严重时甚至无法进行分析。

（2）待测样品的要求　固体样品用流动相溶解，然后高速离心除杂 10～15min（转速1.3 万～1.5 万 r/min），再用 0.45μm 滤膜过滤，才能进样分析。液体样品应澄清透明，并与流动相有良好的互溶性。

七、思　考　题

（1）提高色谱分析检测结果准确性主要与哪些因素有关？
（2）高效液相色谱法与紫外分光光度法测定黄酮含量结果的不同所在？
（3）正确使用及维护色谱柱应注意哪些问题？

实验二十二　总抗氧化活性的测定

方法一　FRAP 法测定总抗氧化能力

一、实验目的要求

（1）了解果蔬抗氧化能力的产生及积累与果蔬采后生理的关系；
（2）掌握酶标仪测定抗氧化能力的原理和方法。

二、实验基本原理

果蔬中含有丰富的多酚类等物质，包括类黄酮、花色素等，这些物质在体外具有较强的抗氧化能力，为了比较不同果蔬的抗氧化能力，我们对不同果蔬的抗氧化活性进行测定。我们采用铁离子还原/抗氧化力测定法（ferric reducing/antioxidant power assay，FRAP法）对一些果蔬抗氧化活性进行测定。

FRAP 法测定总抗氧化能力的原理是酸性条件下抗氧化物可以还原 Ferric – tripyridyl – triazine（Fe^{3+} 三吡啶三吖嗪 TPTZ）产生蓝色的 Fe^{2+} – TPTZ，并于 593nm 处具有最大光吸收，因此我们在 A593nm 酶标仪测定蓝色的 Fe^{2+} – TPTZ 的大小即可计算样品中的总抗氧化活性的能力。由于反应在酸性条件下进行，可以抑制内源性的一些干扰因素。并且由于样品中的铁离子或亚铁离子的总浓度通常低于 10μm，因此样品中的铁离子或亚铁离子不会显著干扰 FRAP 法的检测反应。由于反应体系中的铁离子或亚铁离子是和 TPTZ 螯合的，样品本身含有的少量金属离子螯合剂通常也不会显著影响检测反应。

三、实验仪器、材料及试剂

（1）实验仪器　酶标仪，电子天平，离心管，移液器、研钵，试管，刻度试管等。
（2）实验材料　蓝莓、火龙果等果类材料。

（3）实验试剂

① 0.3mol/L 的 pH 3.6 醋酸钠缓冲液：必须使用玻璃小烧杯称取 5.1g 醋酸钠固体溶解于 250mL 容量瓶中（醋酸钠常温保存，为易潮解药品，称量时迅速，使用塑料药匙称量，吸水极快，若不慎落在天平上（严禁使用万分之一天平称量），请立即用餐巾纸擦拭，并蘸无水乙醇反复擦拭）；然后加入 20mL 的冰醋酸溶液，加蒸馏水稀释并定容 250mL 即可。

② 40mmol/L 盐酸溶液：取浓盐酸（12mol/L）0.1mL 加水至 30mL，置于避光处，备用。

③ 10mmol/L 的 TPTZ 溶液：称取 31.233mg，用 40mmol/L 盐酸溶液定容至 10mL，置于冰箱中冷藏备用。

④ 20mmol/L 三氯化铁溶液：称取 0.1625g 的三氯化铁，用蒸馏水定容至 50mL，溶液颜色为浅黄色，置于避光处，备用。

⑤ 10mmol/L 硫酸亚铁：称取 0.076g 的硫酸亚铁，用蒸馏水定容至 50mL，置于避光处，备用；或者称取 0.0278g 的 $FeSO_4 \cdot 7H_2O$，溶解并定容到 10mL 即的 10mmol/L 的 $FeSO_4$ 置于避光处，备用，溶液颜色为淡绿色（易被氧化，现配现用，如果发现溶液颜色已经呈现明显的黄色，应该放弃使用，并重新配制新鲜的）。

⑥ FRAP 工作液的配方：由 25mL 300mmol/L pH 3.6 的醋酸盐缓冲液、2.5mL 10mmol/L TPTZ 溶液、2.5mL 20mmol/L $FeCl_3$ 溶液混合而成（10∶1∶1），现配现用，配制好后 37℃ 孵育，并在 2h 内用完。

四、实验步骤

1. 实验前准备

实验前将研磨洗净、用锡箔纸包好烘干后于 4℃ 条件存放。实验前，先将酶标仪室中空调打开，25℃ 保持 1h，酶标仪提前半个小时开机。

2. 标准曲线制备

标准曲线的绘制：分别把 10mmol/L 的 $FeSO_4$ 用蒸馏水稀释成 0.15mmol/L、0.3mmol/L、0.6mmol/L、0.9mmol/L、1.2mmol/L 和 1.5mmol/L 的 $FeSO_4$ 标准液。以标准品（$FeSO_4$）溶液的吸光度 y 与标准品（$FeSO_4$）浓度 x（μmol/L）进行线性回归，并求得线性回归方程和相关系数 R^2。样品的抗氧化活性（FRAP 值）以达到相同吸光度所需 $FeSO_4$ 的毫摩尔数表示 μmol/L Fe^{2+}。

3. 样品提取

称取果蔬样品 1~5g，称一个，立即转入研钵，迅速加入 4 倍的蒸馏水，冰水浴条件下研磨成匀浆，以充分破碎细胞并释放其中的抗氧化物，然后 4℃，10000r/min，离心 10min，取上清进行测定。所有操作均需在冰上操作。制备好的组织样品的上清如果不立即测定，可以 -80℃ 冷冻存放一个月。

4. 样品测定

（1）96 孔板的酶标仪需要检测孔中加入 180μL 的 FRAP 工作；

（2）空白对照孔中加入 5μL 蒸馏水，标准曲线检测孔中加入 5μL 各种浓度的 $FeSO_4$ 标准溶液，样品检测孔内加入 5μL 各种样品。轻轻混匀；

（3）37℃ 孵育 5~10min 后测定 $A593$。如果测定 $A593$ 有困难，可以在 585~605nm 范围内进行测定；

（4）根据标准曲线计算出样品的总抗氧化能力。如果样品测定出来的吸光度在标准曲线范围以外，需要把样品适当稀释后在进行测定。

五、实验结果与计算

1. 测出 0.1mmol/L、0.2mmol/L、0.4mmol/L、0.6mmol/L、0.8mmol/L 和 1.0mmol/L 的 $FeSO_4$ 标准液吸光度，然后绘制标准曲线。

2. 总抗氧化能力表示方式

细胞或组织样品在测定总抗氧化能力时需要测定蛋白浓度，最后测定获得的总抗氧化能力通常表示为每毫克或每克蛋白重量中的总抗氧化能力，表示单位为 mmol/g 或 mmol/mg。对于 FRAP 方法，总抗氧化能力用 $FeSO_4$ 标准溶液的浓度来表示。例如，某组织匀浆测定获得的吸光度和 0.3mM $FeSO_4$ 标准溶液相同，并且该匀浆液的蛋白浓度为 0.15mg/mL，则该样品的总抗氧化能力为 0.3mM/0.15mg/mL = 2mmol/g。

3. 样品 1（样品名）：所测的吸光值（三次，取平均值），通过标准曲线查出所对应的 $FeSO_4$ 浓度。

例如：样品 1 所测的吸光值通过标准曲线查得为 0.3mmol/L $FeSO_4$ 浓度

样品 1（样品名）溶液的蛋白浓度测定，可以用超微量紫外分光光度计测的为 0.15mg/mL。

样品 1 抗氧化能力（mmol/g 或 mmol/mg）＝样品 1 所测吸光度所对应 $FeSO_4$ 浓度/样品 1（样品名）溶液的蛋白浓度。

即：样品 1 的抗氧化能力 =（0.3mmol/L）/（0.15mg/mL）= 2mmol/g。

六、注 意 事 项

（1）如果样品中含有外加的较高浓度的铁盐或亚铁盐，会干扰测定。但血浆、血清、细胞或组织裂解液等样品中含有的微量的铁盐或亚铁盐不会干扰测定。

（2）样品中不能添加 DTT、巯基乙醇等影响氧化还原反应的物质，也不宜添加 Tween、Triton 和 NP－40 等去垢剂。

（3）测定时需可以测定 $A593$ 的酶标仪一台（测 585～605nm 也可以）或可以测定微量样品的分光光度计一台。

（4）TPTZ 对人体有刺激性，请注意适当防护。

七、思 考 题

影响 FRAP 法测定抗氧化的因素有哪些？

方法二　ABTS 法测定总抗氧化能力

一、实验目的要求

了解果蔬组织中总抗氧化含量，学习 ABTS 法测定总抗氧化能力的原理和方法。

二、实验基本原理

ABTS 法测定总抗氧化能力的原理是，ABTS 在适当的氧化剂作用下氧化成绿色的

$ABTS^+$，在抗氧化物存在时 $ABTS^+$ 的产生会被抑制，在734nm 测定 $ABTS^+$ 的吸光度即可测定并计算出样品的总抗氧化能力。维生素 C 具有抗氧化能力，用作其他抗氧化物总抗氧化能力的参考，例如，维生素 C 的总抗氧化能力为1，相同的浓度情况下，其他物质的抗氧化能力用其抗氧化能力用其抗氧化能力和维生素 C 相比的倍数来表示。

三、实验仪器、材料及试剂

（1）实验仪器　离心管、试管、容量瓶（10mL、50mL、250mL、1000mL）、移液器、紫外分光光度计、比色皿等。

（2）实验材料　蓝莓、火龙果等果蔬材料。

（3）实验试剂

① A 液：5mL 的 7mmol/L 的 ABTS 溶液：称取 ABTS 0.0384g 溶于 5mL PBS 缓冲溶液中，常温避光放置备用。

② B 液：5mL 的 7.35mmol/L 的 $K_2S_2O_8$ 溶液：称取 $K_2S_2O_8$ 0.0662284g 溶于 5mL PBS 缓冲溶液中，常温避光放置备用。

③ 0.2mol/L 的 PBS 缓冲溶液（pH = 7.4）

a. 称取 71.64g Na_2HPO_4 定容到 1000mL 容量瓶中。

b. 称取 31.21g NaH_2PO_4 定容到 1000mL 容量瓶中。

a. b. 分别取 81mL、19mL 置于烧杯中即为 pH 为 7.4 的 PBS 缓冲溶液。

④ 维生素 C 标准液：称取 0.0066g 维生素 C，用 70% 乙醇定容到 250mL 容量瓶中，4℃ 避光放置备用。

⑤ 70% 乙醇。

⑥ ABTS 工作液的配制：A 液和 B 液 1∶1 混合定容到棕色容量瓶中，室温下避光放置 12~16h 后，使用前用 0.2mol/L 的 PBS 缓冲溶液稀释（一般 40~80 倍）用紫外分光光度计在 734nm 波长下的吸光度值调至 0.7 ± 0.05，得到 ABTS 工作液。

四、实　验　步　骤

1. 标准曲线制作

取 6 只具塞试管，编号，按照表 3 - 9 加入各种试剂，混匀，测定显色液在波长 734nm 处的吸光度值，数据记录到表 3 - 18 中。以吸光度值为纵坐标，维生素 C 浓度（mmol/L）为横坐标，绘制标准曲线。

表 3 - 18　　　　　　　　　　　绘制标准曲线各试剂加入量以及记录数值

管号	1	2	3	4	5	6
浓度	0.75mmol/L	1.5mmol/L	2.25mmol/L	3mmol/L	3.75mmol/L	4.5mmol/L
维生素 C 标准液/μL	50	100	150	200	250	300
70% 乙醇	950	900	850	800	750	700
ABTS 工作液/mL	5	5	5	5	5	5
吸光度						
清除率						

2. 样品提取

使用小烧杯精密称取冻干粉 0.5g，加入 30mL 70% 乙醇，全部转移到带塞的锥形瓶中，然后在 100Hz、室温下超声 1h，再进行抽滤，把滤液定容到 50mL，即为待测液（避光放置保存）。

3. 取一支试管，分别加入 1mL 70% 乙醇，5mL ABTS 工作液；然后震荡 10s，使之充分混合，静置 6min，测定显色液在波长 734nm 处的吸光度值 A_0。

另取一支试管，分别加入 0.1mL 样品上清液，使用 70% 乙醇稀释（稀释至吸光度值为 0.4 ~ 0.5，一般为 10 ~ 20 倍，之后每次实验均统一此次倍数），然后从稀释的样品中移取 1mL 上清液至另一试管，加入 5mL ABTS 工作液；然后震荡 10s，使之充分混合，静置 6min，测定显色液在波长 734nm 处的吸光度值 A_1。

五、实验结果与计算

根据吸光度值，从标准曲线上查出相应的维生素 C 含量，计算每克果蔬组织（鲜重）中维生素 C 含量，表示为 mmol/L。计算公式：

$$总抗氧化能力含量 = C_1/C_2 \times D$$

式中　C_1——由标准曲线查得的溶液中维生素 C 物质的量浓度，mmol/L

C_2——样品浓度，mg/mL

D——样品测定过程中的稀释倍数

六、注 意 事 项

1. 测定前不同的显色时间最终会影响实验结果，因此，同一批实验，显色时间要统一规定好。

2. 超声的作用是为了让样品充分溶解于溶液，然后进行过滤。如果没有超声仪器，可以选择其他促进溶质溶解的方法。

七、思 考 题

影响 ABTS 法测定总抗氧化能力的因素有哪些？

方法三　DPPH 法测定总抗氧化能力

一、实验目的要求

了解并掌握 DPPH 法测定总抗氧化能力的原理与方法。

二、实验基本原理

抗氧化就是任何以低浓度存在就能有效抑制自由基的氧化反应的物质，其作用机理可以是直接作用在自由基，或是间接消耗掉容易生成自由基的物质，防止发生进一步反应。

目前对自由基清除剂的研究方法主要有 2 类，一类是体外模型，另一类是体内模型，其中 DPPH 法是体外模型中最常用的方法。DPPH 又称 1, 1 – 二苯基 – 2 – 三硝基苯肼，是一种很稳定的氮中心的自由基，它的稳定性主要来自共振稳定作用的 3 个苯环的空间障碍，使夹在中间的氮原子上不成对的电子不能发挥其应有的电子成对作用。它的无水乙醇溶液呈紫色，在517nm波长处有最大吸收，吸光度与浓度呈线性关系。向其中加入自由基清除剂时，可以结合或替代DPPH·，使自由基数量减少，吸光度变小，溶液颜色变浅，借此可评价清除自由基的能力。因此可以通过在517nm波长处检测样品清除DPPH·的效果，来计算抗氧化能力。

实验研究表明，黄芩黄酮中清除DPPH自由基活性的主要成分是黄芩苷，黄芩苷中含有羧羟基和酚羟基能与DPPH反应，反应式如下：

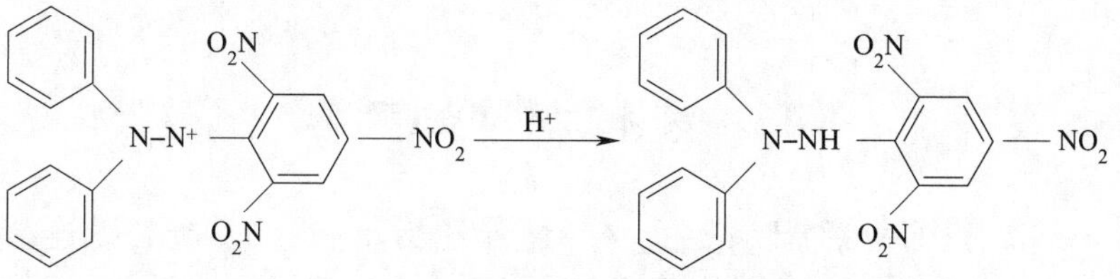

三、实验仪器、材料及试剂

（1）实验仪器　离心管、试管、容量瓶（10mL、50mL、250mL、1000mL）、移液器、紫外分光光度计、比色皿等。

（2）实验材料　蓝莓、火龙果等果类材料。

（3）实验试剂

① DPPH贮备液的制备：准确称取DPPH试剂3.5mg，用无水乙醇溶解，并定量转入10mL容量瓶中，用无水乙醇定容至刻度，取2mL至100mL容量瓶中，摇匀得浓度为0.0178mmol/L DPPH贮备液，置于冰箱中冷藏备用。

② 无水乙醇。

四、实验步骤

1. 提取液的制备

称取经过液氮速冻的果蔬组织样品，转移到研钵中研磨，然后称取5.2mg样品，用无水乙醇溶解，并定量转入50mL容量瓶中，用无水乙醇定量至刻度，取10mL至100mL容量瓶中，摇匀得浓度为0.0233mmol/L试液。

2. DPPH·清除率的测定

在10mL比色管中依次加入4.0mL DPPH溶液和提取液，再加入无水乙醇至刻度，混匀立即用1cm比色皿在517nm波长处测吸光值，记为A_i，再在温室避光保存30min后测吸光度，记为A_j，对照试验为只加DPPH的乙醇溶液，其吸光值记为A_c。

五、实验结果与计算

按下式计算自由基清除率：
$$K（\%）=\left[1-（A_i-A_j）/A_c\right]\times100\%$$

六、注 意 事 项

（1）制备提取液的时候可以依据果蔬组织样品的量，成倍体系的增大。

（2）DPPH 清除能力随着实验时间的变化发生改变，在混匀待测液后，需要立即测定。

七、思 考 题

影响 DPPH 法测定总抗氧化能力的因素有哪些?

实验二十三　淀粉含量及淀粉酶活性的测定

Ⅰ　淀粉含量的测定

淀粉（starch）是葡萄糖糖以 $\alpha-1,4-$ 糖苷键及 $\alpha-1,6-$ 糖苷键连结而成的高分子多糖物质，是植物体内贮藏能量物质的主要形式。未成熟果实中含有大的淀粉。在成熟过程中，番茄、苹果、梨、香蕉、芒果等果实中的淀粉可水解转化为单糖或寡糖，使果实中可溶性糖含提高，甜味增加。而以淀粉作为贮藏物质的果蔬，如小麦、马铃薯和藕等，采收时组织中的淀粉含量增加，品质和耐贮藏增强。此外，贮藏温度对淀粉与可溶性含有很大影响。因此，测定果蔬组织中的淀粉含量，可以了解果蔬产品的农艺性状、食用品质、成熟程度，以改进采后贮藏加工条件。

方法一　酸水解法测定淀粉含量

一、实验目的要求

学习酸水解法测定果蔬组织中淀粉含的原理和方法。

二、实验基本原理

淀粉是由葡萄糖残基组成的多糖，在酸性条件下加热可使其水解成葡萄糖。利用乙醚除去果蔬中脂类、用乙醇除去样品中可溶性糖后，在一定酸性条件下，可将果蔬样品中的淀粉水解为具有还原性的葡萄糖。通过生成的还原糖的含量，可计算出果蔬组织中淀粉的含量。淀粉水解后产生的单糖，在浓硫酸的作用下，可脱水生成糠醛类化合物。利用苯酚或蒽酮试剂与糠醛化合物的显色反应，也可测定果蔬组织中淀粉的含量。

淀粉在酸性条件下水解时，反应式如下：

$$(C_6H_{10}O_5)\ n+nH_2O \longrightarrow nC_6H_{10}O_6$$

根据反应式，淀粉与葡萄糖之比为：$(n\times162.1)/(n\times180.12)=0.9$，即 0.9g 淀粉水解后可得到 1g 葡萄糖。因此，对测定的还原糖含量，乘以换算系数 0.9，即为淀粉含量。

三、实验仪器、材料及试剂

（1）实验仪器　滴定管、电子天平、容量瓶（100mL）、漏斗、滤纸、具塞试管（25mL）、研钵、电炉、刻度吸管（或移液器）、紫外分光光度计。

（2）实验材料　马铃薯、香蕉、苹果、猕猴桃等材料。

（3）实验试剂

① 浓硫酸（相对密度1.84）。

② 高氯酸溶液（$HClO_4$，9.2mol/L）或浓盐酸（12mol/L）。

③ 80%乙醇溶液。

④ 测定试剂：3,5-二硝基水杨酸（DNS）试剂：将6.3gDNS和262mL 2mol/L NaOH溶液，加到500mL含有185g酒石酸钾钠的热水溶液中，再加5g结晶酚和5g亚硫酸钠，搅拌溶解，冷却后加蒸馏水定容至1000mL，贮于棕色瓶中备用。盖紧容量瓶塞子，防止二氧化碳进入瓶中。在使用过程中如果发现溶液浑浊可过滤后再使用，不影响实验结果。

四、实 验 步 骤

1. 葡萄糖标准曲线的制作

取6支25mL定量管编号，按表3-19分别加入浓度为1mg/mL的葡萄糖标准液、蒸馏水和3,5-二硝基水杨酸（DNS）试剂，配成不同葡萄糖含量的反应液。

表3-19 葡萄糖标准曲线制作

管号	1mg/mL葡萄糖 标准液/mL	蒸馏水/mL	DNS/mL	葡萄糖 含量/mg	光密度 值/OD_{550nm}
0	0	1.0	3.0	0	0
1	0.2	0.8	3.0	0.2	0.120
2	0.4	0.6	3.0	0.4	0.271
3	0.6	0.4	3.0	0.6	0.419
4	0.8	0.2	3.0	0.8	0.548
5	1.0	0	3.0	1.0	0.705

将各管摇匀，在沸水浴中准确加热10min，取出，用冷水迅速冷却至室温，用蒸馏水定容至25mL，加塞后颠倒混匀。调分光光度计波长至550nm，用0号管调零点，等后面6~8号管准备好后，测出0~5号管的光密度值。以光密度值为纵坐标，葡萄糖含量（mg）为横坐标，做出标准曲线。

2. 样品提取

称取1g果蔬样品置于研钵中，研磨匀浆后立即转入25mL刻度试管中，加入10mL 80%乙醇溶液，在80℃水浴中提取30min，取出冷却后过滤，弃去滤液（主要含可溶性糖），收集滤渣，重复过滤操作，再用80%乙醇溶液提取洗涤一次，收集滤渣。将除去可溶性糖以后的残渣，转移入25mL刻度试管中，加20mL热蒸馏水，置于沸水浴中煮沸糊化15min，再加入2mL冰冷的9.2mol/L的高氯酸，不断搅拌，提取15min。冷却后加蒸水至10ML，混匀过滤，将滤液转入100mL容量瓶中。再向残渣中加入2mL 4.6mol/L高氯酸溶液，搅拌提取15min后加入蒸馏水混匀，过滤后，洗涤残渣。将后两次滤液、洗涤液合并转入到100mL容量瓶中，定容至刻度，供测定使用。

3. 测定

取 25mL 刻度试管，分别加入 2mL 淀粉提取液和 1.5mL 3,5 - 二硝基水杨酸试剂，按照与标准曲线相同的操作方法，测定各管中溶液的吸光度。重复三次。如果吸光值读数过高，就要对提取液进行稀释后再测定。

五、实验结果与计算

1. 测定数据记录到表 3 - 20 中

表 3 - 20 　　　　　　　　　　　酸水解法测定淀粉含量数据记录表

重复次数	样品质量 m/g	提取液总体积 V/mL	吸取样品体积 V'/mL	稀释倍数 N	550nm 处吸光度值	由标准曲线查得葡萄糖质量 m'/mg	样品中淀粉含量（质量分数）/%	
							计算值	平均值 ± 标准偏差
1								
2								
3								

2. 计算结果

根据溶液吸光度值，在标准曲线上查出相应的葡萄糖质量，计算果蔬组织中淀粉含量，以质量分数（%）表示。计算公式：

$$淀粉含量 = \frac{m' \times V \times N}{V_s \times m \times 10^6} \times 0.9 \times 100\%$$

式中　m'——从标准曲线查得的葡萄糖质量，μg

　　　V——样品提取液总体积，mL

　　　N——样品提取液稀释倍数

　　　V_s——测定时所取样品提取液体积，mL

　　　m——样品质量，g

　　　0.9——由葡萄糖换算成淀粉的系数

六、注　意　事　项

（1）淀粉水解程度对样品测定具有重要的影响。必要时应进行淀粉水解完全度试验。具体做法：样品测定中可同时做 1 份用于淀粉水解完全度检验的样品，在酸解过滤后，将其残渣加上 2mL 水，搅拌混匀，吸 2 滴于白瓷盘上，加 2 滴 I_2 - KI 溶液，显微镜下观察，若出现蓝紫色颗粒，说明水解不完全，其正式测试样品需要在加高氯酸水解，直至不出现蓝紫色为止。

（2）此法适用于淀粉含量较高、半纤维素和多缩戊糖等其他多糖含量较少的样品。对富含半纤维素、多缩戊糖及果胶质的样品，因水解时它们也被水解为木糖、阿拉伯糖等还原糖，使测定结果偏高。该法操作简单，应用广泛，但选择性和准确性不及酶水解测糖法。

七、思　考　题

酸水解测定淀粉含量的原理是什么？此原理是否可以应用于其他大分子物质的测定？

方法二 碘 - 淀粉比色法测定淀粉含量

一、实验目的要求

学习碘 - 淀粉比色法测定淀粉含量的原理和方法。

二、实验基本原理

淀粉颗粒与碘反应可生产深蓝色的络合物，在波长 660nm 处具有最大光吸收峰。根据生产络合物颜色的深浅，用分光光度计测定吸光值，对照标准曲线，可以计算出淀粉的含量。

三、实验仪器、材料及试剂

（1）实验仪器　刻度试管（25mL）、电子天平、烧杯、容量瓶（100mL）、漏斗、滤纸、具塞试管（25mL）、研钵、电炉、移液器、紫外分光光度计、标签纸、记号笔等。

（2）实验材料　马铃薯、香蕉、苹果、猕猴桃等材料。

（3）实验试剂

① 5g/L 碘液：称取 2g 碘化钾，在烧杯中用 20mL 蒸馏水溶解，再迅速称取 5g 结晶碘，置于另一个烧杯中，将溶解的 20mL 碘化钾倒入其中，用玻璃棒不停搅拌，直至完全溶解，然后转移到 100mL 容量瓶中，加入蒸馏水定容，于磨口试剂瓶中贮存。

② 乙醚。

③ 80% 乙醇。

④ 100μg/mL 淀粉标准溶液配制：称取 100mg 可溶性淀粉，置于小烧杯中，加入少量的蒸馏水，搅拌成糊状，加入 60～70mL 热的蒸馏水。将整个烧杯置于沸水中煮沸 30min，取出后冷却，然后转移到 100mL 容量瓶中，加蒸馏水稀释至刻度，即 1mg/mL 淀粉溶液。

吸取 10mL 该 1mg/mL 淀粉溶液，转移到 100mL 容量瓶中，加蒸馏水稀释定容，即为 100μg/mL 淀粉标准溶液。

四、实验步骤

1. 标准曲线的制作

取 11 支具塞刻度试管，编号。按照表 3 - 21 加入淀粉标准溶液、蒸馏水和碘液。摇匀，待蓝色溶液稳定 10min 后，在波长 660nm 出测定吸光度。以吸光度为纵坐标，淀粉的质量为横坐标，绘制标准曲线，并求得线性回归方程。

表 3 - 21　　　　碘 - 淀粉比色法测定淀粉含量绘制标准曲线加样表

	0	1	2	3	4	5
100μg/mL 淀粉标准液/mL	0	1.0	2.0	3.0	4.0	5.0
蒸馏水/mL	9.8	8.8	7.8	6.8	5.8	4.8
5g/L 碘液/mL	0.2	0.2	0.2	0.2	0.2	0.2
相当于淀粉质量/μg	0	100	200	300	400	500

2. 样品处理

称取 10g 果蔬组织材料置于研钵中，研磨充分后，加入 50mL 乙醚，混合、过滤，弃去滤液，进行 3~5 次。将滤液完全转移到烧杯中，加入 50mL 80% 乙醇溶液，混合、过滤，洗涤 3~5 次，以除去样品中色素、可溶性糖及其他非淀粉物质。然后将滤纸上的残留物转移到小烧杯中，用蒸馏水多次洗涤滤液，将残留物全部洗入到烧杯中。将烧杯置于沸水浴中边加热边搅拌，直至淀粉完全糊化成澄清透明溶液。将次糊化淀粉转移到 100mL 容量瓶中，定容，混匀，即为淀粉提取液。

3. 测定

吸取 2mL 淀粉提取液，按照与制作标准曲线相同的方法进行比色测定。重复三次。

五、实验结果与计算

1. 测定数据记录到表 3-22 中。

表 3-22　　　　　　　　碘-淀粉比色法测定淀粉含量数据记录表

重复次数	样品质量 m/g	提取液总体积 V/mL	吸取样品体积 V'/mL	稀释倍数 N	600nm 处吸光度值	由标准曲线查得淀粉质量 $m'/\mu g$	样品中淀粉含量（质量分数）/%	
							计算值	平均值±标准偏差
1								
2								
3								

2. 计算结果

根据溶液吸光度值，在标准曲线上查出相应的淀粉质量，计算果蔬组织中淀粉含量，以质量分数（%）表示。计算公式：

$$淀粉含量 = \frac{m' \times V \times N}{V_s \times m \times 10^6} \times 100\%$$

式中　m'——从标准曲线查得的淀粉质量，μg

　　　V——样品提取液总体积，mL

　　　N——样品提取液稀释倍数

　　　V_s——测定时所取样品提取液体积，mL

　　　m——样品质量，g

六、注　意　事　项

在实验测定过程中，如果果蔬组织中淀粉含量较高，加碘液后会出现极深的蓝色而无法比色，就必须要将溶液重新稀释后再进行测定。若样品中淀粉含量太少，则加碘液后不容易出现蓝色，可适当地加大样品用量。

七、思　考　题

采用碘-淀粉比色法测定果蔬中淀粉含量应注意哪些？有哪些影响因素会影响到实验结果的准确性？

Ⅱ 淀粉酶活性的测定

酶是高效催化有机体新陈代谢各步反应的活性蛋白，几乎所有的生化反应都离不开酶的催化，所以酶在生物体内扮演着极其重要的角色，因此对酶的研究有着非常重要的意义。酶的活性是酶的重要参数，反映的是酶的催化能力，因此测定酶活力是研究酶的基础。酶活力由酶活力单位表征，通过计算适宜条件下一定时间内一定量的酶催化生成产物的量得到。

淀粉酶是水解淀粉的糖苷键的一类酶的总称，按照其水解淀粉的作用方式，可分为 α - 淀粉酶和 β - 淀粉酶等。α - 淀粉酶和 β - 淀粉酶是其中最主要的两种，存在于禾谷类的种子中。β - 淀粉酶存在于休眠的种子中，而 α - 淀粉酶是在种子萌发过程中形成的。

α - 淀粉酶活性是衡量小麦穗发芽的一个生理指标，α - 淀粉酶活性低的品种抗穗发芽，反之则易穗发芽。目前，关于 α - 淀粉酶活性的测定方法很多种，活力单位的定义也各不相同，国内外测定 α - 淀粉酶活性的方法常用的有凝胶扩散法、3, 5 - 二硝基水杨酸（DNS）比色法和降落值法。这三种方法所用的材料分别是新鲜种子、萌动种子和面粉，获得的 α - 淀粉酶活性应该分别是延迟（内源）α - 淀粉酶、萌动种子 α - 淀粉酶和后熟面粉的 α - 淀粉酶活性。三种方法的优缺点对比见表 3 - 23。

表 3 - 23　　　　　　　　　　三种淀粉酶活性测定方法的优缺点比较

测定方法	优点	缺点
DNS	灵敏、准确、精确度高，适宜精确测量小样品的 α - 淀粉酶活性大小	测定步骤较繁，不便分析大量样品，测定范围较窄
凝胶扩散法	简便、快速、省时、省力，消耗材料和药品较少，不需要特殊仪器，测定范围较宽	边界不清晰，灵敏度与准确度较低，不适宜精确测量 α - 淀粉酶活性的大小
降落值法	快速、省时、重现性好、平行性好、消耗的药品少，适宜于测量大量样品	消耗的材料多，间接测定 α - 淀粉酶活性大小

一、实验目的要求

了解淀粉酶活性的特点，并学习淀粉酶活性的测定原理和方法。

二、实验基本原理

果蔬组织中的淀粉在果蔬成熟衰老过程中，淀粉在淀粉酶中的作用逐步水解并转化成糖，供应果蔬的生命活动。淀粉酶对淀粉的分解作用是生物体利用淀粉酶进行碳水化合物代谢的初级反应。

淀粉酶（amylase）包括几种催化特点不同的成员，其中 α - 淀粉酶随机地作用于淀粉的非还原端，生成麦芽糖、麦芽三糖、糊精等还原糖，同时使淀粉浆的黏度下降，因此又称为液化酶；β - 淀粉酶每次从淀粉的非还端切下一分子麦芽糖，又被称为糖化酶；葡萄糖淀粉酶则从淀粉的非还原端每次切下一个葡萄糖。淀粉酶产生的这些还原糖能使3, 5 - 二硝基水杨酸还原，生成棕红色的3 - 氨基 - 5 - 硝基水杨酸。淀粉酶活性的大小与产生的还原糖的量成正比。可以用麦芽糖制作标准曲线，用比色法测定淀粉生成的还原糖的量，以单位重量样品在一定时间内生成的还原糖的量表示酶活力。几乎所有植物中都存在淀粉酶，特别是萌发后的禾谷类种子淀粉酶活性最强，主要是 α - 和 β - 淀粉酶。α - 淀粉酶不耐酸，在 pH3.6 以下迅速钝化；而 β - 淀粉酶不耐热，在 70℃ 15min 则被钝化。根据它们的这种特性，在测定时钝化其中之一，就可测出另一个的活力。本实验采用加热钝化 β - 淀粉酶测出 α - 淀粉酶的活力，再与非钝化条件下测定的总活力（$\alpha + \beta$）比较，求出 β - 淀粉酶的活力。

三、实验仪器、材料及试剂

（1）实验仪器　刻度试管（25mL）、离心机、研钵、恒温水浴锅（40～100℃）电子天平、烧杯、容量瓶（100mL）、漏斗、滤纸、具塞试管（25mL）、研钵、电炉、移液器、紫外分光光度计、标签纸、记号笔等。

（2）实验材料　马铃薯、香蕉、苹果、猕猴桃等材料。

（3）实验试剂

① 1% 淀粉溶液（称取 1g 可溶性淀粉，加入 80mL 蒸馏水，加热熔解，冷却后定容至 100mL）。

② pH 5.6 的柠檬酸缓冲液：

A 液（称取柠檬酸 20.01g，溶解后定容至 1L）；

B 液（称取柠檬酸钠 29.41g，溶解后定容至 1L）；

取 A 液 5.5mL、B 液 14.5mL 混匀即为 pH 5.5 柠檬酸缓冲液。

③ 3,5 - 二硝基水杨酸溶液（称取 3,5 - 二硝基水杨酸 1.00g，溶于 20mL 1mol/L 氢氧化钠中，加入 50mL 蒸馏水，再加入 30g 酒石酸钠，待溶解后，用蒸馏水稀释至 100mL，盖紧瓶盖保存）。

④ 麦芽糖标准液（称取 0.1g 麦芽糖，溶于少量蒸馏水中，小心移入 100mL 容量瓶中定容）。

⑤ 0.4mol/L NaOH 溶液。

四、实　验　步　骤

1. 酶液的制备

称取 2g 果蔬组织样品于研钵中，加少量石英砂，研磨至匀浆，转移到 50mL 容量瓶中用蒸馏水定容至刻度，混匀后在室温下放置，每隔数分钟振荡一次，提取 15～20min，于 3500r/min 分离心 20min，取上清液备用。

2. α - 淀粉酶活性的测定

（1）取 4 支管，注明 2 支为对照管，另 2 支为测定管。

（2）于每管中各加酶提取液 1mL，在 70℃ 恒温水浴中（水浴温度的变化不应超过 ±0.5℃）准确加热 15min，在此期间 β - 淀粉酶钝化，取出后迅速在冰浴中彻底冷却。

（3）在试管中各加入 1mL 柠檬酸缓冲液。

（4）向两支对照管中各加入 4mL 0.4mol/L NaOH 溶液以钝化酶的活性。

（5）将测定管和对照管置于 40℃（±0.5℃）恒温水浴中准确保温 15min 再向各管分

别加入40℃下预热的淀粉溶液2mL，摇匀，立即放入40℃水浴中准确保温5min后取出，向两支测定管分别迅速加入4mL 0.4mol/L NaOH溶液，以终止酶的活性，然后准备下步糖的测定。

3. 两种淀粉酶总活性的测定

取上述酶液5mL于100mL容量瓶中，用蒸馏水稀释至刻度（稀释倍数视样品酶活性大小而定，一般为20倍）。混合均匀后，取4支管，注明2支为对照管，另2支为测定管，各管加入1mL稀释后的酶液及pH 5.6柠檬酸缓冲液1mL，以下步骤重复α-淀粉酶测定的第（4）及第（5）的操作。

4. 麦芽糖的测定

（1）标准曲线的制作　取15mL具塞试管7支，编号，分别加入麦芽糖标准液（1mg/mL）0mL、0.1mL、0.3mL、0.5mL、0.7mL、0.9mL、1.0mL，用蒸馏水补充至1.0mL，摇匀后再加入3,5-二硝基水杨酸1mL，摇匀，沸水浴中准确保温5min，取出冷却，用蒸馏水稀释至15mL，摇匀后用分光光度计于520nm波长下比色，记录吸光值，以吸光值为纵坐标，以麦芽糖含量为横坐标绘制标准曲线，见表3-24。

表3-24　　　　　　　　　　　麦芽糖标准曲线绘制标准各试剂加入量

	0	1	2	3	4	5	6
1mg/mL麦芽糖标准液/mL	0	0.1	0.3	0.5	0.7	0.9	1.0
蒸馏水/mL	1.0	0.9	0.7	0.5	0.3	0.1	0
3,5-二硝基水杨酸/mL	1.0	1.0	1.0	1.0	1.0	1.0	1.0

（2）样品的测定　取15mL具塞试管8支，编号，分别加入步骤2和3中各管的溶液各1mL，再加入3,5-二硝基水杨酸1mL，摇匀，沸水浴中准确煮沸5min，取出冷却，用蒸馏水稀释至15mL，摇匀后用分光光度计于520nm波长下比色，记录吸光值，根据标准曲线进行计算。

五、实验结果与计算

1. 测定数据记录到表3-25中

表3-25　　　　　　　　　　　淀粉酶活性测定数据记录表

麦芽糖标准液浓度（mg/mL）	0	0.1	0.3	0.5	0.7	0.9	1.0	
吸光度 OD_{520}								
项目	α（测）	α（测）	α（对）	α（对）	α+β（测）	α+β（测）	α+β（对）	α+β（对）
吸光度 OD_{520}								
平行组数据均值 OD_{520}								
样品麦芽糖浓度 mg/mL								

上表中前4行数据为实验的原始数据。以表中前两行数据绘制标准曲线，计算上表中第4行数据（各样品的OD值）均值，填入上第5行中，根据标准曲线的方程，计算第5行OD值所对应的麦芽糖浓度，填入最后一行。

2. 计算结果

根据以上的数据整理的结果，结合以下公式计算两种淀粉酶的活性：

$$\alpha - 淀粉酶活性\ [mg/(g \cdot min)] = \frac{(A - A') \times V}{m \times 5}$$

$$淀粉酶活性\ [mg/(g \cdot min)] = \frac{(B - B') \times V}{m \times 5}$$

式中　A——α – 淀粉酶测定管中的麦芽糖浓度

　　　A'——α – 淀粉酶对照管中的淀粉酶的浓度

　　　B——（$\alpha + \beta$）淀粉酶总活性测定管中的麦芽糖浓度

　　　B'——（$\alpha + \beta$）淀粉酶总活性对照管中的麦芽糖浓度

　　　V——样品稀释的总体积，mL

六、注 意 事 项

（1）浸提步骤　70℃或15min控制不严格不准确则可能导致β – 淀粉酶未完全钝化使测得活性偏大，应严格控制温度和时间；70℃水浴后需要立即冰浴，否则β – 淀粉酶复性使测得α – 淀粉酶活性结果偏大；向测定管中加入NaOH溶液时应迅速，否则酶与底物继续反应使结果偏大。

（2）由于β – 淀粉酶不耐热，在70℃下处理一定时间可以钝化，严格保温15min可以达到理想的钝化效果，时间过长，α – 淀粉酶活性也会受到影响；时间不足，β – 淀粉酶钝化不完全。保温后立即骤冷是为了通过剧烈的温度改变β – 淀粉酶的结构以防止在随后的反应中复性，这样就保证了在随后的40℃温浴的酶促反应中β – 淀粉酶不会再参与催化反应。

（3）酶实验体系的pH变化或变化过大，会使酶活性下降甚至完全失活。加入pH 5.6的缓冲液调至酶促反应的最适pH，同时稳定溶液的pH不至于在反应过程中大幅波动。40℃水浴准确保温15min为调整酶促反应的最适温度。

（4）β – 淀粉酶与α – 淀粉酶的催化特性是有差异的。β – 淀粉酶主要作用于直链淀粉的α – 1，4 – 糖苷键，而且仅从淀粉分子外围的非还原性末端开始，切断至α – 1，6 – 键的前面反应就停止了；而α – 淀粉酶则无差别地作用于直链淀粉与支链淀粉的α – 1，4 – 糖苷键，所以β – 淀粉酶需要α – 淀粉酶淀粉支链的α – 1，4 – 糖苷键后才能完全体现其催化能力。

（5）β – 淀粉酶和α – 淀粉酶作用于α – 1，4糖苷键，但二者都不能水解支链的α – 1，6 – 糖苷键，而我们所测定得到的总酶活力是二者在与R酶的共同作用下测得的酶活力，R酶能够降解支链淀粉，断裂α – 1，6 – 糖苷键，从而增大了β – 淀粉酶和α – 淀粉酶可水解的底物浓度，使测得的总活力大于β – 淀粉酶和α – 淀粉酶单独作用的酶活力之和。

（6）实验中为了消除非酶促反应引起的麦芽糖的生成带来的误差，每组实验都做了相应的对照实验，在最终计算酶的活性时以测量组的值减去对照组的值加以校正。在实验中要严格控制温度及时间，以减小误差，并且在酶的作用过程中，四支测定管及空白管不要混淆。

（7）测定淀粉酶总活性的时候大部分需要稀释。样品提取液的体积和酶液的稀释倍数可根据不同材料酶活性的大小而进行相应的稀释。

(1) α – 淀粉酶和 β – 淀粉酶的性质有什么区别？它们的作用特点有何异同？

(2) 在实验过程中，有哪些影响因素会影响到实验结果？该如何避免呢？

实验二十四　纤维素含量及纤维素酶活性的测定

Ⅰ　纤维素含量的测定

一、实验目的要求

学习称量法测定果蔬组织中粗纤维含量的原理和方法。

二、实验基本原理

纤维素是植物细胞壁的主要组成部分，对细胞起着骨架支持和保护作用。果蔬中纤维素的含量对果蔬品质和贮藏性变化有重要影响，在果蔬抗机械损伤和抗病、抗虫害方面具有重要意义。一些果蔬成熟衰老时，纤维化程度往往增加，并与木质素、角质、栓质等结合，使组织变得坚硬粗糙，品质变劣。

在硫酸作用下，水解除去果蔬样品中的糖、淀粉、果胶物质和一些半纤维素物质，再用碱处理除去样品中的蛋白质及脂肪酸，遗留的残渣即为粗纤维。粗纤维的主要成分是纤维素，还含有部分半纤维素、多聚戊糖及含氮物质。

三、实验仪器、材料及试剂

(1) 实验仪器　三角瓶、古氏坩埚、亚麻布、回流冷凝管、电子天平、称量纸、研钵等。

(2) 实验材料　韭菜、芹菜、毛豆等。

(3) 实验试剂

① 1.25% 硫酸溶液。

② 12.5g/L 氢氧化钾溶液。

③ 甲基红指示剂：称取 0.1g 甲基红溶于 100mL 60% 乙醇中。

④ 1% 酚酞指示剂：称量 0.1g 酚酞，然后用少量 95% 乙醇或者无水乙醇溶解，定量转移至 100mL 容量瓶后再用乙醇定容稀释到 100mL 即可。

⑤ 石棉：加 50g/L 氢氧化钠溶液浸泡石棉，在水浴上回流 8h 以上，再用热水充分洗涤。然后，用 20% 盐酸在沸水浴上回流 8h，再用热水充分洗涤，干燥。在 600～700℃ 下灼烧后，加水使成混悬物，贮存于带塞玻璃瓶中。

四、实 验 步 骤

1. 样品的酸处理

称取 10g 样品，置于研钵中，往研钵中加入少量 1.25% 硫酸溶液后研磨匀浆后，全部转移到 500mL 三角瓶中，加入 0.5g 石棉（以加速以后的过滤）和 200mL 煮沸的 1.25% 硫酸，加热使溶液微沸，并立即连接回流冷凝管以保持体积恒定，维持 30min。回流期间每隔 5min，将三角瓶轻轻震荡，使三角瓶内物质充分混合避免样品附着到液面以上的瓶壁上。加热完毕，取下三角瓶，立即用亚麻布过滤后，用沸水洗涤残渣至洗液不呈酸性（以甲基红为指示剂进行检测）。

2. 样品的碱处理

用 200mL 煮沸的 12.5g/L 氢氧化钾溶液，将亚麻布上的残留物洗入原三角瓶内，接上回流冷凝管，加热微沸 30min 后，取下三角瓶，立即用亚麻布过滤，以沸水洗涤 2~3 次至洗液不呈碱性（以酚酞为指示剂进行检测）。

3. 干燥

用水把亚麻布上的残留物洗入 100mL 烧杯中，然后移入已称重干燥的古氏坩埚中，抽滤，并用热水充分洗涤后，抽干。再依次用乙醇和乙醚各洗涤一次，以除去单宁、色素及残余的脂肪等物质。将坩埚和内容物在 105℃烘箱中烘干后称量，重复操作，直至恒重。

4. 灰化

如果样品中含有较多的不溶性杂质，则可将样品移入石棉坩埚，烘干称重后，再移入 550℃高温炉中灰化，使含碳的物质全部灰化。取出后置于干燥器内，冷却至室温称量，所损失的质量即为粗纤维质量。

五、实验结果与计算

$$粗纤维的含量（质量分数）= \frac{残余物质量（或经高温炉损失的质量）}{样品质量} \times 100\%$$

六、思考题

在测果蔬组织中的粗纤维素含量的实验过程中，有哪些影响因素会对实验结果造成影响？

Ⅱ 比色法测纤维素含量

纤维素由葡萄糖基组成，它是组成植物细胞壁的基本成分。其含量的多少关系到植物的机械组织是否发达，作物抗倒伏、抗病虫害的能力是否较强，并且影响到粮食作物、纤维作物和蔬菜作物等的产量和品质。

各种粮食中纤维素的含量各不相同，与籽粒皮层厚薄成正比。同种粮食中，原粮纤维素含量最高，加工精度越高，纤维素含呈越少，如小麦标准粉约 0.7%，稻谷约 9.0%，糙米约 1.0%，白米约 0.4%。因此，根据纤维素的含量的测定，可以判别籽粒皮层的厚薄，粮食加工精度高低和营养价值。

纤维素的测定方法有酸碱醇醚法、酸性洗涤剂法、碘量法及比色法。由于比色法操作最简便，本实验就介绍一下比色法测纤维素的含量。

一、实验目的要求

学习比色法测定纤维素含量的原理和方法。

二、实验基本原理

纤维素是由葡萄糖基组成的多糖，在酸性条件下加热使其水解成葡萄糖。然后在浓硫酸作用下，使单糖脱水生成糠醛类化合物。利用蒽酮试剂与糠醛类化合物的蓝绿色反应即可进行比色测定。

三、实验仪器、材料及试剂

（1）实验仪器　恒温水浴、冰罐、电炉、玻璃坩埚、漏斗、计时器、紫外分光光度计、烧杯、量筒、锥形瓶等。

（2）实验材料　芹菜、莴笋、猕猴桃等果蔬材料。

（3）实验试剂

① 60% H_2SO_4 溶液、浓 H_2SO_4。

② 2%蒽酮试剂：2g 蒽酮溶解于 100mL 乙酸乙酯中，贮置于棕色试剂瓶中。

③ 纤维素标准液：准确称取 100mg 纯纤维素，放入 100mL 量瓶中，将量瓶放入冰浴中，然后加冷的 60% H_2SO_4 60~70mL，在冷的条件下消化处理 20~30min，然后用 60% H_2SO_4 稀释至刻度，摇匀。吸取此液 5mL 放入另一新的 50mL 量瓶中，将量瓶放入冰浴中，加蒸馏水稀释刻度，则每毫升含 100μg 纤维素。

四、实验步骤

1. 绘制纤维素标准曲线

（1）取 6 支小试管，分别放入 0mL、0.4mL、0.8mL、1.2mL、1.6mL、2.0mL 纤维素标准液。然后分别加入 2.0mL、1.6mL、1.2mL、0.8mL、0.4mL、0mL 蒸馏，摇匀。则每管依次含纤维素 0μg、40μg、80μg、120μg、160μg、200μg。

（2）向每管加 0.5mL%蒽酮试剂，再沿管壁加 5mL 浓 H_2SO_4，塞上塞子，微微摇动，促使乙酸乙酯水解，当管内出现蒽酮絮状物时，再剧烈摇动促进蒽酮溶解，然后立即放入沸水浴中加热 10min，取出冷却。

（3）在分光光度计上 620nm 波长下比色，测出各管吸光值。

（4）以所测得的吸光值为纵坐标，以纤维素含量为横坐标，绘制纤维素标准曲线。

2. 样品的测定

（1）准确称取风干的样品 100mg，放入 100mL 量瓶中，将量瓶放入冰浴中，加冷的 60% H_2SO_4 60~70mL，在冷的条件下消化处理半小时，然后用 60% H_2SO_4 稀释至刻度，摇匀，用玻璃坩埚漏斗过滤。

（2）吸取上述滤液 5mL，放入 50mL 量瓶中，将量瓶置于冰浴中，加蒸馏水释至刻度，摇匀。

（3）吸取上液 2mL，加 0.5mL 2%蒽酮试剂，再沿管壁加 5mL 浓 H_2SO_4，盖上塞子，以后操作同纤维素标准液，测出样品在 620nm 波长下的吸光度。

五、实验结果与计算

以样品测定吸光度，在标准曲线上查出相应的纤维素含量，然后均按下式计算样品中

纤维素含量:

$$X = \frac{A \times 10^{-6} \times C \times 100}{B}$$

式中　A——在标准曲线上查得的纤维素含量值，μg

B——样品重，g

10^{-6}——将 μg 换算成 g 的系数

C——样品稀释倍数

X——样品中纤维素含量，%

六、注 意 事 项

在使用浓硫酸的时候需要注意，浓硫酸溶于水后能放出大量的热，因此浓硫酸稀释时，常将浓硫酸沿器壁慢慢注入水中（烧瓶用玻璃棒引流），并不断搅拌，使稀释产生的热量及时散出。切记"酸入水，沿器壁，慢慢倒，不断搅"。不能将水加入酸中，否则会产生飞溅，导致灼伤。稀释好的硫酸应冷却至室温后存放入试剂瓶中。

若不小心将浓硫酸倒在实验桌上，可先用抹布擦除，再用水冲洗。清洗液收集处理后再排放。

七、思 考 题

影响比色法测纤维素含量的因素有哪些？该如何避免？

Ⅲ　3,5 - 二硝基水杨酸法测定纤维素酶活性

一、实验目的要求

了解纤维素酶活性的特点，学习 3,5 - 二硝基水杨酸（DNS）法测定纤维酶活性的原理和方法。

二、实验基本原理

在纤维素酶的作用下，纤维素可被逐步水解并最终生成 β - 葡萄糖。纤维素结构复杂，没有任何一种酶能将其彻底水解。纤维素酶是一种多组分酶（$C_1 - C_X$），可分为三种不同组分：① C_1 酶是一水解因子，作用于天然纤维素的结晶区，它可以作用于氢键并使氢键破裂，呈无定形可溶态，成为长链纤维素分子。② C_X 酶通常包括：a. 内切葡萄糖苷酶。这类酶随机水解 β - 1，4 - 糖苷键，将无定形长链纤维素分子（羧甲基纤维素钠为人工合成的一种线形纤维素钠盐）截短；b. 外切葡萄糖苷酶。这种酶的作用点位于于 β - 1，4 - 键，每次切下一个纤维二糖分子。③ β - 葡萄糖苷酶，这类酶可以将纤维二糖（水杨苷为葡萄苷键连接的纤维二糖）水解成葡萄糖分子。

在碱性条件下，纤维素酶催化纤维素水解的产物纤维二糖、葡萄糖等还原糖能将3,5 - 二硝基水杨酸还原。利用比色法测定其还原物生成量来表示酶的活力。

三、实验仪器、材料及试剂

（1）实验仪器　恒温水浴锅、紫外分光光度计、电子天平、称量纸、试管、移液器、记号笔、具塞刻度试管（25mL）、容量瓶（100mL、1000mL）、烧杯等。

（2）实验材料　猕猴桃、火龙果、苹果、香蕉等果蔬材料。

（3）实验试剂

① 50mmol/L、pH 5.5 乙酸 - 乙酸钠缓冲液。配制方法见"实验十九　过氧化物酶活性的测定"。

② 提取缓冲液（1.8mol/L NaCl）：称取 10.5g NaCl，用 50mmol/L、pH 5.5 乙酸 - 乙酸钠缓冲液溶解，稀释至 100mL，摇匀。

③ 50mmol/L、pH 5.0 柠檬酸 - 柠檬酸钠缓冲液：

母液 A（0.2mol/L 柠檬酸溶液）：称取 42.03g $C_6H_8O_7 \cdot H_2O$，溶稀释至 1000mL。

母液 B（0.2mol/L 柠檬酸钠溶液）：称取 58.82g $Na_3C_6H_5O_7 \cdot 2H_2O$ 溶解稀释至 1000mL。取 20.5mL 母液 A 和 29.5mL 母液 B 混合，调节 pH 至 5.0，稀释至 200mL。

④ 3,5 - 二硝基水杨酸（DNS）试剂：将 6.3g DNS 和 262mL 2mol/L NaOH 溶液，加到 500mL 含有 185g 酒石酸钾钠的热水溶液中，再加 5g 结晶酚和 5g 亚硫酸钠，搅拌溶解，冷却后加蒸馏水定容至 1000mL，贮于棕色瓶中备用。盖紧容量瓶塞子，防止二氧化碳进入瓶中。在使用过程中如果发现溶液浑浊可过滤后再使用，不影响实验结果。

⑤ 10g/L 羧甲基纤维素钠（CMC）溶液：准确称取 1g 羧甲基纤维素钠，用 50mmol/L、pH 5.0 柠檬酸 - 柠檬酸钠缓冲液加热溶解后，转移到 100mL 容量瓶中，待冷却后，用该缓冲液定容至刻度，4℃保存备用。

⑥ 95% 乙醇、80% 乙醇溶液。

四、实 验 步 骤

1. 制作葡萄糖标准曲线

取 6 支 25mL 定量管编号，按表 3 - 26 分别加入浓度为 1mg/mL 的葡萄糖标准液、蒸馏水和 3,5 - 二硝基水杨酸（DNS）试剂，配成不同葡萄糖含量的反应液。

表 3 - 26　　　　　　　　　　　　葡萄糖标准曲线制作加样表

管号	1mg/mL 葡萄糖标准液/mL	蒸馏水/mL	DNS/mL	葡萄糖含量/mg	光密度值/OD$_{550nm}$
0	0	1.0	3.0	0	0
1	0.2	0.8	3.0	0.2	0.120
2	0.4	0.6	3.0	0.4	0.271
3	0.6	0.4	3.0	0.6	0.419
4	0.8	0.2	3.0	0.8	0.548
5	1.0	0	3.0	1.0	0.705

将各管摇匀，在沸水浴中准确加热 10min，取出，用冷水迅速冷却至室温，用蒸馏水定容至 25mL，加塞后颠倒混匀。调分光光度计波长至 550nm，用 0 号管调零点，等后面 6~8 号管准备好后，测出 0~5 号管的光密度值。以光密度值为纵坐标，葡萄糖含量（mg）为横坐标，做出标准曲线。

2. 酶液制备

称取 10g 果蔬组织样品，置于经过预冷并且放在冰上的研钵中，加入 20mL 经预冷的 95% 乙醇，在冰浴条件下迅速研磨匀浆后，全部转移到离心管中，低温放置 10min，然后于 4℃、12000g 离心 20min。慢慢倒去上清液，向沉淀物中再加入 10mL 经预冷的 80% 乙醇，轻微振荡，低温放置 10min，然后在相同条件下离心。再慢慢倾去上清液，向沉淀物中加入 5mL 经预冷的提取缓冲液，于 4℃ 放置提取 20min，再经过相同条件的离心后收集上清液即为纤维素酶的提取液，4℃ 保存备用。

3. 纤维素酶活性的测定

取 2 支 25mL 刻度试管编号，分别加入 1.5mL10g/L 的 CMC 溶液。向一支试管中再加入 0.5mL 酶提取液，向另一支试管中加入 0.5mL 经煮沸 5min 的酶提取液作为对照，置于 37℃ 恒温水浴保温 1h。取出后迅速加入 1.5mL 3,5 – 二硝基水杨酸试剂，在沸水浴中加热 5min。然后迅速冷却至室温以蒸馏水稀释至 25mL 刻度处，混匀。在 540nm 波长处按照与制作标准曲线相同的方法操作，分别测定各管中溶液的吸光度值。重复三次。

五、实验结果与计算

1. 测定数据记录到表 3-27 中。

表 3-27　　　　　　3,5 – 二硝基水杨酸法测定纤维素酶活性的数据记录表

重复次数	样品质量 m/g	提取液体积 V/mL	吸取样品液体积 V_s/mL	540nm 吸光度值			由标准曲线查得葡萄糖质量 m'/mg	样品中纤维素酶活性/$[\mu g/(h \cdot g)]$	
				样品	对照	样品 – 对照		计算值	平均值 ± 标准偏差
1									
2									
3									

2. 计算结果

根据样品反应管和对照管溶液吸光度值的差值，在标准曲线上查出相应的葡萄糖质量。纤维素酶活性以每小时每克果蔬组织样品（鲜重）在 37℃ 条件下催化甲基纤维水解形成还原糖的质量表示，即 $\mu g/(h \cdot g)$。计算公式：

$$纤维素酶活性 = \frac{m' \times V \times 1000}{V_s \times t \times m} \ [\mu g/(h \cdot g)]$$

式中　m'——从标准曲线查得的葡萄糖质量，mg

　　　V——样品提取液总体积，mL

　　　V_s——测定时所取样品提取液体积，mL

　　　t——酶促反应时间，h

　　　m——样品质量，g

六、注 意 事 项

(1) 在测定 OD 值过程中，绘制标准曲线时要用 1 号葡萄糖标准液（葡萄糖浓度为 0）调零，测定样品 OD 值时要用样品空白液调零。从实验原理上看，这样做的目的是：无论是标准液还是样品液，都要去除葡萄糖外的其他各种成分的对 OD 值的影响。得到的标准曲线经过坐标原点。

(2) 纤维素酶的作用底物为底物羧甲基纤维素（CMC），随着底物的水解，CMC 溶液黏度逐渐下降。因此，可以利用黏度降低法测定纤维素酶的活性，以保温前后反应混合液黏度下降的百分率表示。

七、思 考 题

3,5 - 二硝基水杨酸法测定纤维素酶活性的原理是什么？在实验过程中有哪些影响因素，该如何避免？

实验二十五 脂氧合酶活性的测定

一、实验目的要求

了解脂氧合酶在果蔬组织衰老过程中的的作用，并掌握其测定方法。

二、实验基本原理

脂氧合酶（lipoxygenase，LOX）是一种含非血红素铁的蛋白质，具有专一催化具有顺、顺 -1，4 -戊二烯结构的多元不饱和脂肪酸的加氧反应，生成具有共轭双键的过氧化物。脂氧合酶在植物中普遍存在，其作用的底物主要为来自细胞质膜的多不饱和脂肪酸，如亚油酸、甲基亚油酸、亚麻酸及花生四烯酸等。脂氧合酶与果蔬细胞脂质的过氧化作用、后熟衰老过程的启动和逆境胁迫、伤诱导、病原侵染信号的产生和识别等关系密切，被认为是引起果蔬后熟衰老的一类重要的酶。

脂氧合酶能催化含有顺、顺 -1，4 -戊二烯结构的多不饱和脂肪酸的加合氧分子反应，生成的初期产物具有共轭二烯结构，产物中的共轭双键在波长 234nm 处具有特征吸收峰。因此，利用分光光度法可以测定脂氧合酶活性。

三、实验仪器、材料及试剂

(1) 实验仪器 研钵、量筒、高速冷冻离心机、移液器、烧杯、离心管、紫外分光光度计、容瓶瓶（100mL、1000mL）、有刻度试管、秒表、电子天平、药匙、称量纸等。

(2) 实验材料 猕猴桃、蓝莓、火龙果等果类材料。

(3) 实验试剂

① 亚油酸钠溶液

第一种方法：称取亚油酸钠药品，直接用蒸馏水配制 0.1mol/L 的亚油酸钠溶液。

第二种方法：取 0.5mL 亚油酸（化学纯），加入到 10mL 蒸馏水中，再加入 0.25mL Tween-20，摇匀。然后再逐滴滴加 1mol/L NaOH 溶液，摇动至溶液变得清亮。然后用蒸馏水稀释至 100mL，即为 0.5%（体积分数）亚油酸钠溶液。

② pH 6.8 的磷酸钠缓冲液（0.1mol/L）。

③ 提取缓冲液（其中 1% Triton X-100 和 4% PVPP）：取 1mL Triton X-100 和 4g PVPP，加入到 100mL 0.1mol/L、pH 6.8 磷酸缓冲液中，摇匀，置于 4℃ 冰箱预冷。

④ 0.1mol/L、pH 5.5 乙酸-乙酸钠缓冲液：

母液甲（200mmol/L 乙酸溶液）：量取 11.55mL 冰乙酸，用蒸馏水在容量瓶中稀释至 1000mL。

母液乙（200mmol/L 乙酸钠溶液）：称取 16.4g 无水乙酸钠（或称取 27.2g 三水合乙酸钠），然后蒸馏水溶解后，转移到容量瓶中，最终定容至 1000mL。

取 68mL 母液甲和 432mL 母液乙混合后，调节 pH 至 5.5，然后加蒸馏水稀释，最终定容到 1000mL。

四、实 验 步 骤

1. 酶液的提取

称取实验材料 5g，置于经过预冷的研钵中，从 4℃ 的冰箱中拿出提取缓冲液，取 5mL 加入到研钵中，研钵在冰浴条件下进行研磨，直到匀浆为止。然后把研钵内的匀浆全部转移到离心管内，在 12000r/min，4℃，离心 30min。离心结束后把上清液全部收集到新的管子内，用于脂氧合酶活性的测定。

2. 活性的测定

第一种方法：取 2.75mL 0.1mol/L、pH 5.5 乙酸-乙酸钠缓冲液，加入 0.1mol/L 亚油酸钠溶液 50μL，然后在 30℃ 的水浴锅中保温 10min，再加入 200μL 粗酶液，混匀。用蒸馏水为参比调零，在反应 15s 时开始记录反应体系在波长 234nm 处吸光值大小，此时记为初始值。以后每个 30s 再记录一次，连续测定，至少获取 6 个点的数据。数据重复三次。

第二种方法：用移液器取 0.1mol/L、pH 6.8 的磷酸钠缓冲液 2.7mL，再加入 100μL 0.5% 亚由酸溶液，然后在 30℃ 的水浴锅中保温 10min，再加入 200μL 粗酶液，混匀。按照上面步骤测定混合液在 234nm 处的吸光值。数据重复三次。

五、实验结果与计算

1. 测定数据记录到表 3-28 中

表 3-28 　　　　　　　　　　　　　脂氧合酶活性测定数据记录表

样品名称	样品质量 m/g	提取液体体积 V_1/mL	吸取样品液体 V_2/mL	234nm 处的吸光值							样品中 LOX 活性	
				OD_0	OD_1	OD_2	OD_3	OD_4	OD_5	ΔOD	平均值	平均值 ± 标准偏差
1												
2												
3												

2. 计算结果

记录反应体系在234nm处的吸光度值，制作OD_{234}值随时间变化曲线，根据曲线的初始线性部分计算每分钟吸光度变化值ΔOD_{234}。

$$\Delta OD_{234} = (OD_{234F} - OD_{234I}) / (t_F - t_1)$$

式中　ΔOD_{234}——每分钟反应吸光度变化值

　　　OD_{234F}——反应混合液吸光度终止值

　　　OD_{234I}——反应混合液吸光度初始值

　　　T_F——反应终止时间，min

　　　T_1——反应初始时间，min

以每克果蔬样品（鲜重）每分钟吸光度变化值增加0.01为1个脂氧合酶活性单位，单位是$0.01\Delta OD_{234}/min \cdot gm_F$。计算公式：

$$U = (\Delta OD_{234} \times V_1) / (V_2 \times m \times 0.01)$$

式中　V_1——样品提取液总体积，mL

　　　V_2——测定时所取样品提取液体积，mL

　　　m——样品质量，g

六、注 意 事 项

脂氧合酶活性测定的时候要注意反应体系的温度以及时间的变化，同时在实验过程中反应体系要保持均相。

七、思 考 题

哪些外界因素影响脂氧合酶活性测定？

实验二十六　苯丙氨酸解氨酶活性的测定

一、实验目的要求

了解苯丙氨酸解氨酶活性的作用，学习果蔬组织中苯丙氨酸解氨酶活性的测定原理和方法。

二、实验基本原理

苯丙氨酸解氨酶（phenylalamine ammonia lyase，PAL）是植物次生代谢物质（如黄酮类物质、水杨酸、木质素和酚类物质等）生物合成途径——苯丙烷代谢的关键酶，与植物的抗逆境胁迫和抗病性关系密切，在正常的植物生长发育和抵御病原菌侵害等生命过程中起着非常重要的作用。

苯丙氨酸解氨酶催化 L – 苯丙氨酸裂解脱氨反应，形成的产物反式肉桂酸化合物在290nm处有最大吸光值。苯丙氨酸解氨酶活性的变化可以依据其催化形成的产物反式肉桂酸在290nm吸光度值的变化进行测定。在1cm光程下当吸光度值变化0.01，就有1μg反式肉桂酸量发生的变化。若酶的加入量恰当，反应体系在波长290nm处吸光度值的升高速率可在一段时间内保持不变。

三、实验仪器、材料及试剂

（1）实验仪器 梨、蓝莓、火龙果、苹果、马铃薯等果蔬。

（2）实验材料 高速冷冻离心机、研钵、紫外分光光度计、比色皿、计时器、移液器、离心管、容量瓶（100mL、20mL、1000mL）、刻度试管、水浴锅等。

（3）实验试剂

① 0.1mol/L、pH 8.8 硼酸：

母液 A（0.2mmol/L 甘氨酸溶液）：准确称取 15.01g 甘氨酸（$Mr = 75.07$）溶解于 800mL 蒸馏水，然后稀释定容到 1000mL 的容量瓶中，混匀，转移到贮存瓶中。

母液 B（0.2mol/L HCL 溶液）：用移液器取 16.67mL HCl（37.2%）稀释到 1000mL。

取 66.67mL 母液 A 和 33.33mL 母液 B 混合后，调节 pH 至 8.8，稀释至 200mL。

② 50mmol/L、pH 8.8 硼酸 – 硼砂缓冲液。

③ 提取缓冲液（含 40g/L PVP、2mmol/L EDTA 和 5mmol/L β – 巯基乙醇）：取 4gPVP、58mg EDTA、35μL β – 巯基乙醇，用 0.1mol/L、pH 8.8 硼酸缓冲液溶解，定容至 100mL，低温（4℃）保存备用。

④ 20mmol/L L – 苯丙氨酸溶液准确称取 330mg L – 苯丙氨酸，用 50mmol/L、pH 8.8 硼酸缓冲液溶解，定容至 100mL。

⑤ 6mol/L 盐酸溶液：取 10mL 浓盐酸溶液，稀释到 20mL 即可。

四、实 验 步 骤

1. 酶液的制备

称取 5g 新鲜的果蔬组织样品，置于经过预冷的研钵中，加入 5mL 提取缓冲液，在冰浴条件下迅速研磨成至匀浆，然后将匀浆液全部转入到离心管中，于 4℃、12000g 离心 30min，收集上清液于新的离心管中，即为粗酶提取液，低温 4℃ 保存备用。

2. 方法一

取 1 支反应管，加入 50mmol/L、pH 8.8 硼酸缓冲液 3mL 和 20mmol/L L – 苯丙氨酸溶液 0.5mL，在 37℃预保温反应 10min，再加入 0.5mL 酶液，混匀后，迅速测定该混合液在波长 290nm 处的吸光值作为初始反应的初始值（OD_0）。然后将反应管置于 37℃保温 1h。保温结束时再立即测定一次反应混合液在波长 290nm 处的吸光度值作为反应的终止值（OD_1）。注意两次测定都以蒸馏水作为参比空白进行调零。根据保温前后样品管溶液吸光值的变化差值，可计算 PAL 活性。重复三次。

3. 方法二

取 2 支试管，都分别加入 50mmol/L、pH 8.8 硼酸缓冲液 3.0mL 和 20mmol/L L – 苯丙氨酸溶液 0.5mL。向一支试管中加入酶提取液 0.5mL，另一支试管中加入经煮沸 5min 的失活酶液 0.5mL 作为对照。然后，将 2 支试管置于 37℃保温反应 1h，保温结束时立即向 2 支反应管中分别加入 6mol/L 盐酸溶液 0.1mL 以终止酶的反应。都以蒸馏水为参比空白调零，分别测定实验样品反应管和空白对照反应管中溶液在波长 290nm 处的吸光值（OD_1 和 OD_0）。重复三次。

五、实验结果与计算

1. 测定数据记录到表 3 - 29 中

表 3 - 29　　　　　　　　　苯丙氨酸解氨酶活性测定数据记录表

重复次数	样品质量 m/g	提取液体积 V/mL	吸取样品液体积 V_s/mL	290nm 吸光度值			样品中 PAL 活性/$[0.01\Delta OD_{290}/(min \cdot g\ m_F)]$	
				OD_0	OD_1	$OD_0 - OD_1$	计算值	平均值 ± 标准偏差
1								
2								
3								

2. 计算结果

通过反应液的吸光值差值（$OD_1 - OD_0$），来计算苯丙氨酸解氨酶的活性。以每小时每克果蔬组织（鲜重）样品酶促反应体系吸光度值增加 0.01 为 1 个 PAL 活性单位（U），表示为 $0.01\Delta OD_{290}/(h \cdot g\ m_F)$。计算公式：

$$苯丙氨酸解氨酶活性 = \frac{(OD_1 - OD_0) \times V}{0.01 \times V_s \times m \times t}$$

式中　OD$_1$——样品管反应溶液的吸光度值或保温前反应液的初始吸光值

　　　OD$_0$——对照管反应溶液的吸光度值或保温后反应液的终止吸光值

　　　V——样品提取液总体积，mL

　　　V_s——测定时所取样品提取液体积，mL

　　　t——酶促反应时间，h

　　　m——样品质量，g

六、注 意 事 项

（1）加入聚乙烯砒硌烷酮（PVP）或 PolyclarAT 的目的是为了除去酚类物质对苯丙氨酸解氨酶活性的影响，并防止酚类物质对吸光度值的干扰，影响实验结果。

（2）原装浓盐酸物质的量浓度为 12mmol/L；EDTA 的相对分子质量为 292.25；β - 巯基乙醇物质的量浓度大约为 14.3mmol/L；L - 苯丙氨酸的相对分子质量为 165.19。

（3）在计算酶活单位时候，也可以每小时使反应体系在波长 290nm 处吸光值增加 0.01 所需的酶量为 1 个苯丙氨酸解氨酶活性单位（U），表示为 $0.01\Delta OD_{290}/(h \cdot mg$ 蛋白质）。另外，根据反式肉桂酸在 290nm 处吸光度值标准曲线。可用酶促反应产物反式肉桂酸的生成量来表示 PAL 酶活性。

七、思 考 题

本实验中的两种苯丙氨酸解氨酶活性的测定方法，有什么区别吗？两个实验方法中空白对照管各有什么作用？

实验二十七　几丁质酶活性的测定

一、实验目的要求

了解植物生命过程中几丁质酶的作用，学习和掌握几丁质酶活性的测定原理和方法。

二、实验基本原理

植物组织在受病原物侵染时，机体内会自动产生一些病程相关蛋白（PR 蛋白）来进一步抵御病原菌的侵染。$\beta-1，3-$葡聚糖酶和几丁质酶活性便是两类重要的病程相关蛋白。几丁质酶广泛存在于高等植物体内，它能降解许多真菌细胞壁的主要成分——几丁质，从而可以起到对病原菌生长抑制作用。番茄、蓝莓、芒果、猕猴桃、柑橘等果蔬的采后贮藏过程中抗病性与这$\beta-1，3-$葡聚糖酶和几丁质酶的活性密切相关。许多生物因子和非生物因子、如采后热激处理、抗病诱导制剂处理等都极大地诱导果蔬几丁质酶和$\beta-1，3-$葡聚糖酶活性升高，从而提高果蔬采后抗病性，抑制果蔬贮藏病害的发生。几丁质酶主要水解对象为几丁质多聚体中的$\beta-1，4-$糖苷键，根据据水解作用位置的不同，可分为内切几丁质酶和外切几丁质酶两种。几丁质酶可以催化几丁质水解成 $N-$乙酰葡萄糖胺（Glc－NAc）单体。利用这个反应原理，我们可以通过二甲氨基苯甲醛测定几丁质酶催化的水解过程中产生的 Glc－NAc 的生成量进而可以推导出反映几丁质酶的活性。

三、实验仪器、材料及试剂

（1）实验仪器　研钵、高速冷冻离心机、紫外分光光度计、比色皿、计时器、移液器、离心管、电子天平、水浴锅、具塞刻度试管（25mL）、烧杯、漏斗、滤纸、容量瓶（100mL、1000mL）等。

（2）实验材料　猕猴桃、番茄、蓝莓、芒果、火龙果、香蕉等。

（3）实验试剂

① 10g/L 胶状几丁质悬浮液：准确称取 1g 几丁质，转移到经过预冷且置于冰上的研钵中，加入 4mL 经过 4℃条件提前预冷的丙酮溶液。在通风橱中，在冰浴条件下充分研磨几丁质，期间可适量加入丙酮，研磨至极细即可。然后边研磨边缓缓加入 30mL 浓盐酸，几分钟后即可完全溶解，转移到离心管中，并且于 4℃、8000g 离心 15min，收集离心管中的上清液。将上清液缓缓加入到剧烈不断搅拌的 50% 乙醇溶液中（乙醇溶液至少是上清液的 5 倍体积以上），充分搅拌后静置使胶状几丁质沉淀析出。利用过滤的方法去除上清液，收集胶状几丁质沉淀。用去离子水反复几次冲洗过滤得到的胶状几丁质沉淀，调清洗水至 pH7.0 后，定容至 100mL，即制备成 10g/L 的胶状几丁质悬浮液，避光保存于 4℃冰箱中。

② 0.1mol/L、pH 5.2 乙酸－乙酸钠缓冲液

a. 母液甲和母液乙配制方法：

母液甲（0.2mol/L 乙酸溶液）：量取 11.55mL 冰醋酸，稀释至 1000mL 容量瓶中常温保存。

母液乙（0.2mol/L 乙酸钠溶液）：称取 16.4g 无水乙酸钠（Mr = 82.04）或称取 27.22g 三水合乙酸钠（Mr = 136.09），溶解，稀释至 1000mL 容量瓶中常温保存。

b. pH 5.2 乙酸 - 乙酸钠缓冲液：取 105mL 母液甲和 395mL 母液乙混合于 50mL 大烧杯中，调节 PH 至 5.2，稀释至 1000mL 容量瓶中常温保存，即得 0.1mol/L、pH 5.2 乙酸 - 乙酸钠缓冲液。

③ 提取缓冲液：称取 0.029g EDTA，加入到 0.1mol/L、pH 5.2 乙酸 - 乙酸钠缓冲液中，再加入 35μL β - 巯基乙醇，然后定容至 100mL，摇溶，即得提取缓冲液（含 5mmol/L β - 巯基乙醇和 1mmol/L EDTA），于低温（4℃）冰箱中贮藏备用。

④ 50mmol/L、pH 5.2 乙酸 - 乙酸钠缓冲液：用①中的等比例稀释即可。

⑤ 30g/L 脱盐蜗牛酶溶液：准确称取 0.6g 脱盐蜗牛酶，溶解到 0.1mol/L、pH 5.2 乙酸 - 乙酸钠缓冲液中，定容至 20mL，于低温（4℃）冰箱中贮藏备用。

⑥ 对二甲氨基苯甲醛（DMAB）储备液：称取 10g 二甲氨基苯甲醛溶于 12.5mL 10mol/L 盐酸和 87.5mL 冰乙酸的混合液中，于低温（4℃）冰箱中贮藏备用，使用前先用冰乙酸稀释 5 倍。

⑦ 0.6mol/L 四硼酸钾溶液：称取 9.71g 四硼酸钾（$K_2B_4O_7 \cdot 5H_2O$），用蒸馏水溶解，定容至 50mL 即可。

⑧ 0.1mol/L N - 乙酰葡萄糖胺标准液：准确称取 2.2mg N - 乙酰葡萄糖胺，先用少量乙醇溶解后，再转移到 100mL 的容量瓶中，用蒸馏水再稀释，定容混匀。

四、实验步骤

1. 标准曲线的制作

取 6 支具塞试管，编 0、1、2、3、4、5 号，按表 3 - 30 加入各试剂。

表 3 - 30　　　　　　　绘制 N - 乙酰葡萄糖胺标准曲线的试剂加入量

管号	0.1mol/L N - 乙酰葡萄糖胺标准液/mL	蒸馏水/mL	0.6mol/L 四硼酸钾溶液/mL	相当于 N - 乙酰葡萄糖胺物质的量/μmol
0	0	1.5	0.2	0
1	0.3	1.2	0.2	30
2	0.6	0.9	0.2	60
3	0.9	0.6	0.2	90
4	1.2	0.3	0.2	120
5	1.5	0	0.2	150

加入 0.6mol/L 的硼酸钾溶液 0.2mL，把试管放到水浴锅中，沸水浴 5min，然后迅速转移到冷水中冷却。冷却好后，加入用冰醋酸稀释 5 倍对二甲氨基苯甲醛溶液，混匀，在 37℃ 条件下进行 20min 的显示反应。以 0 号试管作为空白参比对照管，在 585nm 波长条件下测定显色的吸光度值。以吸光值为纵坐标，以 N - 乙酰葡萄糖胺物质的量（μmol）为横坐标，建立标准曲线，求出线性回归方程。

2. 酶液的提取

称取 10g 果蔬组织样品，置于经过预冷的研钵中，然后往研钵中加入 10mL 经预冷的提取缓冲液，在冰浴条件下迅速研磨成匀浆。将研钵中匀浆液全部转入到离心管中，于 4℃、12000g 离心 30min，收集离心管中的上清液，于低温（4℃）冰箱中贮藏备用。

3. 酶液制备

方法一：将 2 提取的上清液与经预冷的 5 倍体积的丙酮混合，然后在 -20℃冷冻 4h 以沉淀溶液中蛋白质。然后拿出来在冰上解冻，待完全解冻后（未完全解冻直接离心，容易裂管），于 4℃、12000g 离心 20min，去除离心管中上清，收集沉淀，用经过预冷的丙酮溶液洗涤沉淀后，然后再离心，去除上清，收集沉淀，重复一次。最后用氮气吹干沉淀物（也可以在低温冰箱中让其冻干）。将离心管中的沉淀物再溶解到 50mmol/L、pH 5.2 乙酸 - 乙酸钠缓冲液中，于同样条件下离心，收集上清液，低温保存备用。

方法二：将上清液装到透析袋中，置于蒸馏水中，于 4℃条件下透析过夜。然后于 4℃、10000g 离心 15min，收集上清液备用。如果收集到的上清液中蛋白质浓度过低，可以通过冷冻干燥技术浓缩蛋白质浓度。

4. 酶活性测定

（1）几丁质酶总活性的测定　取 2 支试管，每支试管都分别加入 50mmol/L、pH 5.2 乙酸 - 乙酸钠缓冲液 0.5mL 和 10g/L 胶状几丁质悬浮液 0.5mL。在其中一支试管中加入酶提取液 0.5mL，另一支试管中加入煮沸 5min 的酶液 0.5mL 作为对照，两支试管分别混匀。将两个试管都置于 37℃水浴中保温 1h 后，然后加入 30g/L 的脱盐蜗牛酶 0.1mL，混匀，然后继续在 37℃保温培养 1h，来释放生成物 N - 乙酰葡萄胺（Glc - NAc）单体。保温后取出两支试管，都立即加入 0.6mol/L 的四硼酸钾溶液 0.2mL，并在沸水条件下煮沸 3min，然后在冷水中迅速冷却。冷却后，按照与制作标准曲线相同的测定方法进行样品测定。重复三次。

（2）外切几丁质酶活性的测定　按照上述实验方法步骤进行。待反应混合液在 37℃条件下保温 1h 后，直接加入 0.2mL 0.6mol/L 的四硼酸钾溶液，在沸水条件下保持 3min，然后按照与制作标准曲线相同的方法进行酶活性测定。重复三次。

（3）内切几丁质酶活性测定　内切几丁质酶活性＝几丁质酶总活性－外切几丁质酶活性。

五、实验结果与计算

1. 测定数据记录到表 3 - 31 中。

表 3 - 31　　　　　　　　　　几丁质酶活性的测定数据记录表

重复次数	样品质量 m/g	提取液体积 V/mL	吸取样品液体积 V_s/mL	585nm 吸光值			由标曲查得 N - Glc - NAc 物质的量 n/μmol	样品中几丁质酶活性 /[1×10^{-9}mol/(s·g)]	
				OD_0	OD_1	$OD_0 - OD_1$		计算值	平均值±标准偏差
1									
2									
3									

备注：OD_0—样品管反应液的吸光值；OD_1—空白管反应液的吸光值。

2. 计算结果

根据样品管反应液吸光值的差值，利用标准曲线，得出相应的 N – 乙酰葡萄糖胺（Glc – NAc）物质的量（μmol），以每克样品（鲜重）每秒中酶分解胶状几丁质产生 1×10^{-9} mol N – 乙酰葡萄糖胺为一个几丁质酶活性单位，单位是 1×10^{-9} mol/(s·g)。

计算公式：
$$U = \frac{n \times V \times 1000}{t \times V_s \times m} \ [10^{-9}\,\text{mol/(s·g)}]$$

式中　n——从标准曲线查到 N – 乙酰葡萄糖胺物质的量，μmol

　　　V——样品提取液总体积，mL

　　　V_s——测定时所取样品提取液体积，mL

　　　t——酶促反应时间，s

　　　m——样品质量，g

通过上式，可以分别计算出几丁质酶总活性和外切几丁质酶活性，然后可以计算得出内切几丁质酶活性。也可以每秒钟分解胶状几丁质产生 1×10^{-9} mol N – 乙酰葡萄糖胺所需酶量为一个酶活性单位，单位是 1×10^{-9} mol/(s·mg)。

六、注 意 事 项

（1）显色反应后，溶液呈现淡紫到紫红色。溶液紫色的深浅程度在一定范围内，与溶液中生成的 N – 乙酰葡萄糖胺量成正相关。

（2）实验材料受病原菌侵染或其他胁迫后，组织体内几丁质酶含量会明显增加，更有利于测定酶活性。

（3）在酶活性单位定义中，1×10^{-9} mol/s 表示转化常数（cat）。

（4）可以利用凝胶过滤法、丙酮沉淀或透析法对样品提取液进行脱盐处理。如果后面的实验提取液处理有困难，可以直接测定粗提液中几丁质酶的活性。实验方法和过程需要多次摸索，优化，选择适宜的测定条件。

七、思 考 题

脱盐处理在酶液制备过程中有什么作用呢？影响本实验的外界因素有哪些？

实验二十八　游离脯氨酸含量的测定

一、实验目的要求

在逆境条件下（旱、热、冷、冻），植物体内脯氨酸的含量显著增加，植物体内脯氨酸含量在一定程度上反映了植物的抗逆性，抗旱性强的品种积累的脯氨酸多。因此脯氨酸含量可以作为抗旱育种的生理指标。另外，由于脯氨酸亲水性极强，能稳定原生质胶体及组织内的代谢过程，因而能降低冰点，有防止细胞脱水的作用。在低温条件下，植物组织中脯氨酸增加，可提高植物的抗寒性，因此，也可作为抗寒育种的生理指标。

了解测定植物脯氨酸含量的意义，学习和掌握脯氨酸含量测定的原理和方法。

二、实验基本原理

磺基水杨酸对脯氨酸有特定反应，当用磺基水杨酸提取植物样品时，脯氨酸便游离于磺基水杨酸溶液中。然后用酸性茚三酮加热处理后，茚三酮与脯氨酸反应，生成稳定的红色化合物，再用甲苯处理，则色素全部转移至甲苯中，色素的深浅即表示脯氨酸含量的高低。在520nm波长下测定吸光度，即可从标准曲线上查出脯氨酸的含量。

三、实验仪器、材料及试剂

（1）实验仪器　紫外分光光度计、电子分析天平、高速冷冻离心机、烧杯、刻度试管、移液器、注射器、恒温水浴锅、漏斗、漏斗架、滤纸、剪刀、洗耳球、称量纸等。

（2）实验材料　受到冷害的和正常的猕猴桃、香蕉、番茄等。

（3）实验试剂

① 30g/L磺基水杨酸溶液：称取3g磺基水杨酸，用100mL的蒸馏水完全溶解即可。

② 甲苯。

③ 酸性茚三酮显色液：将2.5g茚三酮加入60mL冰醋酸和40mL 6mol/L磷酸中，加热（70℃）溶解，待完全冷却后可以贮存于4℃冰箱中。（冰乙酸和6mol/L磷酸以3:2混合，作为溶剂配制，此液在4℃下2~3d有效）。

④ 脯氨酸标准溶液：准确称取25mg脯氨酸，用蒸馏水溶解后定容至250mL，其浓度为100μg/mL。再取此液10mL，用蒸馏水稀释至100mL，即成10μg/mL的脯氨酸标准液。

四、实　验　步　骤

1. 标准曲线制作

取7支具塞刻度试管，编号，按表3-32加入各试剂。混匀后在沸水中加热40min。

表3-32　　　　　　　　　　　　绘制脯氨酸标准曲线各个试剂加入量

管号/mL	0	1	2	3	4	5	6
标准脯氨酸/mL	0	0.2	0.4	0.8	1.2	1.6	2.0
蒸馏水/mL	2	1.8	1.6	1.2	0.8	0.4	0
冰乙酸/mL	2	2	2	2	2	2	2
酸性茚三酮显色液/mL	3	3	3	3	3	3	3
脯氨酸含量/μg	0	2	4	8	12	16	20

取出冷却后向各管加入5mL甲苯，充分振荡混匀，以萃取试管中红色物质。静置待分层后，用移液器慢慢吸取上层溶解于甲苯-脯氨酸溶液到比色皿中。吸取甲苯层，以0号管为对照在波长520nm下比色测定。以吸光值为纵坐标，脯氨酸含量为横坐标，绘制标准曲线，求线性回归方程。

2. 样品提取

称取5g果蔬组织，转移到研钵中，加入30g/L磺基水杨酸溶液2mL，然后迅速研磨至匀浆，全部转移到试管中。把试管放到沸水浴中煮沸10min左右，煮沸过程中要不断轻轻摇动试管。取出后待冷却后，全部转移到离心管中，10000g离心20min，离心后把离心管中上清溶液收集用于测定脯氨酸的含量。

3. 测定

吸取2mL提取液到刻度试管中，加入2mL的冰醋酸和3mL的酸性茚三酮，混匀后在沸水中加热40min，溶液会呈现呈红色。取出试管，迅速冷却后，加入5mL甲苯充分振荡混匀，以萃取试管中红色物质。静置待分层后，用移液器慢慢吸取上层溶解于甲苯－脯氨酸溶液到比色皿中。参照标准曲线的测定方法进行比色测定。重复三次。

五、实验结果与计算

1. 测定数据记录到表3－33中。

表3－33　　　　　　　　　　　　游离脯氨酸的测定数据记录表

重复次数	样品质量 m/g	提取液总体积 V/mL	吸取样品液体积 V_s/mL	520nm 吸光值		由标曲查得脯氨酸的质量 m'/μg	样品得脯氨酸的质量/(μg/g)	
				OD_0	OD_1		计算值	平均值±标准偏差
1								
2								
3								

2. 结果计算

根据显色液测定的吸光值，从标准曲线上查得显色液中相应脯氨酸的质量，从而计算出果蔬组织中脯氨酸的含量，单位以 μg/g 表示。

计算公式：

$$脯氨酸含量（μg/g）= \frac{m' \times V}{V_s \times m}$$

式中　m'——从标准曲线查到的脯氨酸的质量，μg

　　　V——样品提取液总体积，mL

　　　V_s——测定时所取样品提取液体积，mL

　　　m——样品质量，g

六、注　意　事　项

（1）配制的酸性茚三酮溶液仅在24h内稳定，因此最好现用现配。

（2）测定样品若进行过渗透胁迫处理，结果会更显著。

（3）在配制试剂过程中，要按照说明依次添加试剂，添加次序不能颠倒混匀。

七、思　考　题

当改变萃取剂时，比色应做哪些改变，如何选择最适波长，如何选择最佳萃取剂？

实验二十九　食品单宁物质含量的测定

方法一　高锰酸钾氧化法测定单宁物质含量

一、实验目的要求

红葡萄酒颜色的稳定很大程度上取决于单宁和花色素苷发生的缩合反应，由于这种物质的存在，葡萄酒成熟过程中的颜色趋于稳定。单宁也是呈味物质，它与多糖和肽缩合，使酒更为柔和。有氧时缩合为浅黄色，有收敛性；无氧时为棕红色，无收敛性。

了解单宁物质食品中作用，学习和掌握高锰酸钾法测定单宁物质的原理和方法。

二、实验基本原理

利用酒中的单宁色素和其他非挥发性还原物质，在酸性条件下，能被高锰酸钾所氧化，而酒中的单宁色素又能被活性炭吸附除掉，据此测出酒中单宁色素的含量。

三、实验仪器、材料及试剂

（1）实验仪器　电子天平、离心机、烧杯、滴定管、铁架台、刻度试管、移液器、烘箱、恒温水浴锅、漏斗、漏斗架、滤纸、剪刀、洗耳球、称量纸等。

（2）实验材料　红葡萄酒。

（3）实验试剂

① 0.1mol/L 高锰酸钾标准溶液：称取 3.3g 高锰酸钾，溶于 100mL 水中，缓缓煮沸 15min，冷却后用水稀释至 1000mL，置暗处保存一周。玻璃漏斗过滤于干燥的棕色瓶中。

标定：准确称取 0.2g 于 105～110℃烘至恒重的基准草酸钠置入 250mL 三角瓶中，加 100mL（8+92）硫酸溶液溶解，加热至 60～70℃，趁热用高锰酸钾溶液滴定至溶液呈粉红色。同时做空白试验。

计算公式如下：

$$高锰酸钾浓度（KMnO_4，0.1mol/L）= m/[(V - V_0) \times 0.067]$$

式中　m——草酸钠的质量，g

　　　V——测定时消耗高锰酸钾溶液的体积，mL

　　　V_0——空白试验消耗高锰酸钾溶液的体积，mL

　0.067——消耗 1mL 1mol/L 高锰酸钾（0.1mol/L KMnO_4）标准溶液相当于草酸钠的质量，g/mmol

② 0.05mol/L 高锰酸钾溶液　将 0.1mol/L 高锰酸钾（1/5KMnO_4）标准溶液稀释至原浓度的 1/2。

③ 靛红指示剂（靛蓝二黄酸钠，靛胭脂）：称取靛红 1.5g，溶于 50mL 硫酸中，用水稀释至 1000mL。

④ 粉末活性炭。

四、实验步骤

（1）用容量瓶取酒样 100mL，倾入蒸发皿中，置于沸水浴中，除去挥发物（一般蒸发掉一半溶液即可），然后取下冷却至室温，返回原容量瓶中，洗涤蒸发皿 3～4 次，将洗涤液并入容量瓶中，定容摇匀，得处理液Ⅰ。

（2）取上述处理后的酒样 50mL 于 100mL 烧杯中，加入 2g 左右粉末活性炭用玻璃棒搅匀，静置 5min，过滤。滤液收集于 50mL 容量瓶中，用水定容至刻度，得处理液Ⅱ。

（3）要求滤液无色透明。吸取 10mL 处理液Ⅰ，置于 1000mL 三角瓶中，加入水 500mL 及 10mL 靛红指示剂，以 0.05mol/L KMnO_4 标准溶液滴定至金黄色即为终点。记下消耗高锰酸钾标准溶液的体积 V_1。

（4）同样取处理液Ⅱ10mL，同上操作，记下消耗的高锰酸钾标准溶液体积 V_2。

五、实验结果与计算

单宁含量（以没食子单宁酸计，g/L）$= (V_1 - V_2) \times c \times 0.04157 \times (1/V) \times 1000$

式中　V_1——滴定处理液Ⅰ时高锰酸钾标准溶液的体积，mL

　　　V_2——滴定处理液Ⅱ时高锰酸钾标准溶液的体积，mL

　　　c——高锰酸钾标准溶液的浓度，mol/L

　　　V——取样量，mL

　0.04157——消耗1mL 1mol/L高锰酸钾标准溶液相当于没食子单宁酸的质量，g/mmol

六、注 意 事 项

（1）活性炭用量随酒样颜色的深浅适量增减。

（2）滴定速度不要太快（每秒钟一滴），但要连续，间断滴定会影响反应终点。

（3）正在发酵的红葡萄酒需经过过滤后再测定，样品太浑浊会影响终点的判定。

七、思 考 题

影响高锰酸钾法测定单宁物质含量的影响因素有哪些？该如何避免呢？

方法二　福林－丹尼斯法测定单宁物质含量

一、实验目的要求

了解单宁物质食品中作用，学习和掌握福林－丹尼斯法测定单宁物质的原理和方法。

二、实验基本原理

单宁类化合物在碱性溶液中，将磷钼酸和钨酸盐还原成蓝色化合物，蓝色的深浅程度与单宁含酚基的数目成正比。如试样中含有其他酚类化合物或其他还原物质，也会被同时测定。因此，这一方法也可用于多酚的测定。

三、实验仪器、材料及试剂

（1）实验仪器　紫外分光光度计、比色皿、电子天平、离心机、烧杯、刻度试管、移液器、烘箱、恒温水浴锅、漏斗、漏斗架、滤纸、剪刀、洗耳球、称量纸等。

（2）实验材料　葡萄酒或葡萄、蓝莓等。

（3）实验试剂

① 福林－丹尼斯（Folin－Denis）试剂：在750mL水中，加入100g钨酸钠（$NaWO_4 \cdot 2H_2O$）、20g磷钼酸（$H_3PO_4 \cdot 12MoO_3$）以及50mL磷酸，回流2h，冷却，稀释至1000mL。

② 碳酸钠饱和溶液：每100mL水中加入40g无水碳酸钠，放置过夜。次日加入少许水合碳酸钠（$Na_2CO_3 \cdot 10H_2O$）作为晶种，使结晶析出，用玻璃棉过滤后备用。

③ 单宁酸标准溶液：称取0.5g单宁酸，用水溶解，定容至100mL（5mg/mL）。

四、实验步骤

1. 单宁的提取

取葡萄果实 10~20g（视单宁含量而定）破碎，于 250mL 三角瓶中，加水 50mL，放入 60℃ 恒温箱中过夜。次日将清液过滤至 250mL 容量瓶中，残渣中加入 30mL 热水，在 80℃ 水浴中提取 20min。清液滤入容量瓶中，再加 30mL 热水，在 80℃ 水浴中提取 20min。如此重复 3~4 次，直至提取液与 10g/L 三氯化铁溶液不生成绿色或蓝色产物为止。将容量瓶中溶液稀释至刻度，静置过夜或取一部分离心待测。

2. 标准曲线的制备

称取 0.5g 单宁酸，用水溶解，定容至 100mL，浓度为 5000mg/L，定为标准溶液。分别吸取 0、0.5mL、1.0mL、1.5mL、2.5mL、5.0mL、7.5mL、10mL 单宁酸标准溶液用水分别定容至 50mL。上述溶液的浓度分别为 0、50mg/L、100mg/L、150mg/L、250mg/L、500mg/L、750mg/L、1000mg/L。分别取 1mL 单宁酸标准溶液稀释液，加入含有 70mL 水的 100mL 容量瓶中，加入福林 - 丹尼斯试剂 5.0mL 及饱和碳酸钠溶液 10.0mL，加水至刻度，充分混匀。30min 后以空白作参比，在波长 760nm 处测定吸光值。绘制标准曲线，以吸光值为纵坐标，单宁酸浓度值为横坐标绘制标准曲线，求得回归线性方程。

3. 试样的测定

吸取 1~2mL（视单宁含量而定）试样提取液（或葡萄酒）的上清液，置于盛有 70mL 水的 100mL 容量瓶中，加入 5mL 福林 - 丹尼斯试剂及 10mL 饱和碳酸钠溶液，加水至 100mL，充分混匀。30min 后以水代替试样制成的空白作参比，在 760nm（或 650nm）波长处测定吸光度，由吸光度从标准曲线查出相应的单宁含量。

五、实验结果与计算

计算公式：
$$单宁含量（以单宁酸计，g/L）= \frac{c \times 250 \times 1000}{V \times 1000 \times m}$$

式中　c——由试样吸光度从标准曲线求得的单宁含量，mg/100mL

　　　V——取提取液（或酒样）体积，mL

　　250——提取液总体积，mL，酒样不乘以 250

　　1000——mg 换算成 g

　　　m——称取试样质量，g

六、注 意 事 项

（1）福林 - 丹尼斯法测定单宁方法在室温条件下显色 25min 后颜色达最大深度，且于 3h 内稳定。

（2）在比色测定的时候，波长 650nm 处比色与在 760nm 处比色，其结果基本相同。

七、思 考 题

影响福林 - 丹尼斯法测定测定单宁物质的因素有哪些？该如何避免呢？

实验三十　果蔬细胞膜渗透率的测定

一、实验目的要求

果蔬在冷藏及运输过程中，经常会发生冷害或冻害而影响产品品质。如何及时正确地鉴别冷害及冻害的发生，是果蔬贮运中需要解决的问题。果蔬发生冷害之后，细胞膜的渗透性会发生变化，我们可以通过测定果蔬细胞膜的渗透性来反应果蔬发生的冷害程度。

了解细胞膜渗透率的意义，学习果蔬组织细胞膜渗透率的测定原理和方法。

二、实验基本原理

果蔬细胞膜对维持细胞的微环境和正常的代谢起着重要的作用。细胞膜具有选择透过性。果蔬细胞之间以及细胞与外界环境之间发生的一切物质交换都必须通过质膜进行，果蔬组织后熟衰老过程中，细胞质膜功能活性下降，膜通透性增加，出现细胞内电质向外渗漏现象。果蔬组织在受到不良环境胁迫时，如高温、低温、振荡伤害或病原菌侵染时，细胞膜的完整性和功能也会遭到不同程度的损伤，往往表现为膜透性增加和电解质外渗（主要是钾离子）速度加快。

果蔬组织细胞膜受损伤后细胞膜内电质外渗，会引起提取液的电导率增加。通过测定果蔬组织浸提液或外渗液的电导率，可以了解果蔬细胞膜通透性的变化，反映果蔬抗逆性的强弱或受到伤害的程度。一般利用相对电导率表示细胞膜渗透率以及细胞膜受到伤害的程度。

相对电导率（L）为测试材料有生命活动特征组织提取液的电导率（L_1）与死亡无生命活动特征组织提取液的电导率（L_0）的百分比，即：

$$L = \frac{L_1}{L_0} \times 100\%$$

无生命活动特征的果蔬活组织，细胞完全被破坏，细胞内电解质完全进入浸提液，因此，L 实际表示在一定时间内，细胞内电解质渗出量占总电质的百分比。

三、实验仪器、材料及试剂

（1）实验仪器　电导率仪、电子天平、真空干燥器、真空泵、真空压力表、恒温水浴锅、烧杯、大试管、带十字头玻璃棒、记号笔、不锈钢打孔器、单面刀片、摇床等。

（2）实验材料　有生命特征和无生命特征的叶片或果蔬组织，取样部分要避免损伤。

（3）实验试剂　蒸馏去离子水。

四、实验步骤

1. 取样

对于果蔬样品，选取一定部位上生长年龄相似的叶子或果实的果皮，剪下后，先用纱布拭净，再用打孔器打取相同大小（直径8mm）的圆片，称取2g叶肉圆片（要求各样品的圆片数目相同）。对于果实的果皮，用打孔器打取果实（肉或果皮）组织后，用锋利的刀片将果实组织切成相同厚度的薄，要求均匀一致，尽量减少损伤。称取相同质量（相同数目）的果实圆片。

将圆片置于小烧杯中，加入 20mL 去离子水浸泡、振荡 10min，将水倾去，再用去离子水冲洗 3 次，最后用干净滤纸吸干圆片上的水分。

2. 测定过程

将清洗过的组织圆片放入大试管中，并用玻璃棒或干净尼龙网压住，准确加入 20mL 去离子水，浸没叶片，放入到真空干燥器中，真空渗透。真空干燥器连接上真空表和真空泵，抽气，以抽出细胞间隙中空气，使去离子水进入细胞间隙。将真空干燥器的压力控制在 0.04MPa ~ 0.06MPa，真空渗透 10min。然后，缓缓放入空气，水即被吸入组织中而使圆片下沉。取出大试管，放在摇床上振荡 1h，在 20 ~ 25℃恒温下，用电导率仪测定溶液电导率。

测定电导率后，将大试管再放入到 100℃沸水浴中煮沸 15min，以杀死果蔬组织圆片。然后取出大试管冷却，至温度冷却降到 20 ~ 25℃时，再次测定煮沸后的果蔬组织电导率。

五、实验结果与计算

记录测定结果，按公式计算相对电导率。重复三次，计算平均值和标准偏差。

六、注 意 事 项

（1）整个实验过程中，实验材料的圆片接触的用具必须要保持清洁（全部要清洗干净）。在实验过程中不能用手直接接触实验材料，以免污染，造成实验误差。

（2）外界温度对电导率读数影响非常大，实验全部过程必须在相同的温度条件下测定。

七、思 考 题

测定电解质外渗量的时，实验材料为什么要在真空下渗入呢？影响电导率测定的因素有哪些？

实验三十一 食品中挥发性盐基氮的测定

方法一 半微量定氮法测定挥发性盐基氮

一、实验目的要求

掌握半微量定氮法测定食品中挥发性盐基氮含量的原理与方法。

二、实验基本原理

挥发性盐基氮是动物性食品由于酶和细菌的作用，在腐败过程中，使蛋白质分解而产生的氨以及胺类等碱性含氮物质。挥发性盐基氮具有挥发性，在碱性溶液中蒸出，利用硼酸溶液吸收后，用标准酸溶液滴定计算挥发性盐基氮含量。

三、实验仪器、材料及试剂

（1）实验仪器　电子天平、搅拌机、具塞锥形瓶、半微量定氮装置、移液器、吸量管、微量滴定管。

（2）实验材料　猪肉、鱼肉等畜类产品，蛋类。

（3）实验试剂

① 氧化镁混悬液（10g/L）：称取10.0g氧化镁，加1000mL水，振摇成混悬液。

② 硼酸吸收液（20g/L）：称取10.0g硼酸，加500mL水；盐酸（0.01mol/L）的标准滴定溶液。

③ 溴甲酚绿–甲基红指示液：溶液Ⅰ：溴甲酚绿–乙醇指示剂（1g/L）：称取0.1g溴甲酚绿，溶于乙醇（95%），用乙醇（95%）稀释至100mL，溶液Ⅱ：甲基红–乙醇指示剂（2g/L）：称取0.1g甲基红，溶于乙醇（95%），用乙醇（95%）稀释至100mL取50mL溶液Ⅰ，10mL溶液Ⅱ，混匀。

四、实验步骤

1. 试样处理

鲜（冻）肉去除皮、脂肪、骨、筋腱，取瘦肉部分，鲜（冻）海产品和水产品去除外壳、皮、头部、内脏、骨刺，取可食部分，绞碎搅匀。制成品直接绞碎搅匀。肉糜、肉粉、肉松、鱼粉、鱼松、液体样品可直接使用。皮蛋（松花蛋）、咸蛋等腌制蛋去蛋壳、去蛋膜，按蛋：水＝2：1的比例加入水，用搅拌机绞碎搅匀成匀浆。鲜（冻）样品称取试样20g，肉粉、肉松、鱼粉、鱼松等干制品称取试样10g，精确至0.001g，液体样品吸取10mL或25mL，置于具塞锥形瓶中，准确加入100mL水，不时振摇，试样在样液中分散均匀，浸渍30min后过滤。皮蛋、咸蛋样品称取蛋匀浆15g（计算含量时，蛋匀浆的质量乘以2/3即为试样质量），精确至0.001g，置于具塞锥形瓶中，准确加入100.0mL三氯乙酸溶液，用力充分振摇1min，静置15min待蛋白质沉淀后过滤。滤液应及时使用，不能及时使用的滤液置冰箱内0~4℃冷藏备用。对于蛋白质胶质多、黏性大、不容易过滤的特殊样品，可使用三氯乙酸溶液替代水进行实验。蒸馏过程泡沫较多的样品可滴加1~2滴消泡硅油。

2. 测定

向接收瓶内加入10mL硼酸溶液，5滴混合指示液，并使冷凝管下端插入液面下，准确吸取10.0mL滤液，由小玻杯注入反应室，以10mL水洗涤小玻杯并使之流入反应室内，随后塞紧棒状玻塞。再向反应室内注入5mL氧化镁混悬液，立即将玻塞盖紧，并加水于小玻杯以防漏气。夹紧螺旋夹，开始蒸馏。蒸馏5min后移动蒸馏液接收瓶，液面离开冷凝管下端，再蒸馏1min。然后用少量水冲洗冷凝管下端外部，取下蒸馏液接收瓶。以盐酸或硫酸标准滴定溶液（0.01mol/L）滴定至终点。使用1份甲基红乙醇溶液与5份溴甲酚绿乙醇溶液混合指示液，终点颜色至紫红色。使用2份甲基红乙醇溶液与1份亚甲基蓝乙醇溶液混合指示液，终点颜色至蓝紫色。同时做空白对照。

五、实验结果与计算

试样中挥发性盐基氮的含量按以下公式计算：

$$X = \frac{(V_1 - V_2) \times c \times 14}{m \times (V/V_0)} \times 100$$

式中　X——试样中挥发性盐基氮的含量，mg/100g 或 mg/100mL

　　　V_1——试液消耗盐酸或硫酸标准滴定溶液的体积，mL

　　　V_2——试剂空白消耗盐酸或硫酸标准滴定溶液的体积，mL

　　　c——盐酸或硫酸标准滴定溶液的浓度，mol/L

　　　14——滴定 1.0mL 盐酸 $[c(HCl) = 1.000mol/L]$ 或硫酸 $[c(1/2H_2SO_4) = 1.000mol/L]$ 标准滴定溶液相当的氮的质量，g/mol

　　　m——试样质量，g，或试样体积，mL

　　　V——准确吸取的滤液体积，mL，本方法中 $V = 10$

　　　V_0——样液总体积，mL，本方法中 $V_0 = 100$

　　　100——计算结果换算为毫克每百克（mg/100g）或毫克每百毫升（mg/100mL）的换算系数

实验结果以重复性条件下获得的两次独立测定结果的算术平均值表示，结果保留三位有效数字。

六、注　意　事　项

（1）在重复条件下获得的两次结果的绝对差值不得超过算术平均值的 10%。

（2）当称样量为 20.0g 时，检出限为 0.18mg/100g；当称样量为 10.0g 时，检出限为 0.35mg/100g；液体样品取样 25.0mL 时，检出限为 0.14mg/100mL；液体样品取样 10.0mL 时，检出限为 0.35mg/100mL。

（3）方法中的样品处理是只将检样除去脂肪、骨及腱后切碎搅匀即可，实际上取样部位的不同其挥发性盐基氮的含量也很不相同。尤其是冷冻后的肉品，表层肌肉一方面可能受冷库空气中微量氨气的影响使结果偏高，另一方面由于表层干耗严重，氧化明显，引起蛋白质分解加强使含量增加，或因表层肌肉原本不洁，受污染过多也可使结果偏高，参照细菌检验及肉品卫生检验的有关方法，取样部位应以后腿深部肌肉效果好。

七、思　考　题

半微量定氮法测定挥发性盐基氮含量的影响因素有哪些？

方法二　自动凯氏定氮仪法测定挥发性盐基氮含量

一、实验目的要求

掌握自动凯氏定氮仪法测定食品中挥发性盐基氮含量的原理与方法。

二、实验基本原理

利用弱碱性试剂氧化镁使试样中碱性含氮物质游离而被蒸馏出来，用硼酸吸收，再用标准酸滴定，计算出含氮量。

三、实验仪器、材料及试剂

同方法一。

四、实验步骤

1. 仪器设定

标准溶液使用盐酸标准滴定溶液（0.1000mol/L）或硫酸标准滴定溶液（0.1000mol/L）。带自动添加试剂、自动排废功能的自动定氮仪，关闭自动排废、自动加碱和自动加水功能，设定加碱、加水体积为0mL。硼酸接收液加入设定为30mL。蒸馏设定：设定蒸馏时间180s或蒸馏体积200mL，以先到者为准。滴定终点设定：采用自动电位滴定方式判断终点的定氮仪，设定滴定终点pH＝4.65。采用颜色方式判断终点的定氮仪，使用混合指示液，30mL的硼酸接收液滴加10滴混合指示液。

2. 试样处理

鲜（冻）肉去除皮、脂肪、骨、筋腱，取瘦肉部分，鲜（冻）海产品和水产品去除外壳、皮、头部、内脏、骨刺，取可食部分，绞碎搅匀。制成品直接绞碎搅匀。肉糜、肉粉、肉松、鱼粉、鱼松、液体样品等均匀样品可直接使用。皮蛋（松花蛋）、咸蛋等腌制蛋去蛋壳、去蛋膜，按蛋∶水＝2∶1的比例加入水，用搅拌机绞碎搅匀成匀浆。皮蛋、咸蛋样品称取蛋匀浆15g（计算含量时，蛋匀浆的质量乘以2/3即为试样质量），其他样品称取试样10g，精确至0.001g，液体样品吸取10.0mL于蒸馏管内，加入75mL水，振摇，使试样在样液中分散均匀，浸渍30min。

3. 测定

按照仪器操作说明书的要求运行仪器，通过清洗、试运行，使仪器进入正常测试运行状态，首先进行试剂空白测定，取得空白值。

在装有已处理试样的蒸馏管中加入1g氧化镁，立刻连接到蒸馏器上，按照仪器设定的条件和仪器操作说明书的要求开始测定。测定完毕及时清洗和疏通加液管路和蒸馏系统。

五、实验结果与计算

试样中挥发性盐基氮的含量按以下公式计算：

$$X = \frac{(V_1 - V_2) \times c \times 14}{m} \times 100$$

式中　X——试样中挥发性盐基氮的含量，mg/100g 或 mg/100mL

V_1——试液消耗盐酸或硫酸标准滴定溶液的体积，mL

V_2——试剂空白消耗盐酸或硫酸标准滴定溶液的体积，mL

c——盐酸或硫酸标准滴定溶液的浓度，mol/L

14——滴定1.0mL盐酸 $[c(HCl) = 1.000mol/L]$ 或硫酸 $[c(1/2H_2SO_4) = 1.000mol/L]$ 标准滴定溶液相当的氮的质量，g/mol

m——试样质量，g，或试样体积，mL

100——计算结果换算为毫克每百克（mg/100g）或毫克每百毫升（mg/100mL）的换算系数

六、注 意 事 项

（1）在重复性条件下获得的两次独立测定结果的绝对差值不得超过算术平均值的10%。

（2）当称样量为10.0g时，检出限为0.04mg/100g；液体样品取样10.0mL时，检出限为0.04mg/100mL。

（3）方法中的样品处理是只将检样除去脂肪、骨及腱后切碎搅匀即可，实际上取样部位的不同其挥发性盐基氮的含量也很不相同。尤其是冷冻后的肉品，表层肌肉一方面可能受冷库空气中微量氨气的影响使结果偏高，另一方面由于表层干耗严重，氧化明显，引起蛋白质分解加强使含量增加，或因表层肌肉原本不洁，受污染过多也可使结果偏高，参照细菌检验及肉品卫生检验的有关方法，取样部位应以后腿深部肌肉效果好。

七、思 考 题

自动凯氏定氮仪法测定挥发性盐基氮含量的影响因素有哪些？该如何避免呢？

方法三　微量扩散法测定挥发性盐基氮含量

一、实验目的要求

掌握微量扩散法测定食品中挥发性盐基氮含量的原理与方法。

二、实验基本原理

肉类TVB—N原理：挥发性盐基氮是指动物性食品由于酶和细菌的作用，在腐败过程中，使蛋白质分解而产生的氨以及胺类等碱性含氮物质。挥发性含氮物质可在37℃碱性溶液（饱和碳酸钾溶液）中释出，挥发后吸收于吸收液（2%硼酸）中，用标准酸滴定，计算含量。

三、实验仪器、材料及试剂

（1）实验仪器　电子天平、称量纸、具塞锥形瓶、吸量管（10mL、100mL、250mL、500mL）、扩散皿（标准型，玻璃质，有内外室，带有磨砂玻璃盖）、恒温箱、微量滴定管（10mL、最小分度0.01mL）

（2）实验材料　猪肉、鱼肉等畜类产品，蛋类。

（3）实验试剂　① 氧化镁混悬液（10g/L）：称取10.0g氧化镁，加1000mL水，振摇成混悬液；② 硼酸吸收液（20g/L）：称取10.0g硼酸，加500mL水；③ 盐酸（0.01mol/L）的标准滴定溶液；④ 溴甲酚绿-甲基红指示液：溶液Ⅰ：溴甲酚绿-乙醇指示剂（1g/L）：称取0.1g溴甲酚绿，溶于乙醇（95%），用乙醇（95%）稀释至100mL，溶液Ⅱ：甲基红-乙醇指示剂（2g/L）：称取0.1g甲基红，溶于乙醇（95%），用乙醇（95%）稀释至100mL 取50mL溶液Ⅰ，10mL溶液Ⅱ，混匀；⑤ 95%乙醇；⑥ 饱和碳酸钾溶液：称取50g碳酸钾，加50mL水，微加热助溶，使用上清液；⑦ 水溶性胶：

称取 10g 阿拉伯胶，加 10mL 水，再加 5mL 甘油及 5g 碳酸钾，研匀。

四、实　验　步　骤

1. 试样处理

鲜（冻）肉去除皮、脂肪、骨、筋腱，取瘦肉部分，鲜（冻）海产品和水产品去除外壳、皮、头部、内脏、骨刺，取可食部分，绞碎搅匀。制成品直接绞碎搅匀。肉糜、肉粉、肉松、鱼粉、鱼松、液体样品可直接使用。皮蛋（松花蛋）、咸蛋等腌制蛋去蛋壳、去蛋膜，按蛋∶水 = 2∶1 的比例加入水，用搅拌机绞碎搅匀成匀浆。鲜（冻）样品称取试样 20g，肉粉、肉松、鱼粉、鱼松等干制品称取试样 10g，皮蛋、咸蛋样品称取蛋匀浆 15g（计算含量时，蛋匀浆的质量乘以 2/3 即为试样质量），精确至 0.001g，液体样品吸取10.0mL 或 25.0mL，置于具塞锥形瓶中，准确加入 100.0mL 水，不时振摇，试样在样液中分散均匀，浸渍 30min 后过滤，滤液应及时使用，不能及时使用的滤液置冰箱内 0 ~ 4℃冷藏备用。

2. 测定

将水溶性胶涂于扩散皿的边缘，在皿中央内室加入硼酸溶液 1mL 及 1 滴混合指示剂。在皿外室准确加入滤液 1.0mL，盖上磨砂玻璃盖，磨砂玻璃盖的凹口开口处与扩散皿边缘仅留能插入移液器枪头或滴管的缝隙，透过磨砂玻璃盖观察水溶性胶密封是否严密，如有密封不严处，需重新涂抹水溶性胶。然后从缝隙处快速加入 1mL 饱和碳酸钾溶液，立刻平推磨砂玻璃盖，将扩散皿盖严密，于桌子上以圆周运动方式轻轻转动，使样液和饱和碳酸钾溶液充分混合，然后于 37℃ ±1℃温箱内放置 2h，放凉至室温，揭去盖，用盐酸或硫酸标准滴定溶液（0.0100mol/L）滴定。使用 1 份甲基红乙醇溶液与 5 份溴甲酚绿乙醇溶液混合指示液，终点颜色至紫红色。使用 2 份甲基红乙醇溶液与 1 份亚甲基蓝乙醇溶液混合指示液，终点颜色至蓝紫色。同时做空白对照。

五、实验结果与计算

试样中挥发性盐基氮的含量按以下公式计算：

$$X = \frac{(V_1 - V_2) \times c \times 14}{m \times (V/V_0)} \times 100$$

式中　X——试样中挥发性盐基氮的含量，mg/100g 或 mg/100mL

V_1——试液消耗盐酸或硫酸标准滴定溶液的体积，mL

V_2——试剂空白消耗盐酸或硫酸标准滴定溶液的体积，mL

c——盐酸或硫酸标准滴定溶液的浓度，mol/L

14——滴定 1.0mL 盐酸 $[c(HCl) = 1.000mol/L]$ 或硫酸 $[c(1/2H_2SO_4) = 1.000mol/L]$ 标准滴定溶液相当的氮的质量，g/mol

m——试样质量，g，或试样体积，mL

V——准确吸取的滤液体积，mL，本方法中 $V = 1$

V_0——样液总体积，mL，本方法中 $V_0 = 100$

100——计算结果换算为毫克每百克（mg/100g）或毫克每百毫升（mg/100mL）的换算系数

六、注 意 事 项

（1）在重复性条件下获得的两次独立测定结果的绝对差值不得超过算术平均值的10%。

（2）当称样量为20.0g时，检出限为1.75mg/100g；当称样量为10.0g时，检出限为3.50mg/100g；液体样品取样25.0mL时，检出限为1.40mg/100mL；液体样品取样10.0mL时，检出限为3.50mg/100mL。

（3）方法中的样品处理是只将检样除去脂肪、骨及腱后切碎搅匀即可，实际上取样部位的不同其挥发性盐基氮的含量也很不相同。尤其是冷冻后的肉品，表层肌肉一方面可能受冷库空气中微量氨气的影响使结果偏高，另一方面由于表层干耗严重，氧化明显，引起蛋白质分解加强使含量增加，或因表层肌肉原本不洁，受污染过多也可使结果偏高，参照细菌检验及肉品卫生检验的有关方法，取样部位应以后腿深部肌肉效果好。

（4）实际上肉样品经处理浸泡过滤后应尽快完成测定，不宜置冰箱保存备用。冷冻肉品经解冻处理后，随着温度的升高，细菌大量繁殖，肉浸液本身就是很好的细菌培养基，极易引起腐败变质，使挥发性盐基氮的含量大大增加。

七、思 考 题

（1）影响微量扩散法测定挥发性盐基氮含量的因素有哪些？该如何避免？

（2）比较半微量定氮法、自动凯氏定氮仪法和微量扩散法测定挥发性盐基氮含量的不同之处在哪里？

实验三十二　食品中菌落总数的测定

一、实验目的要求

（1）掌握总菌数测定方法和要点。

（2）掌握不同样品稀释度的确定原则。

二、实验基本原理

总菌数可作为判定被检样品被有机物污染程度的标志。细菌数量越多，则检样中有机物质含量越大。食品检样经过处理，在一定条件下（如培养基、培养温度和培养时间等）培养后，所得每1g（mL）检样中形成的微生物菌落总数。平板菌落计数法是一种应用广泛的测定微生物的生长繁殖的方法，其特点是能测定样品中活细胞数，所以又称活菌计数法。平板菌落计数法是将食品检样样品经处理后，按比例地做一系列稀释液（通常为10倍系列稀释法），再吸取一定量某几个稀释度的菌悬液于无菌培养皿中。经过培养，统计菌落数，根据其稀释倍数和吸取接种量即可换算出食品检样中的含菌数。

菌落总数主要是作为判定食品被细菌污染程度的标记，也可以应用这一方法观察食品中细菌的性质以及细菌在食品中繁殖的动态，以便对被检样品进行卫生学评价时提供科学依据。

三、实验仪器、材料及试剂

（1）实验仪器　恒温培养箱、冰箱、恒温水浴锅、电子天平、灭菌锅、移液器、无菌锥形瓶、无菌试管、无菌培养皿、pH计或精密pH试纸、放大镜或/和菌落计数器、超净工作台、酒精灯等。

（2）实验材料　面包、肉、牛乳等。

（3）实验试剂

① 平板计数琼脂（plate count agar，PCA）培养基：按照药品说明书将PCA加于蒸馏水中，煮沸溶解，调节pH。分装试管或锥形瓶，121℃高压灭菌15min。

② 磷酸盐缓冲液

贮存液：称取34.0g的磷酸二氢钾溶于500mL蒸馏水中，用大约175mL的1mol/L氢氧化钠溶液调节pH至7.2，用蒸馏水稀释至1000mL后贮存于冰箱。

稀释液：取贮存液1.25mL，用蒸馏水稀释至1000mL，分装于适宜容器中，121℃高压灭菌15min。

③ 生理盐水：称取8.5g氯化钠溶于1000mL蒸馏水中，121℃高压灭菌15min。

四、实　验　步　骤

1. 样品的制备

称取25g肉将其放入研钵中研磨捣碎后（或25mL牛乳）转移到装有225mL磷酸盐缓冲液或生理盐水的灭菌的锥形瓶中进行充分混匀，制成1∶10的样品匀液。

2. 样品的稀释

用1mL移液器吸取1∶10样品匀液1mL，沿管壁缓慢注于盛有9mL稀释液的无菌试管中（注意吸头尖端不要触及稀释液面），振摇试管或换用1支无菌吸管反复吹打使其混合均匀，制成1∶100的样品匀液。依次制成1∶1000，1∶10000每递增稀释一次，换用1次1mL无菌吸管或吸头。

3. 接种

根据对样品污染状况的估计，选择2~3个适宜稀释度的样品匀液（液体样品可包括原液），在进行10倍递增稀释时，吸取1mL样品匀液于无菌平皿内，每个稀释度做两个平皿。同时，分别吸取1mL空白稀释液加入两个无菌平皿内作空白对照。及时将15~20mL冷却至46℃的平板计数琼脂培养基（可放置于46℃±1℃恒温水浴箱中保温）倾注平皿，并转动平皿使其混合均匀。

4. 培养

待琼脂凝固后，将平板翻转，36℃±1℃培养48h±2h。

如果样品中可能含有在琼脂培养基表面弥漫生长的菌落时，可在凝固后的琼脂表面覆盖一薄层琼脂培养基（约4mL），凝固后翻转平板，进行培养。

五、实验结果与计算

1. 实验结果记录表

将个皿计数结果记录在表3-34中，并按下述方法计算结果。

样品	10^{-1}样品匀液 (1) (2) 平均值	10^{-2}样品匀液 (1) (2) 平均值	10^{-3}样品匀液 (1) (2) 平均值	菌落总数 /(cfu/mL)
1				
2				
3				
4				

表 3 – 34　　食品中菌落总数的测定数据记录表

2. 菌落总数计算

菌落总数计数通常是采用同一浓度的两个平板菌落总数，取其平均值，再乘以稀释倍数，作为每克或每毫升样品中菌落总数结果。各种不同情况计算方法见下。

（1）若只有一个稀释度平板上的菌落数在适宜计数范围内，计算两个平板菌落数的平均值，再将平均值乘以相应稀释倍数，作为每 1g（mL）样品中菌落总数结果。

（2）若有两个连续稀释度的平板菌落数在适宜计数范围内时，按下列公式计算：

$$N = \frac{\sum C}{(n_1 + 0.1n_2)\,d}$$

式中　N——样品中菌落数

$\sum C$——平板（含适宜范围菌落数的平板）菌落数之和

n_1——第一稀释度（低稀释倍数）平板个数

n_2——第二稀释度（高稀释倍数）平板个数

d——稀释因子（第一稀释度）

（3）若所有稀释度的平板上菌落数均大于 300cfu，则对稀释度最高的平板进行计数，其他平板可记录为多不可计，结果按平均菌落数乘以最高稀释倍数计算。

（4）若所有稀释度的平板菌落数均小于 30cfu，则应按稀释度最低的平均菌落数乘以稀释倍数计算。

（5）若所有稀释度（包括液体样品原液）平板均无菌落生长，则以小于 1 乘以最低稀释倍数计算。

（6）若所有稀释度的平板菌落数均不在 30～300cfu 之间，其中一部分小于 30cfu 或大于 300cfu 时，则以最接近 30cfu 或 300cfu 的平均菌落数乘以稀释倍数计算。

（7）菌落数小于 100cfu 时，按"四舍五入"原则修约，以整数报告；菌落数大于或等于 100cfu 时，第 3 位数字采用"四舍五入"原则修约后，取前 2 位数字，后面用 0 代替位数；也可用 10 的指数形式来表示，按"四舍五入"原则修约后，采用两位有效数字；若所有平板上为蔓延菌落而无法计数，则报告菌落蔓延。若空白对照上有菌落生长，则此次检测结果无效；称重取样以 cfu/g 为单位报告，体积取样以 cfu/mL 为单位报告。

六、注 意 事 项

（1）菌落总数实验过程容易受到外界环境中菌的污染，在条件允许的情况，样品的稀释以及倾注培养皿最好在超净工作台或无菌室中操作。

（2）空白对照实验，培养皿中只加培养基，不加样品稀释液，待培养基凝固后，与实验组在相同的条件下培养，观察结果。通过对照实验来验证培养基和实验操作过程是否会存在外界杂菌的污染。

七、思 考 题

菌落总数实验可以通过哪些措施避免实验过程中外界环境中杂菌对实验的污染？

第四章 食品综合设计性实验

实验三十三 壳聚糖对柑橘贮藏有机酸的影响

一、实验目的

（1）了解柑橘有机酸的代谢机理；
（2）掌握柑橘有机酸的测定方法。

二、实验原理

柑橘是世界上四种最主要的水果之一，也是我国南方主要的经济栽培作物。柑橘是亚热带水果，属于典型的不耐贮藏的非呼吸跃变型果实。随着其在国民经济中的地位日益显著，各大产区柑橘产量逐渐增加，柑橘采后环节问题也日益突出，在实践生产中柑橘的贮藏设施和技术远不如苹果、猕猴桃等水果。柑橘的贮藏性因品种而异，温州蜜柑等早熟宽皮柑橘极不耐贮藏，橙、柚等紧皮柑橘贮藏能力较好，柠檬最耐贮藏。柑橘采后品质劣变主要表现在有机酸代谢太快，糖酸比急剧升高，风味品质下降。另一方面市场对柑橘果实商品化处理程度要求越来越高，高档商品果一般都要经过严格的洗果、打蜡、分级、包装等商品化处理，经商品处理的果实，能有效防止水分蒸发和病原微生物的入侵，使果实外观品质得到明显改善，但其内在品质下降更快，主要表现为打蜡造成无氧呼吸，无氧呼吸的产物如乙醇、乙醛等有毒害物质大量累积，导致果实产生浮皮或腐烂现象。

柑橘果实的有机酸以柠檬酸为主，生物化学中已清楚阐明了它的代谢路径。柠檬酸是真核生物体内能量代谢途径的重要中间产物，也是三羧酸循环中草酰乙酸在柠檬酸合成酶作用下生成的第一产物，也称为柠檬酸循环。柑橘果实在光合作用产生的碳水化合物在有氧条件下经糖酵解，生成丙酮酸之后进入三羧酸循环，产生柠檬酸的积累。柑橘采收后，果实柠檬酸的含量达到最高值，采后随着贮藏期的延长，果实中柠檬酸含量快速下降，品质发生劣变，说明柑橘采收前、后过程中，某些关键性酶的活性发生了变化。现在已经清楚知道，调节柠檬酸循环速度的关键酶有柠檬酸合成酶、异柠檬酸脱氢酶、酮戊二酸脱氢酶三种，但是不同的柑橘品种采后品质下降的速度存在很大的差异，说明不同品种中相关酶的活性以及作用底物存在差异，表明它们在糖、酸积累或代谢过程中存在差异，这为我们研究采后有机酸代谢提供了很好的实验材料，同时为研究柑橘采后品质下降的机理提供了条件。随着柑橘市场国际化，我国的柑橘正走向亚太地区及欧美市场，这些地区的消费者大都喜爱偏酸的果实风味，而且我国国民的消费习惯也正由以前追求含糖量高的甜味转向酸甜适中的口感。有机酸含量是评价柑橘果实品质的重要指标之一，采后有机酸含量下降是引起果实丧失风味品质的最主要原因之一。对于商品化处理的柑橘，乙醇和乙醛积累引起果实变味或腐烂造成了巨大经济损失。因此，研究柑橘果实采后品质劣变过程的生理生化变化本质，对指导柑橘采后贮藏及商品化处理乃至品质育种等方面都具有重要意义。

壳聚糖大分子中含有大量的羟基（－OH）和游离氨基（NH₂），由于游离氨基的存在，壳聚糖易溶于弱的有机酸，如乙酸，形成具有一定黏度的透明溶液，将此溶液涂布在食品（水果、蔬菜、肉、蛋等）表面形成一层透明的壳聚糖薄膜。低分子量的壳聚糖可渗入果蔬和病原菌体内，壳聚糖分子中的羟基和氨基能够与果蔬细胞膜相结合，还能除去果蔬催熟化合物如醛类，以及它们的中间体；渗入病菌体内壳聚糖分子可与病菌细胞壁初生组织结合，阻碍细胞壁的发育，或与病原菌细胞核中带负电荷的 DNA 相互作用，影响其 RNA 转录和 DNA 复制。高分子量壳聚糖由于其具有成膜特性，易于在病原菌细胞壁表面堆积，因此，其抑菌机制可能以阻断代谢为主，从而抑制或直接杀灭一些病原菌的生长，如对灰霉病菌、软腐病菌、褐腐病菌、黑腐病菌等的孢子的萌发、菌丝的生长有抑制作用，并影响菌体的形态，使菌肿胀变粗、扭曲、分枝增多，甚至发生质壁分离等异常现象，造成严重的细胞伤害，防止菌丝的形成。本实验以壳聚糖为对象，探究壳聚糖对柑橘贮藏有机酸的影响，进而为壳聚糖对有机酸的代谢研究提供基础。

三、实验仪器、材料及试剂

（1）实验仪器　恒温培养箱、离子色谱仪（DX－500 型），配置电导检测器；ASDS 自身循环抑制器，四元梯度泵，Peak Net 5.21 色谱工作站；离子色谱柱，Dionex Ionpqac AS Ⅱ－HC（4mm×250mm），前置 AG Ⅱ－HC 保护柱（4mm×250mm）；超纯水，重蒸蒸馏水，再经 Milli－Q 装置过滤。

（2）实验材料　八九成熟的柑橘。

（3）实验试剂　淋洗液：100mmol/L NaOH 和 H₂O，梯度淋洗；流速：1mL/min。主要试剂有：壳聚糖、奎宁酸、乳酸、丙酮酸、苹果酸、酒石酸、富马酸、柠檬酸、异柠檬酸、反乌头酸、顺乌头酸纯度≥99%，乙酸纯度≥99%。

四、实验内容

1. 选择八九成熟柑橘进行采收，采收后立即运回实验室，挑选大小、成熟度相对一致，无病虫害的样品进行壳聚糖处理，选取 1.0% 的壳聚糖溶液作为处理浓度。以蒸馏水处理柑橘作为对照组（CK），1.0% 壳聚糖溶液处理作为处理组（CTS），把柑橘果实在溶液中浸泡 1min 后取出，阴干，用 380mm×250mm×0.25mm 打孔器在 PE 保鲜袋包装上打孔 10 个，然后把柑橘置于保鲜袋中于 25℃±1℃、相对湿度 85%~90% 的恒温培养箱中贮藏，每隔 5d 测定各指标，每次测定重复 3 次，测定周期为 15d。

2. 有机酸的测定

样品去皮后置于榨汁器中榨汁，成果酱状，准确量取 1g 果酱溶于 100mL 去离子水中，溶解均匀后在 4℃ 下以 10000r/min，离心 10min，经 0.45μm PTFE 滤膜过滤后进样测定。

采用 NaOH 淋洗液体系，OH⁻ 是强亲水性离子，其抑制产物是水，电导比较低，可降低检测限。同时淋洗液 pH 高，会使有机酸离解更充分，提高有机酸检测灵敏度。根据样品中有机酸种类和含量并参考前人的研究，可以确定最佳梯度淋洗条件如表 4－1 所示，该条件下果汁中待测有机酸和无机阴离子能得到良好分离；淋洗液流速为 1mL/min。

表 4 -1 NaOH 梯度淋洗条件

时间/min	水/%	100mmol/L NaOH 溶液/%
0.0	95.0	5.0
5.0	89.0	10.1
41.0	55.0	45.0
45.0	95.0	5.0

五、实验结果与计算

将测定结果记录到表 4 -2 中并进行计算。

表 4 -2　　　　　　　　　不同处理条件下柑橘有机酸种类及含量统计

不同处理	贮藏时间/d	奎宁酸	乳酸	丙酮酸	苹果酸	酒石酸	富马酸	柠檬酸	异柠檬酸	顺乌头酸	反乌头酸
CTS	0										
	5										
	10										
	15										
CK	0										
	5										
	10										
	15										

六、注 意 事 项

（1）在测量有机酸时，由于机器与试剂等原因会对结果造成一定影响，因此需要进行方法验证，测定方法精密度、检出限、回收率与线性范围等。

（2）采收的柑橘成熟度要尽可能保持一致，防止柑橘个体差异明显对实验结果造成影响。

七、思 考 题

（1）在贮藏过程中，可以通过哪些方法来抑制柑橘有机酸含量的变化？

（2）影响柑橘货架期有机酸含量变化的主要因素有哪些？

实验三十四　不同的贮藏条件对谷物粉
贮藏过程脂肪酸值的影响

一、实 验 目 的

（1）了解谷物粉贮藏过程中脂肪酸值的变化规律；

（2）掌握谷物粉脂肪酸值的测定方法。

二、实　验　原　理

新收获的谷物在贮藏期间会发生后熟和陈化，其在脱皮和粉碎的谷物粉中表现更加明显。贮藏初期，谷物粉的食用品质逐步改善，但随着贮藏时间的延长，谷物粉的陈化导致其食用品质下降。用新鲜早籼稻米制作的米粉黏性大、并条严重、易浑汤和断条，而贮藏一年后再制作相同产品，其品质明显改善；用新小麦粉制作的馒头发黏、色泽灰暗、易塌陷，贮藏一定时间后其品质得以提高，但贮藏时间过长，馒头的结构致密，弹韧性变差，黏度增加。因此，不同贮藏时期谷物粉制作的产品品质差异较大。长期以来，人们一直在探寻贮藏过程中谷物品质的变化规律，包括挥发性成分、化学成分（淀粉、蛋白质、脂肪、酚酸等）、流变学特性、糊化特性、热力学特性、质构特性等，并研究品质变化对其加工特性和食用品质的影响，以指导谷物贮藏和产品加工。

贮藏过程中脂类的变化主要有两个途径，氧化作用和水解作用。在谷物贮藏过程中，其所含的脂肪在酶或其他因素的作用下水解产生的游离脂肪酸，这些游离的脂肪酸又进一步被氧化分解为醛、酮类化合物，最终导致谷物的酸败变苦。其中脂肪水解程度依赖于脂肪酶的多少及活性，氧化的程度主要受温度的影响。一旦温湿度条件适宜，粮食在贮藏过程中霉菌会不断繁殖，脂肪酶的数量和活性大大增加，进一步加剧脂肪酸值的升高。然而在贮藏后期，脂肪分解生成的脂肪酸相对于脂肪酸自身氧化及霉菌生长所需消耗脂肪酸较少，因此脂肪酸值一般会呈现先上升后下降的趋势。但贮藏谷物在初期脂肪酸值的上升即可被认为其品质的下降。本实验以谷物粉为对象，研究谷物粉于不同贮藏条件对谷物粉脂肪酸值主的变化规律，旨在为谷物粉的贮藏和加工提供参考数据。

三、实验仪器、材料及试剂

（1）实验仪器　恒温培养箱、具口磨塞锥形瓶、25mL 比色管、移液管、微量滴定管、0.45mm 孔径筛、表面皿、电子天平、漏斗、电动振荡器、称量纸、烧杯等。

（2）实验材料　青稞粉（玉米粉/大米粉/小麦粉）、PE40 保鲜膜（40μm）。

（3）实验试剂　氢氧化钾（KOH）、无水乙醇、酚酞试剂等。

四、实　验　内　容

（1）分别将青稞粉（玉米粉/大米粉/小麦粉）用 PE40 保鲜膜密封包装，分别于 4℃、20℃、37℃的恒温培养箱中贮藏 21d，每间隔 7d 取样，测定其脂肪酸值含量变化。

（2）脂肪酸值的测定

① 试样制备　从平均样品中分取样品约 80g，粉碎，95% 粉碎试样通过 0.45mm 孔径筛。

② 浸出　取试样 10g ± 0.01g 于 150mL 具塞锥形瓶中，加入 50mL 无水乙醇，加塞，振荡几秒后，打开塞子放气，再盖紧瓶塞置电动振荡器振荡 10min，将锥形瓶倾斜静置数分钟，让试样粉粒沉降在一角。

③ 过滤　小心地倾析尽可能多的上清液于铺在玻璃漏斗上的多折滤纸中，用表面皿盖在漏斗上，以减少蒸发，弃去最初几滴滤液后，用 25mL 比色管准确收集滤液 25mL。

④ 滴定　将 25mL 滤液移入锥形瓶中，用 50mL 蒸馏水分三次洗涤比色管，将洗涤液一并倒入锥形瓶中，加几滴酚酞批示剂，立即用 0.01mol/L KOH–乙醇溶液滴定至呈现微红色，0.5min 内不消失为止，记下所耗氢氧化钾乙醇溶液体积（V_0）。

⑤ 脂肪酸的计算公式如下

$$X（脂肪酸值）= \frac{(V_1 - V_0) \times c \times 56.1 \times 50 \times 100}{25 \times m \times (100 - M)}$$

式中　X——每 100g 干样所耗氢氧化钾的质量，mg

　　　V_1——滴定试样用去的氢氧化钾乙醇溶液体积，mL

　　　V_0——滴定 25ml 酚酞乙醇溶液用去氢氧化钾乙醇溶液的体积，mL

　　　50——浸泡试样用无水乙醇的体积，mL

　　　25——用于滴定的滤液体积，mL

　　　 c——氢氧化钾（或氢氧化钠）–乙醇溶液的浓度，mol/L

　　　m——试样质量，g

　　56.1——1mL 浓度为 1mol/L 的碱液相当 KOH 的质量，mg

　　　M——试样水分百分率，%（测定小麦粉、玉米粉脂肪酸值时按湿基计算，不必减去水分）

　　100——换算为 100g 试样质量

本试验结果允许差为每 100g 干样所耗氢氧化钾不超过 2mg，求其平均数，即为测定结果，测定结果取小数点后一位。

五、实验结果与计算

将测定的结果记录到表 4–3 中。

表 4–3　　　　　　　　　　不同处理条件对谷物贮藏脂肪酸值的影响

不同温度处理	时间/d	0	7	14	21
4℃					
20℃					
37℃					

六、注 意 事 项

（1）粉碎后的青稞粉样品要尽快测定，否则脂肪酸值会很快增加。

（2）当浸出液颜色过深，滴定终点不好观察时，可改用四折滤纸，在滤纸锥头内放入约 0.5g 粉末活性炭，慢慢注入浸出液，边脱色边过滤。也可以改用 0.1% 麝香草酚酞乙醇溶液指示剂，滴定终点为绿色或蓝绿色。

七、思 考 题

（1）在谷物粉贮藏过程中，可以通过哪些方法来抑制谷物粉的脂肪酸含量增加？

（2）在谷物粉贮藏过程中，脂肪酸含量与贮藏温度之间是否具有相关性？

实验三十五　不同臭氧浓度对柑橘青霉菌活性的影响

一、实验目的

（1）掌握臭氧对柑橘青霉菌作用原理；

（2）通过臭氧抑菌活性测定，理解臭氧抑菌与杀菌剂抑制的差别及相互关系。

二、实验原理

臭氧在常温、常压下分子结构不稳定，很快自行分解成氧气和单个氧原子；后者具有很强的活性，对细菌有极强的氧化作用，可将其杀死，多余的氧原子则会自行重新结合成为普通氧原子，不存在任何有毒残留物，所以称无污染消毒剂。它不但对各种细菌（包括肝炎病毒、大肠杆菌、绿脓杆菌及杂菌等）有极强的杀灭能力，而且对杀死霉菌也很有效。臭氧的灭菌机制及过程属于生物化学过程，可氧化分解细菌内部氧化葡萄糖所必需的葡萄糖氧化酶。臭氧直接与细菌、病毒发生作用，破坏其细胞器和核糖核酸，分解DNA、RNA、蛋白质、脂肪类和多糖等大分子聚合物，使细菌的物质代谢生产和繁殖过程被破坏。它可渗透胞膜组织，侵入细胞膜内作用于外膜脂蛋白和内部的脂多糖，使细胞发生通透畸变，导致细胞溶解死亡，并且可将死亡菌体内遗传基因、寄生菌种、寄生病毒粒子、噬菌体、支原体及热原（细菌病毒代谢产物、内毒素）等溶解变性灭亡。综观无菌技术对微生物作用的原理可分为抑菌、杀菌和溶菌三种。应用臭氧作灭菌剂是属于溶菌。所谓溶菌，即可达到"彻底、永久地消灭物体表面所有微生物"的效果。

三、实验仪器、材料及试剂

（1）实验仪器　臭氧发生器、超净化工作台、光学显微镜、低温冰箱、培养箱、电子分析天平、称量纸、移液器、具塞刻度试管、蒸馏器、培养皿、灭菌锅、水浴锅等。

（2）实验材料　果蔬致病菌、PDA培养基：马铃薯200g，无水葡萄糖20g，琼脂17.5g，双蒸水1000mL。将马铃薯去皮切块煮沸30min，过滤，再加入葡萄糖和琼脂，溶解后定容至1000mL，pH调至6.0。250mL三角瓶分装，121℃湿热灭菌30min。

（3）实验试剂　95%乙醇。

四、实验内容

1. 柑橘青霉菌致病菌孢子的培养

采用形态学方法鉴定，将灭菌的盖玻片斜插在PDA平板上，接种已纯化的病原菌种，置于25℃恒温培养箱培养3~5d，拔出盖玻片，放置在载玻片上，在显微镜下观察其菌丝和孢子形态，记录并拍照。

2. 臭氧气体处理

将在4℃下保存的柑橘青霉菌致病菌活化3次后，配制孢子浓度为10^5个/mL的孢子悬浮液，接于培养皿中央，置于25℃恒温培养箱内培养7d，待其大量产孢后备用。

3. 臭氧处理对柑橘青霉菌分生孢子萌发率的影响

采用 PDA 表面萌发法,将臭氧处理后的柑橘青霉菌分生孢子用无菌水稀释成 10^5 个/mL 的孢子悬浮液,在 PDA 平板中心滴加 $25\mu L$ 孢子悬浮液,并涂布均匀。以未经臭氧处理的青霉作为对照,每个处理作 3 次重复。分别置于 25℃下培养,用显微镜观察 12h、24h、48h 分生孢子萌发情况。

4. 臭氧对柑橘青霉菌株菌丝生长抑制作用的测定

将柑橘青霉菌接种致病菌接在覆有无菌玻璃纸的 PDA 平板上,25℃下培养 48h 后,用质量浓度为 $100mg/m^3$、$150mg/m^3$、$200mg/m^3$ 的臭氧分别处理 30min、60min、90min 和 120min,以不用臭氧处理作为空白对照,每个处理 3 次重复,25℃下培养 48h 后,采用十字交叉法测量菌落直径,计算臭氧对供试病菌菌丝生长的抑制率。

五、实验结果计算

1. 不同臭氧处理对果蔬致病菌分生孢子萌发率的计算

(1)测定数据记录到表 4 – 4 中。

表 4 – 4　　　　　　　　不同臭氧处理对果蔬致病菌分生孢子萌发率的数据

浓度/(mg/m^3) 时间/min	萌发率/×100%		
	100	150	200
30			
60			
90			
120			

(2)计算结果

孢子萌发抑制率 = (对照孢子萌发率 – 处理孢子萌发率)/对照孢子萌发率×100%

2. 臭氧处理对果蔬致病菌菌丝生长抑制率的计算

(1)测定数据记录到表 4 – 5 中。

表 4 – 5　　　　　　　　臭氧处理对果蔬致病菌菌丝生长抑制率的数据

浓度/(mg/m^3) 时间/min	抑制率/×100%		
	100	150	200
30			
60			
90			
120			

(2)计算结果

菌丝生长抑菌率 = (对照菌落直径 – 处理菌落直径)/对照菌落直径×100%

六、注　意　事　项

(1)注意对柑橘青霉菌孢子培养及 10^5 个/mL 的稀释。

（2）臭氧对人体具有毒性，使用时需要特别注意浓度范围，避免实验过程中伤到自己。

（3）臭氧具有强烈的腐蚀性，注意其对实验仪器的腐蚀。

七、思　考　题

（1）实验过程中，需要特别注意的操作是什么？

（2）臭氧抑制果蔬真菌的优点有哪些？缺点有哪些？

（3）臭氧与商品农药杀菌剂作用机制的区别？

实验三十六　不同冷冻方式对肉
贮藏期持水力的影响

一、实　验　目　的

（1）了解浸渍式冷冻的原理；

（2）掌握肉贮藏期持水率的测定方法。

二、实　验　原　理

目前，以空气为媒介进行冻结（风冷冷冻）仍是应用最为广泛的一种冻结方法，但风冷冷冻的冻结速率慢，干耗大，对食品的损伤较大。此外，应用比较广泛的还有间接冷冻法与直接冷冻法。间接冻结法是指食品与制冷剂（或载冷剂）直接接触，而与制冷剂（或载冷剂）间接接触来进行冻结。直接接触冻结则是指食品（包装或不包装）与冷冻液直接进行热交换（包括喷淋法、浸渍法两种方法），其热交换面积大，可使食品迅速降温冻结。其中，浸渍式冷冻作为一种快速冷冻技术与传统的风冷冷冻和间接接触冻结相比，具有节能、高效、干耗低和提高产品最终质量的优点。

猪肉又名豚肉，是主要家畜之一、猪科动物家猪的肉。其性味甘咸平，含有丰富的蛋白质及脂肪、碳水化合物、钙、铁、磷等营养成分。猪肉是日常生活的主要副食品，具有补虚强身、滋阴润燥、丰肌泽肤的作用。凡病后体弱、产后血虚、面黄羸瘦者，皆可用之作营养滋补之品。猪肉作为餐桌上重要的动物性食品之一，因为纤维较为细软，结缔组织较少，肌肉组织中含有较多的肌间脂肪，因此，经过烹调加工后肉味特别鲜美。猪肉，经适当加工，以包装或散装形式在冷冻（－18℃）或冷藏（7℃以下）或常温条件下贮存、运输、销售，可直接食用或经加工、热处理等就可食用的肉制品。随着社会经济发展，中国已是世界上最大的猪肉消费市场，人们的生活习惯也发生着巨大的改变，人们越来越重视肉类食品的方便性、营养性、安全性。

水分是肉中含量最高且极为重要的化学组分，其含量及分布状态与肉或肉制品的色泽、质构、风味等食用品质具有直接关系。目前，传统的测定肉与肉制品中水分的方法主要有解冻汁液流失率、加压失水率、蒸煮损失率、贮藏损失率、离心法、滴水损失率、滤纸法和拿破率法等方法。这些传统的测定方法虽操作简单，但对样品都有一定的破坏性，且不能反映肉与肉制品水分的空间分布信息。而 LF－NMR（Low Field Nuclear Magnetic Resonance）为低场核磁共振，利用对氢离子感受性较强的物理学原理，能够检测出肉与肉制品中水分的含量与分布状态的信息，操作便捷且无需破坏样品。本试验通过解冻汁液流失率、蒸煮损失率与加压失水率，以及核磁共振技术测定出的猪肉贮藏期间水分的弛豫性质变化，来反映两种不同冷冻方式处理下猪肉贮藏期间持水力的变化，为快速检测猪肉贮藏期间持水力的变化提供一种新技术。

三、实验仪器、材料及试剂

（1）实验仪器　浸渍式冷冻机、低场核磁共振仪 PQOOl 型、精密电子天平、温度记录仪、质构仪、真空包装机、电热恒温鼓风干燥箱、电磁炉、猪肉锅、冰箱、刀具等。

（2）实验材料　猪肉背最长肌，肉宰后约 3～4h 的猪胴体。

（3）实验试剂　冷冻液，主要原料为水和乙醇。

四、实 验 内 容

1. 猪肉冷冻前的预冷处理

（1）样品处理　先将猪肉切成长宽高均为 5cm，重量为 300g 的块状正方体后分装，真空包装备用。

（2）预冷处理　将分割包装好的肉块置于 4℃±1℃ 的冰箱中预冷 12h，预冷前的温度为 28℃ 左右，预冷后的温度为 10℃。

2. 冷冻处理

将经预冷处理的肉块分别置于 -35℃ 的浸渍冷冻机和冷库中进行冻结，冷冻至中心温度为 -5℃ 和 -18℃ 时，取出并保藏于 -5℃ 和 -18℃ 的冰箱中。每种冷冻处理均做中心温度为 -5℃ 和 -18℃ 2 个样，作为对照。

3. 解冻的方法

将冷冻后的猪肉放在 4℃ 的冰箱中，待肉块的中心温度达到 2℃ 左右时，取出检测各项指标。

4. 测定方法

（1）NMR 自旋 - 自旋弛豫时间（T_2）　NMR 弛豫测量在纽迈台式脉冲 NMR 分析仪 PQOO1 上进行。测试条件：质子共振频率为 21.6MHz，测量温度为 30℃。用直径为 3cm 的打孔器自解冻后的肉块上取出 6 个圆柱型样，并用手术刀与直尺将样品的长度切取至 2cm，然后装入特制的平底试管中上机测定。-5℃ 的肉块每周测定 1 次 NMR，-18℃ 的肉块则每 2 周测定 1 次。

（2）解冻汁液流失率　样品分别在解冻前（W_1）和解冻后（W_2）称重，然后按下面公式计算解冻汁液流失率 X_t：

$$X_t = \frac{W_1 - W_2}{W_1} \times 100\%$$

式中　X_t——解冻汁液流失率，%

　　　W_1——解冻前样品质量，g

　　　W_2——解冻后样品质量，g

（3）蒸煮损失率　一定大小（约 2cm×2cm×3cm）的肉样在 85℃ 水浴锅中蒸煮 20min，蒸煮前称重（W_b）。蒸煮后冷却到室温，用吸水纸吸干水分，然后再次称重 W_a。

蒸煮损失率表示为 X_c：

$$X_c = \frac{W_b - W_a}{W_b} \times 100\%$$

式中　X_c——蒸煮损失率，%

　　　W_1——蒸煮前样品质量，g

　　　W_2——蒸煮后样品质量，g

（4）加压失水率　利用质构仪，采用滤纸加压法（filter paper press method）进行测定。取完整肉块 1g 置于滤纸上，另一片滤纸置于其上，定压 1000g 压 1min，加压前后分别称重，记录加压前重量 W_2 和加压后重量 W_1，则加压条件下的保水性可以用加压失水率（pressing loss）X_p 表示：

$$X_p = \frac{W_2 - W_1}{W_2} \times 100\%$$

式中　X_p——加压失水率，%

　　　W_1——加压前肉样品质量，g

　　　W_2——加压后肉样品质量，g

五、实验结果与计算

所有测定结果记入表 4-6 中，然后应用统计分析软件进行统计分析和结果处理。

表 4-6　　　　　　　　不同冷冻处理对肉贮藏期持水率的测定结果记录表

指标	不同处理	贮藏期/d					
		0	10	20	30	40	50
NMR 自旋—自旋弛豫时间（T_2）	浸渍式冷冻 -5℃						
	浸渍式冷冻 -18℃						
	风冷冷冻 -5℃						
	风冷冷冻 -18℃						
解冻汁液流失率	浸渍式冷冻 -5℃						
	浸渍式冷冻 -18℃						
	风冷冷冻 -5℃						
	风冷冷冻 -18℃						
蒸煮损失率	浸渍式冷冻 -5℃						
	浸渍式冷冻 -18℃						
	风冷冷冻 -5℃						
	风冷冷冻 -18℃						
加压失水率	浸渍式冷冻 -5℃						
	浸渍式冷冻 -18℃						
	风冷冷冻 -5℃						
	风冷冷冻 -18℃						

六、注 意 事 项

　　猪肉样品在选取的时候要注意选择同一头猪、同一组织的肉，并且要保证肥瘦大小一致，因为不同猪、不同组织和不同的肥瘦的肉持水率会存在很大差异。

七、思 考 题

　　(1) 比较浸渍式冷冻和风冷冷冻的差异。
　　(2) 影响猪肉持水率的影响因素有哪些？
　　(3) 核磁共振技术相较于其他测定冻肉中水分变化有何优点？

实验三十七　包装材料对气调包装冷鲜肉贮藏期品质的影响

一、实 验 目 的

　　(1) 了解气调包装冷鲜肉延长贮藏期的原理；
　　(2) 掌握冷鲜肉贮藏期与品质相关指标的测定方法。

二、实 验 原 理

　　冷鲜肉是指对严格执行检疫制度屠宰后的畜胴体迅速进行冷却处理，使胴体温度（以后腿内部中心为测量点）在24h内降至0~4℃，并在后续的加工、流通和零售过程中始终保持在0~4℃范围内的鲜肉。近年来，冷鲜肉以其新鲜、肉嫩、味美、营养、卫生的优点受到越来越多消费者的喜爱。目前消费的生鲜肉中，冷鲜肉约占90%。冷鲜肉克服了热鲜肉、冷冻肉在品质上存在的不足和缺陷，始终处于低温控制下，大多数微生物的生长繁殖被抑制。冷鲜肉吃起来汁鲜味美、口感细腻，其安全性、营养性均优于传统的冷冻肉。但是冷鲜肉从加工到零售的过程中，不免要受到空气、昆虫、运输车和包装等多方面污染，并且冷鲜肉冷藏所采用的温度（0~4℃）并不能彻底抑制微生物的生长繁殖及其他有关变化的发生。细菌容易大量增殖，无法保证肉的食用安全性。因此其保鲜期较短，无法满足市场流通的要求。

　　气调保鲜包装是采用具有气体阻隔性能的包装材料包装食品，可以有效地抑制菌落总数的增加，有很好的保鲜效果。冷鲜肉气调包装技术是通过合适的气体组成替换包装的气体，改变包装内的气氛使肉品处于与空气不同组成的环境中，从而起到抑制微生物生长繁殖，延长保鲜作用，其特点是能有效保持肉类新鲜而产生的副作用最小。包装材料是气调包装中最重要的一环，它必须要有较高的气体阻隔性能，保证包装内的混合气体不外漏。气调包装对包装材料的透气性能要求非常严格，本实验选择了3种阻隔性不同的材料进行高氧包装冷鲜肉，测定货架期内各种指标的变化，研究气调包装冷鲜肉选择合适的包装材料。

三、实验仪器、材料及试剂

　　(1) 实验仪器　色差计、pH计、电子天平、冰箱、恒温培养箱、高压灭菌锅、透气性测定仪、培养皿、无水乙醇、刀具和案板等。

（2）实验材料　新鲜的猪后腿冷鲜肉。

（3）实验试剂　琼脂、乳糖、酵母膏、胰蛋白胨等为生化试剂、葡萄糖、十二烷基磺酸钠、氢氧化钠、盐酸、硼酸等均为分析纯。

四、实 验 内 容

（1）将购回的后腿冷鲜肉用已消过毒的刀具和案板去掉肉表层的筋膜和脂肪，然后切分成约100g肉块，随机分成3组，用表4-7所示三种气调包装材料分别对冷鲜肉进行包装，每组10块，用气调包装机进行充气包装，气调比例为35% CO_2 +65% O_2。包装后立即将样品放入4℃±1℃冰箱中贮藏，每隔3d测定其微生物指标、理化指标，贮藏周期为15d。

表4-7　　　　　　　　　　　　　包装材料的阻隔性

包装材料	O_2 透过率/ $[10^{-6}cm^3/(m^2 \cdot d \cdot Pa)]$	CO_2 透过率/ $[10^{-6}cm^3/(m^2 \cdot d \cdot Pa)]$
高阻隔性 PET/CPE 复合膜	80.78	255.63
中阻隔性 PE/PA 复合膜	422.173	1324.42
低阻隔性 PA/CPP 膜	1780.75	5314.71

（2）指标的测定

① 菌落总数的测定　参照第三章第二十八节实验的相关内容。

② 汁液流失率的测定　对于各组肉样，先称取包装袋和肉的质量 m_1，剪开包装袋，取出肉样，放到实验台上，贮存期间渗出的汁液仍留于袋中，然后称量盛有汁液的包装袋质量 m_2，再倒出并沥干汁液，称包装袋的质量 m_3。

$$汁液流失率 \ w = \frac{m_2 - m_3}{m_1 - m_3} \times 100\%$$

③ 肉色泽的测定　肉色测定采用的是 CIE $L^*a^*b^*$ 法。参照第二章第一节实验的相关内容。用色差仪测定肉样的 L^*（亮度）、a^*（红度）、b^*（黄度），对于同一肉块，平行测定3次，其平均值作为该肉块的颜色值。

④ pH 测定　取已碾碎的肉样 10g 装入锥形瓶中，然后加入 100mL 蒸馏水。摇晃30min，过滤取滤液，用 pH 酸度计测 pH。按 pH 将肉分三类：新鲜肉 pH 5.8~6.2，次鲜肉 pH 6.3~6.6，变质肉 pH >6.7。

五、实验结果与计算

所有测定结果记入表4-8中，然后应用统计分析软件进行统计分析和结果处理。

表4-8　　　　　　不同包装材料对气调包装冷鲜肉贮藏品质影响的测定结果记录表

指标	不同包装材料处理	贮藏期/d					
		0	3	6	9	12	15
菌落总数	高阻隔性 PET/CPE 复合膜						
	中阻隔性 PE/PA 复合膜						
	低阻隔性 PA/CPP 膜						

续表

指标	不同包装材料处理	贮藏期/d					
		0	3	6	9	12	15
汁液流失率	高阻隔性 PET/CPE 复合膜						
	中阻隔性 PE/PA 复合膜						
	低阻隔性 PA/CPP 膜						
肉色泽	高阻隔性 PET/CPE 复合膜						
	中阻隔性 PE/PA 复合膜						
	低阻隔性 PA/CPP 膜						
pH 测定	高阻隔性 PET/CPE 复合膜						
	中阻隔性 PE/PA 复合膜						
	低阻隔性 PA/CPP 膜						

六、注 意 事 项

虽然气调包装能延长冷鲜肉贮藏期，但是冷鲜肉的贮藏期与实验过程的微生物环境污染程度有很大关系。在实验过程中应该严格按照无菌要求操作，严格控制实验过程微生物，以此来降低冷鲜肉的带菌率。

七、思 考 题

（1）结合三种不同类型的包装材料，分析冷鲜肉在气调包装贮藏过程中，影响贮藏周期的因素有哪些？

（2）请将冷鲜肉的贮藏期对菌落总数、汁液流失率、肉色泽、pH 测定做相关性分析，并讨论。

实验三十八　香辛料对水产品保鲜效果的研究

一、实 验 目 的

（1）了解香辛料植物提取物可以延长水产品的贮藏周期的原理；

（2）掌握香辛料植物保鲜剂的使用原理与方法。

二、实 验 原 理

新鲜的鱼、虾、贝类等水产品因其风味鲜美、味道独特，深受广大消费者的青睐，不仅是人体日常蛋白质、脂肪、矿物质的重要来源，而且是一种高蛋白、低脂肪、低热量的健康食品，是人类合理膳食结构的一个重要组成部分，已成为目前人们摄取动物性蛋白的主要来源之一。然而，水产品是鲜活商品，其因肌肉组织内含水量高，组织柔软细嫩，体内富含高活性水解酶类，易腐烂变质，不耐贮运，在捕获后极易失鲜，导致品质下降，从而使其营养价值降低，经济价值减小。做好水产品捕获后的贮藏、运输等工作，使淡旺季的供需矛盾得到调节、市场上水产品的种类得到完善，也是非常重要的。

水产品保鲜方法主要有冻藏保鲜、气调保鲜、辐照保鲜以及生物保鲜等，此外，超高压技术在水产品保鲜上也有所应用。冻藏保鲜虽然可使水产品得到长时间保藏，但因温度变化而形成的不同大小的冰晶会对组织造成破坏，从而加剧蛋白质变性，同时解冻后汁液流失导致肉质变硬、风味变差、造成品质劣变，气调保鲜对水产品有一定的保鲜效果，但存在操作繁琐、投资巨大等问题，辐射保鲜技术尚处于试验研究阶段，对其使用的安全性尚无定论，因而限制了其在水产品保鲜中的应用，传统的化学保鲜剂处理对水产品贮藏有一定的保鲜效果，但大量化学合成保鲜剂的使用，使水产品的食用安全性降低，对人类健康会产生不良的影响，且可使病原菌产生抗药性。目前国内主要采用冰温结合气调对水产品进行贮藏保鲜，仍然存在着诸多不足，如贮藏期间水产品容易发生品质劣变，效果不是很理想。

近年来，香辛料作为生物保鲜剂的一大类别被不断应用到水产品保鲜中，受到研究者的广泛认可。香辛料是利用植物的种子、叶、茎、花蕾、根、果实或其提取物制成的一类具有特殊香味，赋予食物以风味、使人增进食欲、帮助消化和吸收的天然植物性原料的统称。香辛料具有抑菌物质的作用方式有：损伤细胞壁，改变细胞膜的通透性，改变蛋白质和核酸分子，抑制细胞内酶的作用，作为抗代谢产物和抑制核酸的合成等。香辛料所含有的一些酮、醇和酚类成分具有较强的抗氧化作用。

目前利用香辛料来保鲜的水产品主要有：明虾、大黄鱼、白鲢、美国红鱼、海鲈鱼、虹鳟、黑鱼、基围虾、鳕鱼等。香辛料应用于鱼类等水产品保鲜，能够有效地抑制肌肉蛋白质和脂质氧化，抑制微生物的生长繁殖，延缓腐败变质，从而维持鱼类等水产品的品质，并延长其货架期。

三、实验仪器、材料及试剂

（1）实验仪器　高效液相色谱仪、高速冷冻离心机、均质仪、氮吹仪、电子分析天平、数控超声波清洗器等。

（2）实验材料　新鲜马鲛鱼购自菜市场，采购后当天运回实验室，置于 $-30℃$ 冰箱贮藏备用，并选择表面无损伤的鱼体进行实验。

（3）实验试剂　四种食品级香辛料（龙须菜寡糖、大蒜提取物、迷迭香提取物和生姜提取物）、丹磺酰氯、磷酸二氢钾、甲醇、丙酮（色谱纯）、三氯乙酸、氨水、氧化镁、硼酸、磷酸、盐酸、高氯酸、氢氧化钾、氢氧化钠、碳酸氢钠。

四、实 验 内 容

1. 四种香辛料植物保鲜剂配制

香辛料在使用 1h 之前使用超纯水配制不同浓度的保鲜液，配制的质量分数参照表4-9。

表4-9　　　　　　　　　　　　　马鲛鱼香辛料植物保鲜剂组成

质量分数/%			
龙须菜寡糖	大蒜提取物	迷迭香提取物	生姜提取物
0.50	1.0	0.05	1.0

2. 样品前处理

新鲜马鲛鱼去内脏、去头及去尾，用蒸馏水清洗干净，并切成 6cm × 4cm × 2cm 的大小备用。在 4℃温度下，将对照组浸泡于蒸馏水、处理组浸泡 4 种香辛料植物保鲜液中 30min 后，取出沥干，并于 4℃ ±1℃环境下贮藏，分别在 0d、3d、6d、9d、12d、15d 测定指标，每组做 3 个平行实验。

3. 贮藏期指标的测定

（1）菌落总数　测定参照第三章第二十八节实验的内容。

（2）pH 测定　取 10.00g 鱼肉，用煮沸后冷却的蒸馏水定容至 100mL，组织捣碎，静置 30min 后，4℃，15000g 离心 5min，pH 计测定。

（3）K 值测定　取 1.00g 鱼肉，加入 10% 的 5mL 高氯酸溶液，4℃ 15000g 条件下离心 15min，取上清液置于 25mL 容量瓶中。沉淀物中加入 4.5mL 5% 的高氯酸溶液，混匀，再次离心 15min，重复 2 次，用 1mol/L 和 10mol/L 的氢氧化钾溶液调上清液至 pH 中性（pH 6~8），整个过程在冰上进行。再次离心，沉淀加入 8mL 的 5% 高氯酸 - 氢氧化钾中性液，离心，合并上清液，用超纯水定容至 25mL 的容量瓶中，过 0.22μm 水系膜，置于 -30℃条件下储存，待上机。

效液相色谱测定 K 值的条件：色谱柱 SHODEX Asahipak GS - 320HQ；流动相：205mmol/L NaH$_2$PO$_4$ - 205mmol/L H$_3$PO$_4$ = 300：7（V：V）；流速：0.6mL/min；柱温：30℃；检测波长：260nm；进样量：20μL。

五、实验结果与计算

所有测定结果记入表 4 - 10 中，然后应用统计分析软件进行统计分析和结果处理。

表 4 - 10　　　　　　　不同植物香辛料保鲜剂对马鲛鱼贮藏品质影响的测定结果记录表

指标	不同植物香辛料保鲜剂	贮藏期/d					
		0	3	6	9	12	15
菌落总数	龙须菜寡糖						
	大蒜提取物						
	迷迭香提取物						
	生姜提取物						
	对照组						
pH 测定	龙须菜寡糖						
	大蒜提取物						
	迷迭香提取物						
	生姜提取物						
	对照组						
K 值测定	龙须菜寡糖						
	大蒜提取物						
	迷迭香提取物						
	生姜提取物						
	对照组						

六、注 意 事 项

（1）不同种类的水产品具有不同的贮藏特性，对特定的鱼、虾、贝类等水产品进行贮藏保鲜时的最优提取物浓度难以确定，在选择提取液浓度时，要先进行预实验。

（2）香辛料对水产品具有显著的保鲜效果，但由于其香辛料本身所具有的特殊气味，使用不当可能会对肉的色泽、风味等产生不良影响。

（3）香辛料虽然总体上安全的，但是并非总是安全无忧的。随着浓度的增加，有些提取物的毒性就会显著加大。有些香辛料，例如，肉桂醛、香芹酚和百里香酚等提取物的毒性还在试验中，在使用的时候要注意添加量的问题。

七、思 考 题

（1）分析四种不同类型的香辛料植物提取剂，在马鲛鱼在贮藏过程中，哪种保鲜剂的效果最好？

（2）请将马鲛鱼的贮藏期的菌落总数、pH、K值做相关性分析，并讨论。

实验三十九　不同涂膜剂对蛋保鲜效果的影响

一、实 验 目 的

（1）了解涂膜保鲜鸡蛋的实验原理；
（2）掌握涂膜保鲜实验的操作方法与过程。

二、实 验 原 理

鸡蛋含有丰富的蛋白质、脂肪酸、微量元素和多种维生素等，是人们获得平衡的各种必需营养素的良好来源。鸡蛋具有怕高温、怕潮湿、怕冻结、怕久存、怕异味、怕撞压等特性。生产中如不妥善贮藏或加工不当，均会导致各种次劣蛋的产生，给生产和经济带来很大的损失。我国养禽业现在所面临的严峻问题是必须尽快形成新型的生产营销模式，即从养殖到鲜蛋分级、清洗、消毒、涂膜、包装一条龙式的技术保障下的集约化生产，才有可能尽快适应国际和国内市场要求的安全性、营养性和流通适应性。

目前，禽蛋的贮藏方法有浸泡法、涂膜法、巴氏杀菌法、气调法和埋藏法。浸泡法费用低廉、简便易行，但是贮藏后蛋壳的外观稍差，煮制时蛋壳易破裂。巴氏杀菌法对蛋的操作温度和时间控制的要求严格，且会破坏蛋的成分。气调法贮藏蛋品质好，但对包装材料的气密性要求较严，需要专门设备，成本也相对较高。而埋藏法虽无技术性难度，但保鲜期短，操作过程中禽蛋易破损，不适于大规模长期贮存。其他的如冷藏法，虽产量大，操作简单易行，但冷库耗能大，设备投资高。相比之下，涂膜法具有操作简便、成本低，且能为清洗消毒后的鸡蛋提供保护外膜，在室温下能延长鸡蛋保存期等特点，适合我国蛋鸡业生产现状，应用推广前景十分广阔。

鲜蛋在贮藏过程中无论采用哪一种贮藏方法，其内容物都会发生程度不同的变化，这些变化包括物理、生物、化学三个方面，如内部水分的不断蒸发，重量减轻；气室不断增大；蛋白的水样化；表面张力的变化；黏度降低；pH 变化；蛋黄与蛋白的含氨量的变化等。由于贮藏方法的不同，这些变化的大小、快慢各异。涂膜保鲜贮藏原理是利用涂膜剂涂布蛋壳表面，以闭塞鸡蛋进行气体交换的通道，即气孔，防止微生物侵入，减少蛋内水分蒸发，使蛋内 CO_2 逐渐积累，抑制酶活性，减弱生命衰减进程，达到保持鸡蛋鲜度和降低干耗的目的。

三、实验仪器、材料及试剂

（1）实验仪器　恒温培养箱、电子天平、质构仪、水浴锅、玻璃皿、有机玻璃透湿杯、40 目标准筛、pH 酸度计、电子数显外径千分尺、恒温磁力搅拌器、冰箱等。

（2）实验材料　鸡当天新下的鸡蛋，要选择大小一致，无损伤的。

（3）实验试剂　壳聚糖、玉米醇溶蛋白、乳清分离蛋白和面筋蛋白均为市售；乳酸、苯甲酸钠、柠檬酸钠、氢氧化钠、氯化钙、溴化钠、乙酸和甘油均为化学纯试剂等。

四、实 验 内 容

1. 实验分组及处理

在 500 枚鸡蛋中随机抽出 10 枚，测定失重率、蛋黄系数、蛋白系数、蛋白 pH、蛋白的凝胶性，作为该批鸡蛋的基本数据。其余随机分为 7 组，每组 70 枚。设 6 个涂膜组分别为乳清分离蛋白、玉米醇溶蛋白、面筋蛋白、壳聚糖＋苯甲酸钠、壳聚糖＋乳酸、壳聚糖＋柠檬酸钠，1 个对照组。鸡蛋首先在沸水中浸渍 3s 消毒，然后在配制好 6 种涂膜液中浸泡 1min，捞出沥干，放于 25℃恒温箱内（模拟室温条件）贮藏 30d，每 5d 检测一次，每次每组 10 枚鸡蛋。

2. 涂膜溶液的制备

（1）乳清分离蛋白溶液　称 12g 乳清分离蛋白粉，24g 甘油，加入到 100mL 蒸馏水中，在中性、80℃条件下磁力搅拌 30min，即可。

（2）玉米醇溶蛋白溶液　称 18g 玉米醇溶蛋白，6g 甘油，加入到 100mL 的 95% 乙醇溶液中。

（3）面筋蛋白溶液　称取 18g 面筋粉，6.2g 甘油，加入到 45mL 蒸馏水中，再加入85mL 95% 乙醇，用 6mol/L 的氢氧化钠调到 pH 10.0，加热溶液到 40℃。

（4）壳聚糖溶液　称 2g 壳聚糖加入到 100mL 蒸馏水中，加入 1mL 乙酸，0.75mL 甘油。分别加入 0.1g 苯甲酸钠，1mL 乳酸，0.1g 柠檬酸钠，配成 3 种溶液。

3. 涂膜的制备

6 种涂膜溶液分别抽真空脱气后，各吸取 5mL 分别倒入有机玻璃皿（直径 8cm）中，在恒温恒湿箱内（20℃，RH＝50%）干燥，平衡 48h，待测膜的水蒸气透过性达到平衡状态。

4. 检测指标

（1）失重率　鸡蛋在贮藏前后的失重百分比，即

失重率 =（贮前重量 - 贮后重量）/贮前重量，用电子天平称重。

（2）蛋黄系数　沿横向磕破蛋壳，将蛋内容物全部流入玻璃平皿内，用游标卡尺测量蛋黄高度与直径，蛋黄高度与蛋黄直径之比为蛋黄系数。

（3）蛋白系数　将去除蛋黄的蛋内容物倒入标准检验筛，静置过滤 2min 滤去稀蛋

白，所剩蛋白即为浓蛋白，浓蛋白与稀蛋白质量之比即为蛋白系数。

（4）蛋白凝胶性　在蛋白溶液中加入氯化钠，使其最终浓度达到 50mmol/L，在水浴锅中 80℃水浴 30min 取出，放在 4℃冰箱过夜。测量前将样品取出，室温放置 30min，用质构仪进行测量。以质构剖面分析法测定凝胶的硬度，以其表征凝胶强度，质构仪检测操作参数如下：室温，下压速度为 2mm/s，下压距离 10mm，探头型号选择 P/0.5。每个样品进行三次平行实验，取平均值。

（5）膜的水蒸气透过性　采用拟杯子法，将完整均匀的膜密封在含有 5g 无水氯化钙（RH＝0%）的自制有机玻璃透湿杯表面，膜测定面积为 19.6cm²。将透湿杯装置放入装有饱和溴化钠溶液的干燥器中（56%，20℃），每隔 1h 测定透湿杯的增重。水蒸气透过性（water vapour permeability，WVP）的计算公式如下：

$$P_v = \frac{\Delta m \times d}{A \times T \times \Delta P}$$

式中　P_v——水蒸气透过系数，$g \cdot mm/(m^2 \cdot d \cdot kPa)$

Δm——透湿杯的增重

d——膜的厚度

A——膜测定面积

T——测量间隔时间

ΔP——膜两侧的水蒸气压差（20℃，$\Delta P = 1.309kPa$）

五、实验结果与计算

所有测定结果记入表 4－11 中，然后应用统计分析软件进行统计分析和结果处理。

表 4－11　　　　　　　不同涂膜处理对蛋品质的影响的测定结果记录表

指标	不同处理	贮藏期/d						
		0	5	10	15	20	25	30
失重率	乳清分离蛋白							
	玉米醇溶蛋白							
	面筋蛋白							
	壳聚糖＋苯甲酸钠							
	壳聚糖＋乳酸							
	壳聚糖＋柠檬酸钠							
	对照组							
蛋黄系数	乳清分离蛋白							
	玉米醇溶蛋白							
	面筋蛋白							
	壳聚糖＋苯甲酸钠							
	壳聚糖＋乳酸							
	壳聚糖＋柠檬酸钠							
	对照组							

续表

指标	不同处理	贮藏期/d						
		0	5	10	15	20	25	30
蛋白系数	乳清分离蛋白							
	玉米醇溶蛋白							
	面筋蛋白							
	壳聚糖 + 苯甲酸钠							
	壳聚糖 + 乳酸							
	壳聚糖 + 柠檬酸钠							
	对照组							
蛋白凝胶性	乳清分离蛋白							
	玉米醇溶蛋白							
	面筋蛋白							
	壳聚糖 + 苯甲酸钠							
	壳聚糖 + 乳酸							
	壳聚糖 + 柠檬酸钠							
	对照组							
膜的水蒸气透过性	乳清分离蛋白							
	玉米醇溶蛋白							
	面筋蛋白							
	壳聚糖 + 苯甲酸钠							
	壳聚糖 + 乳酸							
	壳聚糖 + 柠檬酸钠							
	对照组							

六、注 意 事 项

鸡蛋在实验处理前要经过清洗。新鲜的鸡蛋表面往往会黏附大量微生物，其中包括沙门菌等多种致病菌等，这些病菌会对鸡蛋的贮藏造成一定的影响。

七、思 考 题

（1）比较几种不同涂膜保鲜的差异。

（2）涂膜保鲜是否可以结合其他保鲜方式，利用多种综合保鲜方式来延长鸡蛋的贮藏期？

第五章 食品研究设计性实验

实验四十 不同自发气调包装对番茄
贮藏生理及品质的影响

一、实验目的

(1) 考察并掌握自发气调包装材料对果蔬贮藏生理及品质的影响；

(2) 了解自发气调包装材料在果蔬贮藏中的作用；

(3) 掌握微环境顶空气体含量、感官评价、腐烂率、硬度、丙二醛、维生素 C 及 POD 酶活性测定方法；

(4) 探讨不同自发气调包装对果蔬贮藏微环境气体成分的调控，对果蔬贮藏过程中生理、品质及营养指标的相关性。

二、实验原理

自发气调包装贮藏是利用鲜活产品本身的呼吸作用来降低贮藏环境中的 O_2 浓度和提高 CO_2 浓度，从而延长产品贮藏寿命的方式。该方式结合低温，通过气体在保鲜膜表面的吸附—膜内的溶解—膜内的扩散—膜表面的解吸的差异，从而达到贮藏微环境内气体成分平衡，调控鲜活产品呼吸代谢，减少水分丧失，抑制生物酶活性和微生物侵染目的。目前，国内外常用的自发气调包装保鲜膜主要由聚乙烯膜、聚氯乙烯膜材质制成。不同果蔬对于 CO_2 的耐受性有所差异，因此在实际应用中往往要根据果蔬的呼吸强度选择不同的自发气调包装保鲜膜。如对于高呼吸强度的果蔬（蒜薹），则选择透气性强的聚氯乙烯薄膜。

自发气调包装成本低廉，且无毒无害，不仅延长了果蔬产品的货架期，而且在鲜切果蔬贮运、货架领域也得到广泛使用，如苹果、猕猴桃、番茄、蒜薹、西兰花等，正是这些优点使气调包装贮藏业得到迅猛的发展。

番茄原产南美洲，中国南北方广泛栽培。番茄的果实营养丰富，具特殊风味。可以生食、煮食、加工番茄酱、汁或整果罐藏。作为一种常见的蔬菜，它也是植物生理、分子生物学重要的模式研究植物。

三、实验仪器、材料及试剂

(1) 实验仪器 低温生化培养箱（ $-10 \sim 50\text{℃}$ ）、顶空分析仪、质构仪、冷冻离心机、色差仪、分析天平、紫外分光光度计、组织捣碎机、循环水真空泵、布氏漏斗、烧杯、容量瓶、碱式滴定管等。

(2) 实验材料 青熟番茄、微孔保鲜膜（聚氯乙烯材质、0.025mm）、不同厚度聚乙烯保鲜膜（0.025mm、0.040mm）等。

（3）实验试剂　2，6-二氯靛酚钠、偏磷酸、碳酸氢钠、抗坏血酸、三氯乙酸、氢氧化钠、硫代巴比妥酸、乙酸、乙酸钠、聚乙二醇6000、聚乙烯吡咯烷酮、愈创木酚、H_2O_2等。

四、实 验 内 容

1. 实验设计

绿熟期（八成熟）番茄，经分选，选择成熟度一致、无机械损伤、无病虫害的果实。3kg/袋分装于微孔保鲜膜（0.025mm）、0.025mm聚乙烯保鲜膜、0.040mm聚乙烯保鲜膜，每种保鲜膜共计分装9袋。首先敞口放置于低温生化培养箱（9℃±1℃）预冷24h，然后扎袋贮藏。

贮藏期每隔5d，各取3袋作为3个重复分别进行各个指标测定。

2. 顶空气体含量、感官评价、腐烂率、硬度、丙二醛、维生素C及POD酶活性测定

顶空气体测定方法可参照第三章第一节实验方法一进行，即将装入保鲜膜的果蔬，在不开袋、不离开保鲜温度环境前提下，将密封垫直接贴于保鲜膜，然后使用进样针经密封垫扎入保鲜膜，启动顶空分析仪，测定保鲜膜内O_2和CO_2含量（%）。

感官评价标准详见表5-1。

表5-1　　　　　　　　　　　　番茄果实感官评价标准

评分	外观	色泽	气味	腐烂情况
9	果实饱满、果面光滑	整个果实颜色鲜艳、有光泽	有水果的特有香味	无腐烂
7	果实较饱满	果实无光泽	有淡淡的水果香味	果实腐烂 ≤1/5
5	外形完好，果实局部软化	果实无光泽	无水果的清香味	果实腐烂 1/5~2/5
3	果实表明皱缩凹陷	果实无光泽、轻微褐变现象	出现轻度异味	果实腐烂 2/5~3/5
1	果实软烂	无光泽、褐变现象严重	出现明显腐臭味	>3/5果实腐烂

腐烂率：果实腐烂率 =（烂果数/总果数）×100%。（腐烂果判定标准是指果实表面至少有一处发生汁液外漏或腐烂现象）；

硬度可参照第二章第四节实验进行；丙二醛可参照第三章第十二节实验进行；维生素C含量可参照第三章第十一节实验方法一进行；POD酶活力可参照第三章第十五节实验进行。

五、实 验 结 果

番茄果实贮藏相关指标的初始值见表5-2。

表5-2　　　　　　番茄果实贮藏相关指标初始值（平均值±标准偏差，$n=3$）

指标	硬度* /（kg/cm²）	丙二醛含量 /（nmol/g）	POD酶活力 /[ΔOD₄₇₀/（min·g）]	维生素C含量 /（mg/100g）	感官评价分值
初始值					

*注：硬度、色泽两个指标，每处理选择15个好果实测定（$n=15$）。

测得的番茄果实贮藏相关指标数据填入表 5 – 3 中。

表 5 – 3　　　　　　　　番茄果实贮藏相关指标（平均值 ± 标准偏差，$n = 3$）

指标 \ 时间/d	5	10	15
顶空气体含量/%	O_2: CO_2:	O_2: CO_2:	O_2: CO_2:
感官评价分值			
腐烂率/%			
硬度 */(kg/cm^2)			
丙二醛含量/$(nmol/g)$			
POD 酶活力/$(\Delta OD_{470}/min \cdot g)$			
维生素 C 含量/$(mg/100g)$			

*注：硬度，每处理选择 15 个好果实测定（$n = 15$）。

六、注 意 事 项

（1）测定保鲜膜内顶空气体成分含量时，注意先在保鲜膜表面贴密封垫，然后使用进样针从密封帖穿透、取样；

（2）测定不同批次番茄硬度和色差时，建议固定每个果实的测定位置。

七、思 考 题

（1）试讨论本实验设计三种自发气调包装内对番茄贮藏效果的差异及其原因。

（2）请将微环境 O_2、CO_2 含量对感官评价、腐烂率、硬度、丙二醛、POD 酶活力做相关性分析，并讨论。

实验四十一　不同浓度 1 – MCP 对猕猴桃货架生理和品质的影响

一、实 验 目 的

（1）考察并掌握 1 – 甲基环丙烯（1 – MCP）对果蔬呼吸强度、乙烯生成速率、硬度、多聚半乳糖醛酸酶、可溶固形物含量、维生素 C 和香气含量的作用和影响；

（2）掌握检测果蔬呼吸强度、乙烯生成速率、硬度、可溶性固形物含量、可滴定酸含量、维生素 C 和香气含量的方法；

（3）探讨不同浓度 1 – MCP 与猕猴桃货架生理及品质的相关性。

二、实 验 原 理

乙烯作为植物生长发育过程中的一种生长调节剂，它对植物的代谢调节贯穿于整个生命周期，可以调控果实生长发育，促进其成熟、衰老和脱落。因此，在果实贮藏过程中使用一种可以有效抑制果实内源乙烯合成和外源乙烯活性的物质，使其在激素水平上抑制乙烯引发的果实后熟和采后病害。1-甲基环丙烯（1-MCP）作为一种新型的乙烯拮抗剂，通过与乙烯受体优先结合的方式，阻止内源乙烯和外源乙烯与乙烯受体的结合，抑制乙烯的生理作用，并表现出操作简单、安全性好、效果明显的优势。

1-MCP处理能延缓采后呼吸跃变型水果，如苹果、梨、柿子等果实的衰老、乙烯产量和呼吸强度，从而推迟果实的软化，提高果实贮藏品质，延长果实保鲜期。也有研究表明某些非呼吸跃变型水果如草莓、葡萄、荔枝等的果实软化受1-MCP的抑制作用。猕猴桃属于典型的呼吸跃变型果实，1-MCP能有效抑制其呼吸作用和乙烯生成，从而延缓后熟，达到有效延长保鲜期的效果，但因1-MCP浓度使用不当，造成猕猴桃鲜果烂而不软、口感差的事件时有报道，引起了消费者对猕猴桃鲜果品质的怀疑。1-MCP虽可有效延长猕猴桃鲜果贮藏期和保持各项营养指标，但会影响其食用品质。品种、成熟度和使用浓度直接影响1-MCP在猕猴桃保鲜应用上的可行性。此外，不同浓度的1-MCP影响猕猴桃果实的香气成分含量，从而影响果实的货架口感。因此，要尽量选择适宜的1-MCP浓度来处理猕猴桃果实，保持猕猴桃最佳的后熟品质和香气成分。

三、实验仪器、材料及试剂

（1）实验仪器　恒温培养箱（-10~50℃）、紫外分光光度计、O_2/CO_2顶空分析仪、数显折射仪、数显酸度计、台式高速冷冻离心机、质构仪、手动固相微萃取装置、二乙烯苯/碳分子筛/聚二甲基硅氧、气质联用色谱仪、电子分析天平、称量纸、水浴锅、漏斗、滤纸、烧杯等。

（2）实验材料　猕猴桃、高阻隔塑料薄膜、聚乙烯保鲜膜（厚度：20~30μm）。

（3）实验试剂　1-MCP、钼酸铵、偏磷酸、三氯乙酸、半乳糖醛酸、乙醇等。

四、实验内容

1. 实验设计

（1）将采收的猕猴桃果实经分选，剔除病虫害、残次果，分选后置于5个不同的高阻隔塑料薄膜帐内（体积为1m³）。

（2）以不同浓度1-MCP（0μL/L、0.25μL/L、0.5μL/L、0.75μL/L、1μL/L）于25℃±2℃条件下对不同组的果实进行熏蒸处理24h。

（3）然后将处理的鲜果分装于厚度为25~30μm聚乙烯材质保鲜膜内置于25℃±2℃，RH=80%~90%的空调房间内进行货架实验。

2. 猕猴桃货架期间指标测定

果实货架期间分别于第1d、5d、9d、13d取样。每次取样时，每个处理条件下随机抽取3袋，取出后开袋置于室温下8h后测定各项生理、营养、香气含量等指标。

（1）呼吸强度测定　参照第三章第一节实验相关内容。

（2）乙烯生成速率测定　参照第三章第二节实验相关内容。

（3）硬度测定　参照第二章第四节实验相关内容。

（4）可溶性固形物含量测定　参照第三章第三节实验相关内容。

（5）可滴定酸含量测定　参照第三章第五节实验相关内容。

（6）维生素 C 测定　参照第三章第十一节实验相关内容。

（7）香气含量测定　参照第二章第三节实验相关内容。

五、实验结果与计算

1. 不同浓度 1 – MCP 对猕猴桃货架期呼吸强度 ［CO_2，mg/（h·kg）］、乙烯生成速率 ［C_2H_2，mg/（h·kg）］ 和硬度 （kg/cm²） 的检测数据记录 （表 5 – 4）

表 5 – 4　　　　　　　　　　不同浓度 1 – MCP 对猕猴桃货架生理指标的影响

不同浓度 1 – MCP/（μL/L）	时间/d	1	5	9	13
0	呼吸强度				
	乙烯生成速率				
	硬度				
0.25	呼吸强度				
	乙烯生成速率				
	硬度				
0.5	呼吸强度				
	乙烯生成速率				
	硬度				
0.75	呼吸强度				
	乙烯生成速率				
	硬度				
1	呼吸强度				
	乙烯生成速率				
	硬度				

2. 猕猴桃货架品质的检测结果 ［可溶性固形物 （%）、可滴定酸含量 （%）、维生素 C 含量 （mg/100g）］ （表 5 – 5）

表 5 – 5　　　　　　　　　　不同浓度 1 – MCP 对猕猴桃货架品质的影响

不同浓度 1 – MCP/（μL/L）	时间/d	1	5	9	13
0	可溶性固形物				
	可滴定酸含量				
	维生素 C 含量				
0.25	可溶性固形物				
	可滴定酸含量				
	维生素 C 含量				

续表

不同浓度1-MCP/(μL/L)	时间/d	1	5	9	13
0.5	可溶性固形物				
	可滴定酸含量				
	维生素C含量				
0.75	可溶性固形物				
	可滴定酸含量				
	维生素C含量				
1	可溶性固形物				
	可滴定酸含量				
	维生素C含量				

3. 猕猴桃香气成分含量检测结果（表5-6）

表5-6　　　　　　　不同浓度1-MCP对猕猴桃货架香气成分含量的影响

不同浓度1-MCP/(μL/L)	时间/d	1	5	9	13
0	香气成分含量				
0.25	香气成分含量				
0.5	香气成分含量				
0.75	香气成分含量				
1	香气成分含量				

六、注 意 事 项

（1）过高的1-MCP的浓度会使猕猴桃变成"僵尸果"，严重影响果实的成熟品质。

（2）每个处理的料薄膜帐内（体积为1m³），堆放的猕猴桃框要有孔隙，便于所有的猕猴桃都能充分接触并吸收1-MCP，而且每个料薄膜帐内不宜堆放过多的猕猴桃，避免氧气不足，造成果实无氧呼吸。

七、思 考 题

（1）本实验设计5个1-MCP浓度，对于猕猴桃贮藏效果有什么区别，并讨论1-MCP对哪些果蔬的贮藏有效果。

（2）探究市场上猕猴桃出现"僵尸果"的原因。

（3）探讨不同浓度1-MCP与猕猴桃货架生理及品质的相关性。

（4）探究猕猴桃果实主要的挥发性成分有哪些，并探讨1-MCP对猕猴桃香气成分的影响。

实验四十二　香蕉的人工催熟实验

一、实验目的

(1) 掌握香蕉人工催熟的原理和方法；
(2) 掌握乙烯利等催熟剂的使用方法和原理。

二、实验原理

香蕉属于热带、亚热带水果，可以全年结果。香蕉果实的成熟不同于其他果蔬，一般都是在出售前几天进行人工催熟。虽然香蕉在蕉树上可以成熟，但是风味远不如经过人工催熟的好；成熟后的香蕉非常容易受到机械伤，不能长途运输；香蕉从成熟到腐烂只有七天左右时间，贮藏周期非常短；香蕉在蕉树上完全长成熟需要时间要延长一个月，消耗大量的养分，又易受鸟虫侵害，且完全成熟的时间不整齐。所以香蕉都在六、七成熟的时候采摘，然后进行人工催熟，这不但可以缩短香蕉生长周期，且有利于贮藏、运输，有利于提高香蕉果实的品质。

香蕉催熟的实验原理是，在适宜的温度、湿度等条件下，利用外源乙烯诱导香蕉果实内释放大量乙烯等使香蕉快速进入加速成熟的过程。进入加速成熟的香蕉果实，淀粉含量由 70% 左右锐减为 1%～3%，而可溶性糖则突增至 18%～20%。果皮由绿转黄，肉质由硬转软，出现香味物质和一定的有机酸，果皮易与果肉分离，果实可食。

由于乙烯是气体，不好操作，所以实践生产上常常用乙烯利代替乙烯来催熟香蕉。乙烯利，有机化合物，纯品为白色针状结晶，工业品为淡棕色液体，易溶于水、甲醇、丙酮、乙二醇、丙二醇，微溶于甲苯，不溶于石油醚。乙烯利溶于水后，会释放出乙烯气体，外源乙烯对水果产生催熟作用，同时进一步诱导水果内源乙烯的产生，加速水果成熟。乙烯利是一种人工合成的植物激素，其化学成分为 2 - 氯乙基磷酸，对水果的成熟有明显的促进作用。乙烯利含量为 40%。香蕉的催熟浓度为 0.2% 左右，即 500kg 水兑配 40% 乙烯利为 2.5kg。

乙烯利是植物生长调节剂，具有植物激素增进乳液分泌，加速成熟、脱落、衰老以及促进开花的生理效应。香蕉数量少可以直接放入乙烯利溶液里浸泡 1min，沥去药液，装入塑料袋里放入适宜的室温下。香蕉数量多可用喷淋的方法，然后放入密闭的环境，使其产生乙烯，才能起到催熟作用。

要催熟颜色鲜黄、优质高档的香蕉，都必须控制好催熟房的温度湿度，最好使用能控制温度的冷库。温度低，催熟时间长效果差。温度过高，如超过 30℃，叶绿素不能消失，叶黄素和胡萝卜素显现不出来，香蕉虽然软了，但果皮仍然是绿色的。最适宜的催熟温度是 20～22℃，空气相对湿度为 85%～90%。

三、实验仪器、材料及试剂

(1) **实验仪器**　恒温培养箱、小型喷雾器、聚乙烯薄膜袋、量筒、标签纸、塑料桶等。

（2）实验材料　新鲜七、八成熟的绿果皮香蕉。

（3）实验试剂　40%乙烯利溶液。

四、实验内容

（1）把新鲜的七、八成熟的香蕉，在果柄处用刀轻轻切成一个一个的香蕉，然后对香蕉果实进行筛选，选择果皮无机械伤、无病虫害、成熟度大小一致的香蕉，平均分成两组，实验组和对照组。

（2）按照实验所需量取一定量的40%乙烯利，然后用水进行稀释，使乙烯利的有效成分稀释成1000倍。

（3）对照组直接用水喷淋，实验组用1000倍乙烯利喷淋。待香蕉果皮的水分晾干后，将对照组和实验组的香蕉装入聚乙烯薄膜袋中，贴好标签，抓紧袋口，转移到20℃恒温培养箱中。

（4）密闭20～24h后，把聚乙烯薄膜袋的袋口解开，仍然在20℃恒温培养箱贮存，记为实验0d。

（5）在实验的1d、3d、5d、7d，每次从对照组和实验组中取9个香蕉进行香蕉果实的色泽、硬度、可溶性固性物、淀粉含量的测定。色泽的测定方法参照第二章第一节实验，硬度测定方法参照第二章第四节实验，可溶性固形物的测定方法参照第三章第三节实验，淀粉含量测定方法参照第三章第十九节实验。

五、实验结果与计算

色泽的结果计算方法参照第二章第一节实验，硬度结果计算方法参照第二章第四节实验，可溶性固形物的结果计算方法参照第三章第三节实验，淀粉含量结果计算方法参照第三章第十九节实验。最终把四项指标的计算结果汇总填入表5－7，然后进行比较分析，实验组和对照组的差别。

表5－7　　　　　　　　　　　香蕉的人工催熟实验结果

生理指标 \ 时间	1d		3d		5d		7d	
	实验组	对照组	实验组	对照组	实验组	对照组	实验组	对照组
色泽								
硬度								
可溶性固形物								
淀粉含量								

六、注意事项

（1）实验组香蕉的催熟结果出现果皮颜色不均匀，可能是贮藏过程中恒温箱温度波动范围过大。恒温箱的温度不应超过28℃或低于15℃，避免出现青皮熟或香蕉发生冷害。

（2）实验组香蕉催熟过程中，果皮表面出现大量的黑色菌落斑点，是由于香蕉在催熟前可能感染了病菌，故可以在催熟前用杀菌剂进行浸泡后再用乙烯利催熟。

（3）在挑选香蕉的时候一定要挑选无机械伤的香蕉。因为机械伤会诱导果实加速成熟，自身释放乙烯，进而催熟其他香蕉。实验组和对照组，最好分开放到两个不同的恒温培养箱中，避免乙烯污染，影响实验结果。

七、思 考 题

（1）影响乙烯催熟香蕉的贮藏环境因素有哪些？
（2）做香蕉果实的成熟与色泽、硬度、可溶性固形物和淀粉含量之间的相关性分析，并讨论。

实验四十三　辐照对腊肉货架品质的影响

一、实 验 目 的

（1）考察并掌握辐照对腊肉货架品质的作用和影响；
（2）掌握检测腊肉感官评定、挥发性盐基氮和菌落总数的操作技术；
（3）探讨不同辐照剂量与腊肉货架品质的相关性。

二、实 验 原 理

肉类食品营养丰富，味道鲜美，能提供人体所需要的蛋白质、脂肪、无机盐和维生素等，是人类膳食的主要来源之一。但肉类食品在生产加工运输和贮藏过程中易受微生物污染，而辐照处理则是控制肉制品微生物污染最有效的方式。辐射保鲜技术是一种冷杀菌方法，能快速、均匀地穿透食品，有效杀灭食品内部的微生物，可对包装密封后的食品进行灭菌，避免包装时的二次交叉污染。

目前辐照技术主要以 γ 射线和电子束辐照为主。γ 射线辐照源包括 ^{60}Co 和 ^{137}Cs，电子束则由电子加速器产生。但由于 γ 射线辐照比电子束辐照具有更强的穿透力，所以在肉品领域 γ 射线辐照杀菌效率更高，其原理是 γ 射线与物质相互作用后，将其部分能量传递给物质的原子或分子，这个原子就变成离子，而离子就生成了一对阳离子和阴离子，这些离子通过电离辐射在食品中产生物理、化学和生物学效应，遗传物质 DNA 会因化学键裂解而失去复制能力，达到杀虫、灭菌、抑制发芽、延长生理过程等目的，从而延长食品货架期，保证食品质量安全，但是到目前为止辐照技术在肉类食品中的应用却还受到很大程度的限制。其原因主要在于辐照处理在杀死肉品中微生物的同时，也会使肉品感官品质变差，主要表现在辐照对肉品风味、色泽、营养性、质构的影响，其中最主要的是风味和色泽劣变，这在很大程度上会影响消费者对辐照肉类食品的接受程度。因此，要尽量选择适宜的辐照剂量来处理腊肉，保持腊肉最佳的货架品质。

三、实验仪器、材料及试剂

（1）实验仪器　$^{60}Co - \gamma$ 辐射源、超级恒温水浴锅、台式高速冷冻离心机、紫外分光光度计、低温冰箱、培养箱、电子分析天平、称量纸、工作台、移液器、具塞刻度试管、研钵、滴定管、铁架台、自动定氮仪、均质机、蒸馏器、培养皿、灭菌锅、肉搅碎机等。

（2）实验材料　腊肉。

（3）实验试剂　平板计数琼脂、生理盐水、琼脂、盐酸标准液、酚酞指示剂、氢氧化钠、硅油消泡剂、高氯酸、硼酸、蒸馏水等。

四、实　验　内　容

1. 腊肉样品处理

将刚熏制好的腊肉平均分成 4 组，将样品密封包装后，置于辐照车间设定的位置进行辐照处理，设定的辐照剂量为（0kGy、3kGy、5kGy、8kGy），每个剂量进行 3 次重复，其中 0kGy 为空白对照实验。待辐照结束后，立即将样品贮藏于 4℃ 恒温培养箱中。

2. 腊肉货架期间指标测定

分别于第 1d、9d、17d、25d 对腊肉货架样品进行取样测定。

（1）腊肉感官评价（最好在无菌操作室内进行观察）　把四个不同辐照剂量处理的腊肉，按照色泽、气味、组织形态指标对四组处理进行感官质量评价，逐项打分，评分标准依据如表 5 - 8 所示，每组至少选择 12 个实验人员对腊肉进行感官评价。

表 5 - 8　　　　　　　　　　　腌腊肉制品的感官评分标准

指标	评分标准	感官评分
色泽（30 分）	呈玫瑰红或暗红色	21 ~ 30
	呈暗红色或咖啡色	11 ~ 20
	呈酱色或黑色	1 ~ 10
气味（40 分）	腊味浓郁	31 ~ 40
	腊味较浓郁	16 ~ 30
	腊味较淡	1 ~ 15
组织状态（30 分）	组织致密	21 ~ 30
	组织较致密	11 ~ 20
	组织不致密	1 ~ 10

（2）菌落总数测定　参照第三章，第二十八节实验相关内容。

（3）挥发性盐基氮（TVB - N）的测定　参照第三章，第二十七节实验相关内容。

五、实验结果与计算

腊肉货架品质的结果与计算结果记入表 5 - 9 中。

表 5 - 9　　　　　　　　　　　辐照对腊肉货架品质的影响

辐照剂量/kGy　　　　　　时间/d		1	9	17	25
0	感官评价				
	挥发性盐基氮				
	菌落总数				

续表

辐照剂量/kGy	时间/d	1	9	17	25
3	感官评价				
	挥发性盐基氮				
	菌落总数				
5	感官评价				
	挥发性盐基氮				
	菌落总数				
8	感官评价				
	挥发性盐基氮				
	菌落总数				

六、注 意 事 项

（1）选取的腊肉样品尽可能来自同一动物身体的同一个部位，避免因实验材料差异造成实验偏差。

（2）测定腊肉货架品质感官评价时，评价员之间相互独立，避免因交流影响实验结果。

七、思 考 题

（1）探究适宜的辐照剂量对腊肉货架品质的保鲜效果，并讨论其他辐照剂量对腊肉货架品质的影响因素。

（2）讨论辐照技术还可以在哪些食品方面应用。

（3）探讨可以应用辐照技术的辐照源，除了 $^{60}Co - \gamma$ 辐射源，是否还有其他辐照源，为什么？

实验四十四　超高压处理对鲜牛乳货架品质的影响

一、实 验 目 的

（1）探究不同高压处理对鲜牛乳货架品质的影响；

（2）掌握 pH、色泽、菌落总数、维生素B_1、维生素B_2、维生素 C 和风味含量的测定方法。

二、实验基本原理

超高压杀菌是在 $100 \sim 1000$ MPa 压力下作用一段时间，达到杀菌要求，其技术原理是使液体体积减小，产生相应的物理、化学和生物变化，使得分子结构和构象发生变化，从而达到杀灭微生物的目的。超高压处理不会使得样品的温度升高，因此，就不会造成样品色香味及营养成分的裂变，同时其对样品中的共价键影响很小，对维生素、色素和风味物质等低分子化合物共价键无影响，可以保持样品的风味和营养价值。除此之外，超高压处理还比加热处理耗能低。但是由于微生物种类不同，对超高压的敏感性差别很大，过低的压力无法达到杀灭微生物的效果，过高的压力会增加能耗，并且使得样品外观发生较大程度的改变。

超高压在水产品、肉制品、蔬菜等农产品的保鲜和加工过程中具有杀灭微生物、防腐败、保持产品外观和品质等特点。使用超高压灭菌保鲜西班牙香肠，可以有效抑制肠细菌、假单胞菌和肠球菌的生长，还能够抑制霉菌、乳酸菌和酵母的生命活动和繁殖，最大程度保留了制品原有感官品质和营养价值，并有效地延长了货架期。

牛乳营养丰富，其不仅含有丰富的蛋白质和钙元素，还几乎含有人体营养所需的所有维生素以及多种免疫活性因子，是人类理想的天然食品之一。但是由于其具有大量的营养物质，又容易引起微生物的大量生长和繁殖，产生有毒物质，使得新鲜牛乳的货架期较短。因此，对新鲜牛乳中微生物的控制，是保证牛乳品质和销售期限的关键。目前，国内外使用较多的牛乳杀菌技术主要是热杀菌，包括巴氏杀菌和超高温瞬时杀菌。超高温瞬时杀菌保质期可达 9~12 月，但其对牛乳的营养成分和风味影响较大，巴氏杀菌虽然营养损失少，但是保质期短，还需要配套冷链运输。

因此本实验旨在探究不同超高压条件对鲜牛乳货架品质的影响，为鲜牛乳的销售提供有效的理论支撑。

三、实验仪器、材料及试剂

（1）实验仪器　超高压生物处理机、灭菌锅、恒温培养箱、紫外分光光度计、手动固相微萃取装置；二乙烯苯/碳分子筛/聚二甲基硅氧烷（DVB/CAR/PDMS）；气质联用色谱仪、台式高速冷冻离心机、精密酸度计、色差仪、温度记录仪、电子分析天平、移液器、具塞刻度试管、研钵、滴定管、铁架台、均质机、蒸馏器、水浴锅、漏斗等。

（2）实验材料　鲜牛乳，选取无变质、新鲜牛乳作为实验材料。

（3）实验试剂　平板计数琼脂、磷酸盐缓冲液、生理盐水、三氯乙酸、磷酸、无水乙醇、三氯化铁、抗坏血酸。

四、实 验 内 容

1. 鲜牛乳样品处理

（1）取一定量新鲜牛乳装入聚乙烯塑料瓶内，在25℃下，真空密封后以不同超高压（100MPa、300MPa、500MPa、700MPa）对新鲜牛乳处理5min，每处理重复三次。

（2）将鲜牛乳置于25℃恒温培养箱内进行货架实验。

2. 鲜牛乳相关指标测定

把贮藏的鲜牛乳分别于 1d、5d、10d、15d 进行观察测定并取样。

pH、色泽、菌落总数、维生素B_1、维生素B_2、维生素 C、和风味含量的测定方法。

（1）pH 测定　取 10mL 鲜牛乳样品，用 pH 酸度计测定。

（2）色泽　参照第二章，第一节实验相关内容。

（3）菌落总数　参照第三章，第二十八节实验相关内容。

（4）维生素B$_1$含量测定　参照食品安全国家标准 GB 5413.11—2010 婴幼儿食品和乳品 V$_{B1}$测定。

（5）维生素B$_2$含量测定　参照食品安全国家标准 GB 5413.11—2010 婴幼儿食品和乳品 V$_{B2}$测定。

（6）维生素 C 含量测定　参照第三章，第十一节实验十五相关内容。

（7）风味成份含量测定　参照第二章，第三节实验二相关内容。

五、实验结果与计算

1. pH 测定计算

直接读取 pH 计上数值，然后进行统计分析即可。

2. 色泽

参照第二章，实验一相关内容。

3. 菌落总数计算

（1）菌落总数结果记录（表5-10）。

表 5-10　　　　　　　　　　超高压处理鲜牛乳后菌落总数的实验记录表

样品	稀释 10^{-1} 平均值	稀释 10^{-2} 平均值	稀释 10^{-3} 平均值	菌落总数/（cfu/mL^{-1}）
1				
2				
3				
4				

（2）菌落总数结果统计计算参照第三章，第三节实验相关内容。

4. 风味测定

参照第二章，第三节实验相关内容实验数据记入表5-11。

表 5-11　　　　　　　　　　超高压处理鲜牛乳后风味成分含量记录表

处理时间/min	时间/d	1	5	9	13
5	风味成分含量				
10	风味成分含量				
15	风味成分含量				

六、注 意 事 项

（1）在超高压处理中要注意气密性；

（2）在样品处理过程中要避免出现二次污染。

七、思 考 题

（1）超高压处理对鲜牛乳货架品质的影响是什么？

（2）处理压力过大对鲜牛乳品质造成什么影响？

（3）为什么要保证处理过程中的气密性？

实验四十五　温度对茶叶保存过程中香气成分组分的影响

一、实 验 目 的

（1）考察并掌握茶叶在不同温度贮藏期间挥发性成分组分变化；

（2）掌握使用固相微萃取－气相色谱－质谱联用（SPME－GC－MS）的方法检测茶叶香气成分。

二、实验基本原理

茶叶贮藏过久或存放不当，都会引起茶叶香气成分的变化和品质的下降。通过复火可以提高茶叶香气，在一定的范围内，温度每升高 10℃，绿茶褐变的速度要快 3～5 倍，贮藏环境的温度越高，茶叶香气成分减少越多，随着贮藏温度的升高，不愉快的气味物质逐渐产生和增加。因此，找到适合于茶叶最佳的贮藏温度，能保证茶叶的芳香性物质组分最多，提高茶叶品质。

三、实验仪器、材料及试剂

（1）实验仪器　超纯水仪、气相色谱质谱分析仪、顶空瓶（50mL）、固相微萃取装置、石英毛细管柱、手动 SPME 进样器、30/50μm DVB（二乙烯基苯）/CAR（碳分子筛）/PDMS（聚二甲基硅氧烷）纤维头、温度计、烧杯、低温生化培养箱。

（2）实验材料　茶叶。

（3）试剂　氯化钠（分析纯）。

四、实 验 内 容

1. 实验设计

将茶叶样品经分选，剔除病虫害、残次部分，分别贮藏于（0±1）℃、（10±1）℃、（20±1）℃低温生化培养箱内，相对湿度保持在60%，每个温度12份，共计36份，每份100g，放于纸袋内，每次取样时，每个温度条件下抽取 3 份，取出后开袋置于25℃环境中放置6h，分别于第0d、30d、60d、90d取样进行香气成分的测定。

2. 萃取方法

精确称取不同温度下的10g茶叶样品放入萃取瓶中，加入30mL沸水，置于60℃水浴锅中静置5min，香气达到平衡后，将 SPME 手持器通过瓶盖的橡皮垫插入到萃取瓶中，推出纤维头，吸附1h，上 GC－MS 进行分析，每个样品重复3次。

3. GC 条件

升温程序为50℃保持5min，以3℃/min升温至210℃，保持5min，以5℃/min升温至220℃（保持2min），进样口温度250℃。色谱柱为 HP25MS 毛细管柱，30m×0.25μm×

0.25mm，以 He 作载气，流速 1.0mL/min；MS 条件：离子源温度 230℃，电离方式 EI，电子能量 70eV，扫描质量范围 35~500amu；进样方式为直接将 SPME 手持器插入气相色谱仪进样口，推出纤维头，于 250℃解吸附 5min。

五、实 验 结 果

检测数据记录到表 5-12 中。

表 5-12 香气成分的组分

贮藏温度/℃	贮藏时间/d			
	0	30	60	90
(0±1)℃				
(10±1)℃				
(20±1)℃				

六、注 意 事 项

（1）萃取头在萃取每个样品之前均需老化。
（2）若色谱柱长时间未使用，需进行老化处理。

七、思 考 题

不同产地、不同品种的香气成分是否一样？

实验四十六　电子鼻对牛肉保鲜效果判定研究

一、实 验 目 的

（1）学习电子鼻的使用方法，并掌握电子鼻的相关数据分析；
（2）掌握基于电子鼻对牛肉的贮存时间预测模型研究；
（3）探讨影响牛肉贮藏期间香气成分的因素。

二、实验基本原理

牛肉具有高蛋白、低脂肪等特点，味道鲜美，消化吸收率高，同时富含多种氨基酸和矿物质。在西方发达国家，牛肉已成为主要的肉食食品。近年来我国牛肉消费量激增，已成为仅次于猪肉的第二大肉类食品。新鲜牛肉在宰杀、储运、加工等一系列环节中极易受环境影响，导致品质下降甚至腐烂。目前，食品品质分析方法主要包括感官评审法、理化检验法以及仪器分析法。感官评价依靠具有评审经验的品评员从外观、气味、质地等方面给出综合评价，该方法虽然被普遍使用，但需要具有评审经验的人员，并且不同个体对于同样的样品给出的结果往往不一致，相互间评审数据可参考性较差，评审结果也易受个体健康、习惯等因素影响，此外评审人员对于有毒、有害的样品也难以开展工作。理化检验方法的优点在于有较为全面的标准可以依托，然而，一般情况下这一类方法普遍存在耗时长，检验成本高等缺点。仪器分析方法的优势在于可以高精度定量检测食品中某些物质的含量，也有一系列国家标准作为品质判断依据，然而该类方法一般需要大型昂贵的分析仪器，通常需要在实验室环境下工作，无法满足现场快速检测的需求。此外，检测成本高，耗时长，需要专业培训的操作人员，这些都限制了该类方法在食品品质快速分析领域的应用。

牛肉在冷藏过程中，随着贮藏时间的延长而逐渐变质，除了质地、色泽外，气味也越来越大，直至让人无法接受。目前，对贮藏过程中牛肉的挥发性物质的测定方法主要是采用气相色谱质谱联用仪。气相色谱质谱联用可以对挥发性物质进行分离，并可以进行定量分析，但是这种方法较为复杂，不仅需要通过预处理样品进行香气成分的提取，而且检测的时间也较长，数据处理起来也比较麻烦。电子鼻采用的是人工智能技术，通过气敏传感器阵列来感知和识别挥发性香气物质，进而对气味进行客观判别。电子鼻的智能传感器的矩阵系统中包含有不同类别的传感器，使其可以更能准确模拟鼻子系统快速识别挥发性香气成分，而且可通过电子鼻得到某挥发性成分具体的身份证明指纹图谱，从而辅助实现对气味更系统化、科学化的判断与分析。电子鼻技术已经在环境、医疗等很多领域得到了广泛的应用，在食品检测方面，其已多次应用于农产品、肉制品等的新鲜度评价以及货架期的预测中。本实验运用电子鼻对牛肉进行保鲜效果判定研究，旨在为电子鼻在肉类保鲜方面快速检测提供理论基础。

三、实验仪器、材料及试剂

（1）实验仪器　电子鼻、培养箱、凯氏定氮仪、电子天平、称量纸、工作台、移液器、具塞刻度试管、研钵、滴定管、低温冰箱。

（2）实验材料　新鲜的牛肉。

（3）实验试剂　无水乙醇、超纯水。

四、实　验　内　容

1. 牛肉样品处理

（1）选取当天屠宰的新鲜牛肉，并选取肉质好的牛腿肉为试验原料，运至实验室后，将案板和刀具用75%体积分数的酒精棉球擦拭，去掉肉样上的筋膜及多余脂肪，共4个处理组，每组分割成2kg左右，并且每组三个平行。

（2）依次选用不同的保鲜剂（如表5-13所示）对4组牛肉分别浸泡3min，然后置于保鲜袋中4℃密封贮存。

表 5 –13　　　　　　　　　　　　　不同保鲜剂的处理方案

不同处理	葡萄糖/g	壳聚糖/g	蒸馏水总量/L
A	10	0	1
B	0	10	1
C	5	5	1
D	0	0	1

2. 牛肉贮藏期间指标测定

把贮藏的牛肉分别于 0d、2d、4d、6d、8d、10d 进行观察测定并取样。

电子鼻挥发性气体成分测定：参照第二章，第二节实验相关内容。

五、实验结果与计算

电子鼻的计算以及数据分析参照，根据电子鼻软件，推导计算出以下结果数据。

（1）牛肉电子鼻的主成分分析；

（2）牛肉电子鼻的 Loading 分析（传感器区分贡献分析）；

（3）牛肉电子鼻的线性判别分析；

（4）牛肉电子鼻偏最小二乘法（PLS）回归的分析及预测。

六、注　意　事　项

（1）选择牛肉样品时，4 组处理的牛肉尽可能来自同一头牛的同一个部位，避免不同组织部位造成差异。

（2）测定牛肉香气成分之前要保持样品温度和时间一致。

七、思　考　题

（1）影响牛肉的气味的主要因素有哪些？

（2）电子鼻快速检测还能够应用在哪些方面？

实验四十七　近红外光谱对果蔬质地无损检测

一、实　验　目　的

（1）考察并掌握近红外光谱对果蔬质地无损检测的原理和相关应用；

（2）掌握检测果蔬质地多面分析的操作技术；

（3）掌握近红外光谱对果蔬货架期的预判原理和方法。

二、实　验　原　理

近红外光谱是介于可见光谱区和中红外光谱区之间的电磁波，波长范围为 780 ~ 2526nm。有机物和部分无机物分子中化学键结合的各种基团如（$C = C$、$N = C$、$O = C$、

O＝H）的运动伸缩、振动、弯曲等均有固定的振动频率。当分子受到红外线照射时，被激发产生共振，同时光的能量一部分被吸收，测量其吸收光，能够得到极为复杂的图谱，而这一图谱就表示了被测物质的特征。不同物质在近红外区域有丰富的吸收光谱，每种成分均有特定的吸收特征，这为近红外光谱定量分析提供了理论基础。

近红外光谱技术几乎能够用于所有与含氢基团有关样品化学和物理性质的分析，并广泛应用于定性分析和定量分析领域，其作为近年来发展起来的一种高新分析技术具有如下特点：样品一般不需预处理、分析速度快、属绿色无损分析技术、多组分同时测定、适合于多种状态的分析对象以及能实现在线分析等。但近红外光谱技术也有一些弱点与不足，如近红外光谱区的吸收强度较弱，光谱信噪比低，因此用于近红外光谱技术测定的组分含量应大；其次，近红外光谱技术是一种间接分析技术，定标集样品常规分析的准确性和误差的大小将直接影响到近红外技术分析结果的精度和可靠性；再次，每一种模型仅能适应一定时间和空间范围，所以需要不断对模型进行修正和维护；最后，建模工作难度较大，需要有经验的专业人员和丰富有代表性的样品，并配备精确的化学分析手段。

质地是果蔬重要的品质特征之一，也是影响消费者对其接受度的主要因素。在果蔬采后保鲜领域，为了更好地反映果蔬的流变学特征，使测定数据更加精确、质地评价更为客观，人们应用质构仪分析果蔬质地的变化。而质地多面分析（TPA）方法是模拟人体口腔咀嚼原理，对果蔬果肉的脆度、硬度、回复性、凝聚性和咀嚼性进行客观分析，更能全方位多角度地反映果实的质地，但这种检测方法的缺点是测定中无法保留果蔬的完整性。近红外光谱具有着无损、快速、多组分同时测定、在线分级等优点，由于近红外光谱可以对果蔬中的含氢基团（C—H、O—H、N—H、S—H）产生特征吸收，而扫描后的吸收光谱携带了果实的内在信息，因此运用化学计量学手段建立光谱数据与果蔬内在品质的模型，可以实现对未知样品的快速检测。

三、实验仪器、材料及试剂

（1）实验仪器　NIRS DS2500 近红外光谱仪、培养箱、质构仪、电子天平、烧杯等。
（2）实验材料　辣椒或桃子、20μm 保鲜袋（PE）。

四、实 验 内 容

1. 实验设计

采后的果蔬（辣椒或桃子）直接运回实验室，待果蔬的温度与室温一致时，挑选出成熟度一致（八成熟）、大小均匀、无病虫害和无机械损伤的样品，并用厚度为 20μm 的 PE 袋包装、扎口，每袋装 20 个，置于 18～20℃培养箱存放，进行常温货架实验。分别在货架期 0d、4d、8d、12d 进行光谱测定，每次随机抽取 35 个果蔬样品，光谱测定后再进行果肉质地的测定。测定前将果蔬表面擦拭干净，选取表面较平的部位，并对其进行标记和排序编号，之后在标记的点进行全光谱扫描。剔除异常数据之后，试验共抽取 120 个数据，其中定标集 90 个和验证集 30 个。

2. 光谱采集

NIRS DS2500 近红外光谱仪采用全息光栅分光系统，测量方式为漫反射，检测器由金属硅（400～1100nm）和硫化铅（1100～2500nm）组成，扫描波长范围为 400～2500nm，扫描方式为单波长，扫描次数为 32 次，配置 Nova 分析软件和 WinISI4 定标软件。

3. 果蔬质地的测定参照第二章第四节实验内容。

4. 模型的建立与验证

利用 WinISI4 软件，对原始光谱进行滤波和平滑处理，以去除噪声，并提取有效信息，采用不同预处理确定果蔬果肉弹性、回复性以及凝聚性无损预测模型；然后，再用未参与定标的样品对模型进行验证，评价模型的准确性。为了模型的实用性，果肉弹性、回复性以及凝聚性的最小值以及最大值被选入定标样品集中。以定标集相关系数 R_{CV} 和交叉验证误差 $SECV$，预测集相关系数 R_P、误差 SEP 和残差的大小及总和作为模型的评价标准。通常，所建立模型的 R_{CV} 和 R_P 越大，$SECV$、SEP 和残差越小，模型的效果越好。实验模型定标集和验证集样品的分布特征如表 5 – 14 所示。

表 5 – 14　　　　　　　　　果蔬样本定标集和预测集果实质地实测值分析格式

样品集	样品数	参数	最小值/N	最大值/N	均值/N	标准误差/N
定标集	90	弹性				
		回复性				
		凝聚性				
预测集	30	弹性				
		回复性				
		凝聚性				

五、实验结果与计算

1. 常规分析基本参数

将果蔬果实置于近红外漫反射光谱仪上进行扫描，分析时间为 1min，可以得到果蔬果实的近红外原始光谱。

2. 近红外甜椒果实质地模型的建立

采用改进最小偏二乘法（MPLS），分别研究不同导数处理方法与不同散射和标准化方法相结合的处理模型，从而找到最优的模型。在全光谱范围（400 ~ 2500nm）、金属硅检测波段（400 ~ 1100nm）和 400 ~ 1450nm 波段比较了零阶光谱 [Log（1/R）]、一阶微分光谱 [D1Log（1/R）] 和标准正常化处理与去散射处理（SNV + Detrend）、加权多元离散定标（WMSC）相结合的方法建立模型。用不同光谱预处理方法建模，结果如表 5 – 15、表 5 – 16 所示。

表 5 – 15　　　　　　　　　全光谱范围内不同预处理的定标结果

预处理	弹性		回复性		凝聚性	
	$SECV$	R_{CV}	$SECV$	R_{CV}	$SECV$	R_{CV}
无						
标准化 + 去散射						
改进偏最小二乘法 + 零阶　去散射						
标准化						
加权多元离散定标						

预处理	弹性		回复性		凝聚性	
	$SECV$	R_{CV}	$SECV$	R_{CV}	$SECV$	R_{CV}
改进偏最小二乘法 + 一阶　　无						
标准化 + 去散射						
去散射						
标准化						
加权多元离散定标						

表 5 – 16　　　　　　　　特征波段下不同预处理模型的定标结果

波段	400 ~ 1100nm						400 ~ 1450nm					
预处理	弹性		回复性		凝聚性		弹性		回复性		凝聚性	
	$SECV$	R_{CV}	$SECV$	R_{CV}	$SECV$	R_{CV}	$SECV$	R_{CV}	$SECV$	R_{CV}	$SECV$	R_{CV}
改进偏最小二乘法 + 零阶　　无												
标准化 + 去散射												
去散射												
标准化												
加权多元离散定标												
改进偏最小二乘法 + 一阶　　无												
标准化 + 去散射												
去散射												
标准化												
加权多元离散定标												

3. 近红外甜椒果实质地模型预测性能的验证（表 5 – 17）

表 5 – 17　　　　　　　特征波段下各自最优定标模型的预测结果

指标	弹性			回复性			凝聚性		
波段/nm	相对残差/N	SEP	R_{P}	相对残差/N	SEP	R_{P}	相对残差/N	SEP	R_{P}
400 ~ 2500									
400 ~ 1100									
400 ~ 1450									

六、注 意 事 项

为提高定标模型的精度和稳定性，应加大定标集和预测集的样本数量，应加大对不同产地或者生长环境对甜椒的果实质地模型预测精度的影响因素等。

七、思 考 题

(1) 近红外光谱对果蔬质地无损检测还有哪些应用？

(2) 针对果蔬无损检测还有哪些仪器，和近红外光谱原理有何区别？

实验四十八　模拟运输振动条件对蓝莓
生理及品质的影响

一、实 验 目 的

(1) 探究不同模拟运输振动条件对蓝莓生理及品质的影响；

(2) 掌握呼吸强度、乙烯生成速率、弹性、可溶固形物含量、花色苷、果胶酶和感官评价的测定方法。

二、实验基本原理

蓝莓（*Semen Trigonellae*）果实色泽美观、酸甜可口，含有花色苷、亚麻酸、黄酮、维生素 C 等多种营养元素，具有明目、抗癌、增强心肺功能等功效，被国际粮农组织列为人类五大健康食品之一。但蓝莓果实通常采收于多雨、高温的夏季，同时其具有皮薄、多汁、比表面积大、易受机械伤等特点，在运输过程中，由于振动胁迫及高温的影响，呼吸强度和乙烯释放速率加剧，从而加快果实的软化衰老，导致果实寿命缩短，造成经济损失。常温条件的公路短途运输后，蓝莓果实货架期仅有 2~4d，航空物流运输虽然配送快，机械损伤少，但因其成本高、运量小、无法提供低温贮藏条件的特点，难以解决蓝莓主产区集中、量大的困境。运输过程对蓝莓果实品质的影响主要是体现在两个方面：一是运输温度的影响，二是振动方式的影响。与静止冷藏贮藏相比较，在运输过程，振动损伤和高温容易引起果实产生伤乙烯和伤呼吸，而大量乙烯的产生及呼吸作用的加强都会对蓝莓果实的软化起到促进作用，使得蓝莓加速衰老。

随着网络的兴起，生鲜电商已经逐步成为了消费者的重要选择，但是生鲜的运输一直是生鲜电商所面对的最大问题，对于大多数小型企业来说，由于规模、产量、销售量等原因限制，往往只能采取使用"泡沫箱＋生物冰袋"的运输方式，这种方式虽然成本低廉，但是生鲜产品的品质往往得不到保证，使消费者和电商企业利益皆受到损害。

因此本实验旨在探究不同振动条件对运输过程中蓝莓生理及品质的影响，为蓝莓运输提供经济、可靠的运输方法。

三、实验仪器、材料及试剂

(1) 实验仪器　模拟运输振动台、紫外分光光度计、O_2/CO_2 顶空分析仪、迷你数显折射计、台式高速冷冻离心机、质构仪、气相色谱仪、温度记录仪、电子分析天平、移液器、具塞刻度试管、研钵、滴定管、铁架台、均质机、蒸馏器、水浴锅、称量纸、漏斗等。

(2) 实验材料　新鲜的蓝莓，选择八九成熟、大小相近、无病虫害、无机械伤、果形端正且萼片未倒伏的蓝莓作为本实验的实验材料。

（3）实验试剂　乙醇、盐酸、氯化钾、醋酸钠缓冲液、半乳糖醛酸、3,5 - 二硝基水杨酸。

四、实 验 内 容

1. 不同运输温度对蓝莓生理及品质的影响

（1）蓝莓样品处理

① 将采收的蓝莓果实经分选，剔除病虫害、残次果后将蓝莓和蓄冷剂放入泡沫箱，具体方式为：将 6 盒蓝莓装入泡沫箱后，加入 2 袋 250g 生物冰袋并立即封盖，每处理重复三次。

② 随后将密封好的泡沫箱固定在模拟运输机上，以 20Hz 的振动频率模拟运输 72h，整个过程分别在温度（10±2）℃、（25±2）℃、（40±2）℃的空调房内进行（温度由温度记录仪进行记录）。完成模拟运输后，于低温生化培养箱，4℃预冷 4h 后，分装至 PE 保鲜膜在 4℃下进行货架实验。

（2）蓝莓相关指标测定　把贮藏的蓝莓分别于 1d、3d、5d、7d 进行观察测定并取样。

① 蓝莓感官评价（最好在无菌操作室内进行观察）：至少 10 人进行评价，评价过程中不得相互交流，影响他人。每人随机 2 盒，按照色泽、质地等指标对不同处理的蓝莓进行感官质量评价，逐项打分。打分标准为 1～10 分，若综合评分低于 5 分，说明蓝莓已经失去商品价值。评价标准见表 5 - 18。

表 5 - 18　　　　　　　　　　　新鲜的蓝莓的表观品质评价标准

项目	感官品质特征描述	评分	得分值
色泽形态及可接受性（感官评价）	果实完好紧实饱满，色泽均匀，有光泽果蜡完好，无腐烂萎蔫，风味浓，可接受	8.0～10	
	果实完好，色泽均匀，有光泽果蜡完好，无腐烂萎蔫，风味正常，可接受	6.0～7.9	
	果实完好、色泽较均匀，果蜡不太均匀，有一定光泽，有个别腐烂萎蔫，风味正常，可接受	4.0～5.9	
	果实较完好、色泽较均匀，光泽差，盒底有蓝莓破损水汁，小部分腐烂萎蔫，风味淡，勉强可接受	2.0～3.9	
	果实不完好、色泽不均匀，无光泽，腐烂萎蔫较多，风味很淡或有异味，不可接受	0～1.9	
质地及滋味（口感评价）	感新鲜，有脆性，有蓝莓特有的香甜味	8.0～10	
	感新鲜，有脆性，有蓝莓特有的香甜味，味略淡	6.0～7.9	
	感新鲜，有脆性略小，有蓝莓特有的香甜味，味略淡	4.0～5.9	
	感一般，既不新鲜也无异味，脆性较差，果肉较软，蓝莓特有的香甜味淡，无异味，果皮增厚	2.0～3.9	
	果肉很软，无脆性，无蓝莓特有的香甜味，有异味，果皮增厚	0～1.9	

综合评分 =（色泽形态可接受性分值 + 质地及滋味分值）/2

② 生理及营养指标的测定：呼吸强度、乙烯生成速率、果肉弹性、可溶固形物含量、花色苷含量、果胶酶含量。

2. 不同振动频率对蓝莓生理及品质的影响

（1）蓝莓样品处理　将采收的蓝莓果实经分选，剔除病虫害、残次果后将蓝莓和蓄冷剂放入泡沫箱，具体方式为：将 6 盒蓝莓装入泡沫箱后，加入 2 袋 250g 生物冰袋并立即封盖，每处理重复三次。

（2）随后将密封好的泡沫箱固定在模拟运输机上，以 10Hz、20Hz、30Hz、40Hz 的振动频率模拟运输 72h，整个过程分别在温度 $(25 \pm 2)℃$ 的空调房内进行（温度由温度记录仪进行记录）。完成模拟运输后，于低温生化培养箱，4℃ 预冷 4h 后，分装至 PE 保鲜膜在 4℃ 下进行货架实验。

（3）蓝莓相关指标测定　把贮藏的蓝莓分别于 1d、3d、5d、7d 进行观察测定并取样。

① 蓝莓感官评价（最好在无菌操作室内进行观察）：至少 10 人进行评价，评价过程中不得相互交流，影响他人。每人随机 2 盒，按照色泽、质地等指标对不同处理的蓝莓进行感官质量评价，逐项打分。打分标准为 1~10 分，如表 5-18 所示，若综合评分低于 5 分，说明蓝莓已经失去商品价值。

② 生理及营养指标的测定：呼吸强度、乙烯生成速率、果肉弹性、可溶固形物含量、花色苷含量、果胶酶含量。

五、实验结果与计算

不同运输温度对蓝莓生理及品质的影响（振动频率：20Hz）和不同振动频率对蓝莓生理及品质的影响 ［温度：$(25 \pm 2)℃$］ 实验指标的测定参照方法如下：

（1）呼吸强度测定：参照第三章，第一节实验相关内容。

（2）乙烯生成速率测定：参照第三章，第二节实验相关内容。

（3）弹性测定：参照第二章，第四节实验相关内容。

（4）可溶固形物含量测定：参照第三章，第三节实验相关内容。

（5）花色苷测定：参照第三章，第八节实验相关内容。

（6）果胶酶测定：参照第三章，第十三节实验相关内容。

六、注　意　事　项

（1）在模拟运输过程中，需要保证房间温度稳定。

（2）泡沫箱需要密封好，否则温度波动较大。

（3）在振动过程中需要将泡沫箱固定好，防止在振荡过程中垮塌。

（4）是否有其他可替代的方案进行运输？

七、思　考　题

（1）运输温度对蓝莓生理及品质的影响的结果与分析。

（3）振动频率对蓝莓生理及品质的影响的结果与分析。

（2）泡沫箱温度和房间温度波动对运输过程中蓝莓生理及品质的影响分别是什么？

实验四十九　果蔬贮藏期致腐真菌分离、纯化及分子生物学鉴定

一、实 验 目 的

（1）掌握食品贮运期致腐真菌分离、培养和接种的一般方法及基本原理；
（2）掌握柯赫氏法则及反接致腐真菌的实验技术和方法；
（3）掌握分子生物学鉴定菌种的方法及其原理。

二、实 验 原 理

水果蔬菜富含大量的维生素、有机酸、矿物质元素和抗氧化物质等营养成分，是人类膳食结构中的重要组成部分。然而，果蔬采后在贮藏运输过程中，由于病原菌的侵染、呼吸和衰老等原因易导致腐烂变质，造成的损失非常巨大。此外、粮食贮藏过程中易发生霉菌侵染，这不仅造成经济损失，而且造成严重的食品安全问题：霉菌代谢产生的真菌毒素等真菌毒素及其他有毒代谢产物会严重危害人类健康。

食品贮藏期间致腐微生物，如果给予适宜的环境条件，除个别种类外，一般都能恢复生长和繁殖。病原微生物的分离就是指通过人工培养，从染病组织中将病原微生物与其他微生物相分开，并从寄主植物中分离出来，再将分离到的病原微生物于适宜环境内纯化。

分离微生物按照科赫法则（Koch postulates）来确定侵染性病害病原物的致病性。柯赫氏法则遵从以下原则：

① 共存性观察：被疑为病原物的生物必须经常被发现于病植物体上。

② 分离：必须把该生物从病植物体分离出来，在培养基上养成纯培养，纯培养即只有该种生物而无其它生物的培养物。

③ 接种：用上述纯培养接种于健康植物上，又引起与原标本相同的病害。

④ 再分离：从上述接种引起的病植物再度进行分离而得纯培养，此纯培养与接种所用纯培养完全一致。

传统上对分离出的致腐真菌采用形态学方法分类，分子生物学上则通过扩增真菌 ITS 序列后进入数据库比对鉴定菌属。rDNA ITS 是指核糖体 RNA 基因（rDNA）的内转录间隔区（Internal transcribed spacer, ITS），通常情况下 ITS1、5.8S 和 ITS2 这 3 个区段合称为 ITS 序列，真菌 ITS 的长度一般在 650 ~ 750bp。基于 rDNA ITS 的多态性（包括长度多态性和序列多态性）的序列分析，由于可以从不太长的核酸序列中获得相对足够的信息用来反映生物亲缘关系与分类情况，因而成为真菌分类及鉴定研究的热点，目前已广泛应用于真菌的属种间及部分种内组群水平的系统学研究。

PCR（Polymerase Chain Reaction）即聚合酶链式反应，是指在 DNA 聚合酶催化下，以母链 DNA 为模板，以特定引物为延伸起点，通过变性、退火、延伸等步骤，体外复制出与母链模板 DNA 互补的子链 DNA 的过程。聚合酶链式反应用于扩增一小段已知的 DNA 片段，可能是单个基因，或者仅仅是某个基因的一部分。与活体生物不同的是，PCR 只能复制很短的 DNA 片段，通常不超过 10kbp。这是一项 DNA 体外合成放大技术，能快速

特异地在体外扩增任何目的 DNA，可用于基因分离克隆，序列分析，基因表达调控，基因多态性研究等许多方面。聚合酶链式反应技术是由凯利·穆利斯发明，在1993年10月，获得了诺贝尔化学奖。目前应用的聚合酶链式反应需要几个基本组成：

① DNA 模板（template），含有需要扩增的 DNA 片段。

② 2 个引物（primer），决定了需要扩增的起始和终止位置。

③ DNA 聚合酶（polymerase），复制需要扩增的区域。

④ 脱氧核苷三磷酸（dNTP），用于构造新的互补链。

⑤ 含有镁离子的缓冲体系，提供适合聚合酶行使功能的化学环境。

通过 PCR 扩增的 DNA 片段可通过琼脂糖凝胶电泳分离、纯化以及判断特异性。琼脂糖主要是由 D - 半乳糖和 3，6 脱水 L - 半乳糖连接而成的一种线性多糖。通常将琼脂糖悬浮于缓冲液中（通常使用的浓度是体积分数 1%~3%），加热煮沸至溶液变为澄清，注入模板后室温下冷却凝聚即成琼脂糖凝胶。琼脂糖之间以分子内和分子间氢键形成较为稳定的交联结构，这种交联结构既构成一定的孔径又使琼脂糖凝胶拥有良好的抗对流性。通过改变琼脂糖浓度可以控制琼脂糖凝胶的孔径，低浓度的琼脂糖形成较大的孔径，利于分离长度较长 DNA 片段；而高浓度的琼脂糖形成较小的孔径，利于分离长度较小 DNA 片段。DNA 分子在琼脂糖凝胶中泳动时，有电荷效应与分子筛效应。不同的 DNA，其分子量大小及构型不同，电泳时的泳动率就不同，从而分出不同的区带。可以通过把分子量标准参照物（分子量标准参照物也可以提供一个用于确定 DNA 片段大小的标记）和样品一起进行电泳进而判断分子量大小。此过程中，添加溴化乙锭（EB）则可以标记 DNA 分子。溴化乙锭（EB）在紫外光照射下发射荧光，可与 DNA 分子形成 EB - DNA 复合物，其发射的荧光强度较游离状态 EB 发射的荧光强度大 10 倍以上，且荧光强度与 DNA 的含量成正比，故据此可粗略估计样品 DNA 浓度。

三、实验仪器、材料及试剂

（1）实验仪器　生化恒温培养箱、高压灭菌锅、电子分析天平、称量纸、超净工作台、移液器、剪刀、镊子、培养皿、水浴锅、锥形瓶、烧杯、研钵一套、不锈钢药匙、1.5mL 离心管、微量移液器吸头、高速离心机、恒温水浴锅、紫外分光光度计、基因扩增仪（PCR 仪）、水平式电泳仪、凝胶成像系统。

（2）实验材料　西红柿灰霉病病果，市售花生。

（3）实验试剂　马铃薯葡萄糖琼脂培养基（PDA）、升汞、无水乙醇、蒸馏水、100mmol/L Tris - HCl（pH 8.0）、1% 聚乙烯吡咯烷酮（PVP）（灭菌备用，没灭菌前呈黏稠状，灭菌后变成澄清的溶液）、氯仿：异戊醇（24：1）、RNase：10mg/mL、β - 巯基乙醇、70% 乙醇、液氮、Taq DNA 聚合酶、引物、10 × PCR 缓冲液（含 Mg^{2+}）、DNA 分子质量标品、琼脂糖（Agarose）、2 × CTAB 溶液：2% CTAB，1.4mol/L NaCl，20mmol/L EDTA（pH 8.0）；

TAE 电泳缓冲液：50 × 储存液，pH8.5：242gTris 碱，57.1mL 冰醋酸，37.2g $Na_2EDTA.2H_2O$，加水至 1L；1 × 工作液：40mmol/L Tri - Ac，2mmol/L EDTA、溴化乙锭（EB）：10mg/mL，用铝箔或黑纸包裹容器，储于室温即可（注意：EB 为强诱变剂，操作时戴手套）。

DNA loading buffer（上样缓冲液）：0.25% 溴酚蓝，0.25% 二甲苯青 FF，40%（W/V）蔗

糖水溶液，贮存于4℃（作用：增加样品密度以保证DNA沉入加样孔内；使样品带有颜色便于简化上样过程；其中的染料在电场中以可以预测的泳动速率向阳极迁移）。

四、实验内容

1. 致腐真菌的分离和培养

（1）培养基的配制　取无菌平皿，将已溶解并冷却至50℃左右的PDA培养基按无菌操作法倒入平皿中，使冷凝成平板。

（2）实验材料挑选　用新发病的西红柿以及刚霉变花生作为实验材料，可以减少腐生菌的污染。

（3）分离

① 实验试材经无菌水冲洗，然后用解剖刀削去病斑表层，切取病健交界处组织块作为分离材料。

② 取10mL小烧杯放入分离材料，倒入0.1%升汞液淹没分离材料，表面消毒1min。

③ 消毒后倾出消毒液，用无菌水冲洗2～3次，最后一次无菌水不要倒掉。

④ 用灭菌镊、剪在无菌水中将分离材料剪成2～3mm大小的方块，每块组织均应为病健相间组织。用灭菌镊子夹取剪好的材料，放入培养基平板上，轻轻按压。每皿4～5块，排放均匀。

⑤ 将培养皿倒置，于23～25℃培养。

⑥ 3～4d后挑选由分离材料上长出的典型而无杂菌的菌落，在菌落边缘用移菌针挑取带有菌丝的培养基一小块，转入试管斜面培养基中央，于25℃温箱中培养。

（4）挑菌纯化　在平板上选择分离较好的有代表性的单菌落接种斜面，同时做涂片检查，若发现不纯，应挑取此菌落做进一步画线分离，直至获得纯培养体。

2. 根据柯赫法则进行分离物的回接测定

（1）挑选大小一致的健康果实，使用0.1%升汞液浸泡消毒1min，而后使用75%乙醇消毒5min，最后用无菌水漂洗5次，于超净台中晾干待用。

（2）挑选分离纯化好的致腐病菌，扩大培养后分别配成浓度为 1.0×10^6 cfu/mL孢子悬浮液待用。

（3）用无菌采血针刺伤果实，每个伤口接种5μL孢子悬液。对照果实接种5μL无菌水。各菌株处理3个健康果实。

（4）置于恒温恒湿培养箱培养5～7d，观察发病情况，拍照记录。

（5）按照"病原真菌的分离和培养"实验步骤重新分离发病株的病原物。

3. 致腐真菌基因组DNA的提取

（1）在1.5mL离心管中，加入500μL的2×CTAB和20μL β-巯基乙醇，65℃预热。

（2）取菌丝1～2g，用蒸馏水冲洗干净，再用灭菌蒸馏水冲洗两次，放入经液氮预冷的研钵中，加入液氮研磨至粉末状，用干净的灭菌不锈钢钥匙转移粉末到预热的离心管中，总体积达到1mL，混匀后置于65℃水浴中保温45～60min，并不时轻轻转动离心管。（注：冻存材料要直接研磨，绝对不能化冻。而且粉末应在化冻前转移，否则内源性DNase有可能降解基因组DNA。）

（3）加入等体积的氯仿：异戊醇，轻轻地颠倒混匀，室温下10000r/min离心10min，转移上清液至另一新离心管中。

（4）向离心管中加入 1∶100 体积的 RNase 溶液，置于 37℃ 恒温水浴锅酶解 RNA 20～30min。

（5）加入 2 倍体积的无水乙醇或 0.7 倍体积的异丙醇，会出现絮状沉淀，－20℃ 放置 30min 或者 －80℃ 放置 10min，12000r/min 离心 10～15min，回收 DNA 沉淀。

（6）用 70% 的乙醇清洗沉淀两次，吹干后溶于适量的灭菌水中。

（7）用紫外分光光度计检测提取的 DNA 纯度及浓度。纯 DNA 的 $OD_{260}/OD_{280}=1.8$，大于 1.8 表示有 RNA 污染，小于 1.8 表示有蛋白质污染。DNA 浓度：$1OD_{260}$ 相当于 50μL/mL 双链 DNA 或 40μL/mL 单链 DNA。

4. 致腐真菌 rDNA－ITS 序列的扩增

（1）按照引物列表（表 5－19）委托相关的生物技术公司合成，合成好的引物寡核苷酸配制成 20μmol/L 的贮存液。

表 5－19　　　　　　　　　　　　　　　　引物列表

Primer	5'－3'
ITS1	TCCGTAGGTGAACCTGCGG
ITS4	TCCTCCGCTTATTGATATGC

（2）PCR 反应体系的配制　在 0.2mL 的 PCR 管内配制 25μL 反应体系（表 5－20），将 PCR 反应体系混匀，瞬时离心。

表 5－20　　　　　　　　　　　　　　　　PCR 反应体系

反应物	体积/μL
10xPCR 缓冲液	2.5
dNTP（2.5mmol/L）	2.0
ITS1（2μmol/L）	2.5
ITS4（2μmol/L）	2.5
Taq（5U/μL）	0.5
模板 DNA	100～300ng
ddH$_2$O	—
总体积	25

（3）扩增 ITS 序列　按以下循环条件设置 PCR 仪，进行 ITS 序列扩增。

预变性 94℃　　　　　　5min

变性 94℃　　　　　　　30s
退火 50℃　　　　　　　30s　} 32 次循环

延伸 72℃　　　　　　　60s

完全延伸 72℃　　　　　10min

5. 琼脂糖凝胶电泳

（1）琼脂糖凝胶的制备

① 取 50×TAE 缓冲液 20mL，加水至 1000mL，配制成 1×TAE 稀释缓冲液，待用。

② 胶液的制备：称取 1g 琼脂糖，置于 200mL 锥形瓶中，加入 100mL 1×TAE 稀释缓冲液，放入微波炉里（或电炉上）加热至琼脂糖全部溶解，取出摇匀，此为 1% 琼脂糖凝胶液。加热时应盖上封口膜，以减少水分蒸发。

③ 胶板的制备：将有机玻璃胶槽两端分别用透明胶带（宽约 1cm）紧密封住。将封好的胶槽置于水平支持物上，插上样品梳子。

④ 向冷却至 50~60℃ 的琼脂糖胶液中加入 5μl 溴化乙锭（EB）溶液轻轻摇匀，使其终浓度为 0.5μg/mL（也可不把 EB 加入凝胶中，而是电泳后再用 0.5μg/mL 的 EB 溶液浸泡染色）。小心地倒入胶槽内，使胶液形成均匀的胶层。检查有无气泡。

⑤ 室温下约 30~45min 后，琼脂糖溶液完全凝固，小心垂直拔出梳子和挡板，注意不要损伤梳底部的凝胶；清除碎胶，将凝胶放入电泳槽中。

⑥ 加入电泳缓冲液（1×TAE）至电泳槽中，使液面高于胶面约 1mm。

（2）琼脂糖凝胶电泳

① 加样：取 18μL 检测样品与 2μL（1/10 体积）的 10×DNA 上样缓冲液混匀，用微量移液枪小心加入样品槽中。小心操作，避免损坏凝胶或将样品槽底部凝胶刺穿。

② 电泳：加完样后，插上导线，打开电泳仪电源，按照需要调节电压至 120V，电泳开始，观察电流情况或电泳槽中负极的铂金丝是否有气泡出现。

③ 当溴酚蓝条带移动到距凝胶前沿约 1cm 时，将电压（或电流）回零，关闭电源，停止电泳。

④ 取出凝胶，在紫外观测仪上观察电泳结果。在波长为 302nm 紫外灯下观察染色后的或已加有 EB 的电泳胶板。DNA 存在处显示出肉眼可辨的橘红色荧光条带。紫光灯下观察时应戴上防护眼镜或有机玻璃面罩，以免损伤眼睛。

6. 系统发育树的构建

（1）搜索与目标序列相关的序列　使用的搜索下载程序是利用美国国家生物技术信息中心（NCBI）上的"BLAST"的序列作为"Query"（查询条件），打开 MEGA 就能看到主窗口。从"Align"菜单选择"Do BLAST Search"，MEGA 自带的网页浏览器会自动连接到 NCBI 的 BLAST 页面，在"query sequence"输入你的查询序列，点击"BLAST"开始搜索。

（2）选择相关序列用于系统发育树分析　将 E 值设定为 10^{-3}，并且与查询序列 60% 以上相同的序列选中，将序列下载下来。

将要用于构建系统进化树的所有序列合并到同一个 fasta 格式文件，注意：所有序列的方向都要保持一致（5'—3'）。

（3）构建系统发育树

① 打开 MEGA 软件，选择"Alignment"-"Alignment Explorer/CLUSTAL"，在对话框中选择 Retrieve sequences from a file，然后点 OK，找到准备好的序列文件并打开。

② 在打开的窗口中选择"Alignment"-"Align by ClustalX"进行对齐，对齐过程需要一段时间，对齐完成后，将序列两端切齐，选择两端不齐的部分，单击右键，选择 delete 即可。

③ 关闭当前窗口，关闭的时候会提示两次是否保存，第一次无所谓，保存不保存都可以，第二次一定要保存，保存的文件格式是.meg。根据提示输入 Title，然后会出现一

个对话框询问是否是 Protein – coding nucleotide sequence data，根据情况选择 Yes 或 No。最后出现一个对话框询问是否打开，选择 Yes。

④ 回到 MEGA 主窗口，在菜单栏中选择"Phylogeny" – "Bootstrap Test of Phylogeny" – "Neighbor – joining"，打开一个窗口，里面有很多参数可以设置，如何设置这些参数请参考详细的 MEGA 说明书，不会设置就暂且使用默认值，不要修改，点击下面的 Compute 按钮，系统进化树就画出来了。

（4）查看系统发育树中，与查询序列相似度最高的序列，即可判断查询序列菌属。

五、实 验 结 果

1. 致腐真菌分离纯化

观察分离菌株，菌落形态及孢子形态。

2. 致腐真菌反接实验

记录发病果实病斑大小，分离发病株的病原物，观察菌落形态及孢子形态是否与接种菌株一致。

3. 致腐真菌基因组 DNA 提取

记录基因组 DNA 纯度及浓度。

4. 致腐真菌 rDNA – ITS 序列扩增

获得扩增样品后，通过琼脂糖电泳检测条带特异性，送测序公司测序。

5. 系统发育树

与查询序列相似度最高的序列，即可判断查询序列菌属。

六、注 意 事 项

（1）选用的分离材料应尽量新鲜，减少腐生菌混入的机会。

（2）植物病原微生物分离和培养工作应该在专门的无菌操作室或超净工作台上进行，尽量少在室内走动，减少空气流动，以减少污染。

（3）从受病组织边缘靠近健全组织的部分分离，可减少污染，同时这部分病原生物处于较为活动的状态，生长快，易分离成功。

（4）提取基因组 DNA 时，应注意研磨充分，务必在液氮冷冻时研磨。

七、思 考 题

（1）为什么要分离并纯化病原物？

（2）是否所有的病害都能分离到病原物？为什么？

（3）接种的目的是什么？

（4）接种后的植株应怎样培养？

（5）CTAB、EDTA、巯基乙醇的作用是什么？

（6）吸取样品和抽提时应注意什么，为什么？

（7）构建系统发育树除 N – J 法之外，还有其他哪些方法，这些方法各有何优缺点？

附录一 数 据 表

一、常用酸碱溶液的相对密度和浓度的对照表

附表 1-1   酸的相对密度与浓度表

相对密度 (15℃)	HCl		HNO$_3$		H$_2$SO$_4$	
	质量分数/%	浓度/(mol/L)	质量分数/%	浓度/(mol/L)	质量分数/%	浓度/(mol/L)
1.02	4.13	1.15	3.70	0.6	3.1	0.3
1.04	8.16	2.3	7.26	1.2	6.1	0.6
1.05	10.2	2.9	9.0	1.5	7.4	0.8
1.06	12.2	3.5	10.7	1.8	8.8	0.9
1.08	16.2	4.8	13.9	2.4	11.6	1.3
1.10	20.0	6.0	17.1	3.0	14.4	1.6
1.12	23.8	7.3	20.2	3.6	17.0	2.0
1.14	27.7	8.7	23.3	4.2	19.9	2.3
1.15	29.6	9.3	24.8	4.5	20.9	2.5
1.19	37.2	12.2	30.9	5.8	26.0	3.2
1.20			32.3	6.2	27.3	3.4
1.25			39.8	7.9	33.4	4.3
1.30			47.5	9.8	39.2	5.2
1.35			55.8	12.0	44.8	6.2
1.40			65.3	14.5	50.1	7.2
1.42			69.8	15.7	52.2	7.6
1.45					55.0	8.2
1.50					59.8	9.2
1.55					64.3	10.2
1.60					68.7	11.2
1.65					73.0	13.3
1.70					77.2	13.4
1.84					95.6	18.0

碱的相对密度与浓度表

相对密度	氨水		NaOH		KOH	
（15℃）	质量分数/%	浓度/（mol/L）	质量分数/%	浓度/（mol/L）	质量分数/%	浓度/（mol/L）
0.88	35.0	18.0				
0.90	28.3	15				
0.91	25.0	13.4				
0.92	21.8	11.8				
0.94	15.6	8.6				
0.96	9.9	5.6				
0.98	4.8	2.8				
1.05			4.5	1.25	5.5	1.0
1.10			9.0	2.5	10.9	2.1
1.15			13.5	3.9	16.1	3.3
1.20			18.0	5.4	21.2	4.5
1.25			22.5	7.0	26.1	5.8
1.30			27.0	8.8	30.9	7.2
1.35			31.8	10.7	35.5	8.5

二、常用缓冲溶液配制

附表 2－1　　　　氯化钾－盐酸缓冲溶液（pH＝1.0～2.2，25℃）

25mL 0.2mol/L KCl 溶液（14.919g/L）＋x mL 0.2mol/L HCl 溶液，加蒸馏水稀释至100mL。

pH	0.2mol/L HCl 溶液体积 （x）/mL	水体积/mL	pH	0.2mol/L HCl 溶液体积 （x）/mL	水体积/mL	pH	0.2mol/L HCl 溶液体积 （x）/mL	水体积/mL
1.0	67.0	8	1.5	20.7	54.3	2.0	6.5	68.5
1.1	52.8	22.2	1.6	16.2	58.8	2.1	5.1	69.9
1.2	42.5	32.5	1.7	13.0	62.0	2.2	3.9	71.1
1.3	33.6	41.4	1.8	10.2	64.8			
1.4	26.6	48.4	1.9	8.1	66.9			

附表 2－2　　　　甘氨酸－盐酸缓冲溶液（0.5mol/L，pH＝2.2～3.6，25℃）

25mL 0.2mol/L 甘氨酸溶液（15.01g/L）＋x mL0.2mol/L HCl 溶液，加蒸馏水稀释至100mL。

pH	0.2mol/l HCl 溶液体积 （x）/mL	水体积/mL	pH	0.2mol/L HCl 溶液体积 （x）/mL	水体积/mL	pH	0.2mol/L HCl 溶液体积 （x）/mL	水体积/mL
2.2	22.0	53.0	2.8	8.4	66.6	3.4	3.2	71.8
2.4	16.2	58.8	3.0	5.7	69.3	3.6	2.5	72.5
2.6	12.1	62.9	3.2	4.1	70.9			

附表 2 – 3　　　　　邻苯二甲酸氢钾 – 盐酸缓冲溶液（pH = 2.2 ~ 4.0，25℃）

50mL 0.1mol/L 邻苯二甲酸氢钾溶液（20.42g/L）+ x mL 0.1mol/L HCl 溶液，加蒸馏水稀释至 100mL。

pH	0.1mol/L HCl 溶液体积（x）/mL	水体积/mL	pH	0.1mol/L HCl 溶液体积（x）/mL	水体积/mL	pH	0.1mol/L HCl 溶液体积（x）/mL	水体积/mL
2.2	49.5	0.5	2.9	25.7	24.3	3.6	6.3	43.7
2.3	45.8	4.2	3	22.3	27.7	3.7	4.5	45.5
2.4	42.2	7.8	3.1	18.8	31.2	3.8	2.9	47.1
2.5	38.8	11.2	3.2	15.7	34.3	3.9	1.4	48.6
2.6	35.4	14.6	3.3	12.9	37.1	4.0	0.1	49.9
2.7	32.1	17.9	3.4	10.4	39.6			
2.8	28.9	21.1	3.5	8.2	41.8			

附表 2 – 4　　　　　磷酸二氢钠 – 柠檬酸缓冲溶液（pH = 2.6 ~ 7.6）

0.1mol/L 柠檬酸溶液：柠檬酸·H_2O（21.01g/L）。0.2mol/L 磷酸氢二钠：Na_2HPO_4·H_2O 35.61g/L。

pH	0.1mol/L 柠檬酸 溶液体积/mL	0.2mol/L Na_2HPO_4 溶液体积/mL	pH	0.1mol/L 柠檬酸 溶液体积/mL	0.2mol/L Na_2HPO_4 溶液体积/mL
2.6	89.10	10.90	5.2	46.60	53.40
2.8	84.15	15.85	5.4	44.25	55.75
3.0	79.45	20.55	5.6	42.00	58.00
3.2	75.30	24.70	5.8	39.55	60.45
3.4	71.50	28.50	6.0	36.85	63.15
3.6	67.80	32.20	6.2	33.90	66.10
3.8	64.50	35.50	6.4	30.75	69.25
4.0	61.45	38.55	6.6	27.25	72.75
4.2	58.60	41.40	6.8	22.75	77.25
4.4	55.90	44.10	7.0	17.65	82.35
4.6	53.25	46.75	7.2	13.05	86.95
4.8	50.70	49.30	7.4	9.15	90.85
5.0	48.50	51.50	7.6	6.35	93.65

附表 2 – 5　　　　　柠檬酸 – 柠檬酸三钠缓冲溶液（0.1mol/L，pH = 3.0 ~ 6.2）

0.1mol/L 柠檬酸溶液：柠檬酸·H_2O（21.01g/L）。0.1mol/L 柠檬酸三钠·H_2O 29.4g/L。

pH	0.1mol/L 柠檬酸 溶液体积/mL	0.2mol/L Na_2HPO_4 溶液体积/mL	pH	0.1mol/L 柠檬酸 溶液体积/mL	0.2mol/L Na_2HPO_4 溶液体积/mL
3.0	82.0	18.0	3.4	73.0	27.0
3.2	77.5	22.5	3.6	68.5	31.5
3.8	63.5	36.5	5.2	30.0	69.5
4.0	59.0	41.0	5.4	25.5	74.5
4.2	54.0	46.0	5.6	21.0	79.0
4.4	49.5	50.5	5.8	16.0	84.0
4.6	44.5	55.5	6.0	11.5	88.5
4.8	40.0	60.0	6.2	8.0	92.0
5.0	35.0	65.0			

附表 2-6　　　　乙酸-乙酸钠缓冲溶液（0.2mol/L，pH＝3.7～5.8，18℃）

0.2mol/L 乙酸钠溶液：乙酸钠·3H_2O（27.22g/L）。0.2mol/L 乙酸溶液：冰乙酸11.7mL。

pH	0.2mol/L NaAc 溶液体积/mL	0.2mol/L HAc 溶液体积/mL	pH	0.2mol/L NaAc 溶液体积/mL	0.2mol/L HAc 溶液体积/mL
3.7	10.0	90.0	4.8	59.0	41.0
3.8	12.0	88.0	5.0	70.0	30.0
4.0	18.0	82.0	5.2	79.0	21.0
4.2	26.5	73.5	5.4	86.0	14.0
4.4	37.0	63.0	5.6	91.0	9.0
4.6	49.0	51.0	5.8	94.0	6.0

附表 2-7　　　　二甲基戊二酸-氢氧化钠溶液（pH＝3.2～7.6）

0.1mol/L β, β'-二甲基戊二酸：16.02g/L。

pH	0.1mol/L β, β'-二甲基戊二酸/mL	0.2mol/L NaOH/mL	水体积/mL	pH	0.1mol/L β, β'-二甲基戊二酸/mL	0.2mol/L NaOH/mL	水体积/mL
3.2	50	4.15	45.85	5.6	50	27.90	22.10
3.4	50	7.35	42.65	5.8	50	29.85	20.15
3.6	50	11.0	39.00	6	50	32.50	17.50
3.8	50	13.7	36.30	6.2	50	35.25	14.75
4.0	50	16.65	33.35	6.4	50	37.75	12.25
4.2	50	18.40	31.60	6.6	50	42.35	7.65
4.4	50	19.60	30.40	6.8	50	44.00	6.00
4.6	50	20.85	29.15	7	50	45.20	4.80
4.8	50	21.95	28.05	7.2	50	46.05	3.95
5.0	50	23.10	26.80	7.4	50	46.60	3.40
5.2	50	24.50	25.50	7.6	50	47.00	3.00
5.4	50	26.00	24.00		50		

附表 2-8　　　　丁二酸-氢氧化钠溶液（pH＝3.8～6.0，25℃）

0.2mol/L 丁二酸溶液：$C_4H_6O_4$ 23.62g/L。

pH	0.2mol/L 丁二酸溶液体积/mL	0.2mol/L NaOH/mL	水体积/mL	pH	0.2mol/L 丁二酸溶液体积/mL	0.2mol/L NaOH/mL	水体积/mL
3.8	25	7.5	67.5	5.0	25	26.7	48.3
4.0	25	10.0	65.0	5.2	25	30.3	44.7
4.2	25	13.3	61.7	5.4	25	34.2	40.8
4.4	25	16.7	58.3	5.6	25	37.5	37.5
4.6	25	20.0	55.0	5.8	25	40.7	34.3
4.8	25	23.5	51.5	6.0	25	43.5	31.5

50mL 0.1mol/L 邻苯二甲酸钾溶液（20.42g/L）+ x mL 0.1mol/L NaOH 溶液：加水稀释至100mL。

pH	0.1mol/L NaOH (x) /mL	水体积/ mL	pH	0.1mol/L NaOH (x) /mL	水体积/ mL	pH	0.1mol/L NaOH (x) /mL	水体积/ mL
4.1	1.2	48.8	4.8	16.5	33.5	5.5	36.6	13.4
4.2	3.0	47.0	4.9	19.4	30.6	5.6	38.8	11.2
4.3	4.7	45.3	5	22.6	27.4	5.7	40.6	9.4
4.4	6.6	43.4	5.1	25.5	24.5	5.8	42.3	7.7
4.5	8.7	41.3	5.2	28.8	21.2	5.9	43.7	6.3
4.6	11.1	38.9	5.3	31.6	18.4			
4.7	13.6	36.4	5.4	34.1	15.9			

附表2-10　　　磷酸氢二钠 – 磷酸二氢钠缓冲溶液（0.2mol/L，pH=5.8~8.0，25℃）

0.2mol/L 磷酸氢二钠溶液：$Na_2HPO_4 \cdot 12H_2O$（71.64g/L）。0.2mol/L 磷酸二氢钠溶液：$NaH_2PO_4 \cdot 2H_2O$（31.21g/L）。

pH	0.2mol/L 磷酸 氢二钠/mL	0.2mol/L 磷酸 二氢钠/mL	pH	0.2mol/L 磷酸 氢二钠/mL	0.2mol/L 磷酸 二氢钠/mL
5.8	8.0	92.0	7	61.0	39.0
6	12.3	87.7	7.2	72.0	28.0
6.2	18.5	81.5	7.4	81.0	19.0
6.4	26.5	73.5	7.6	87.0	13.0
6.6	37.5	63.5	7.8	91.5	8.5
6.8	49.0	51.0	8	94.7	5.3

附表2-11　　　　磷酸二氢钾 – 氢氧化钠缓冲溶液（pH=5.8~8.0）

50mL 0.1mol/L 磷酸二氢钾溶液（13.6g/L）+ x mL 0.1mol/L NaOH 溶液：加水稀释至100mL。

pH	0.1mol/L NaOH (x) /mL	水体积/ mL	pH	0.1mol/L NaOH (x) /mL	水体积/ mL	pH	0.1mol/L NaOH (x) /mL	水体积/ mL
5.8	3.6	46.4	6.6	16.4	33.6	7.4	39.1	10.9
5.9	4.6	45.4	6.7	19.3	30.7	7.5	40.9	9.1
6	5.6	44.4	6.8	22.4	27.6	7.6	42.4	7.6
6.1	6.8	43.2	6.9	25.9	24.1	7.7	43.5	6.5
6.2	8.1	41.9	7	29.1	20.9	7.8	44.5	5.5
6.3	9.7	40.3	7.1	32.1	17.9	7.9	45.3	4.7
6.4	11.6	38.4	7.2	34.7	15.3	8	46.1	3.9
6.5	13.9	36.1	7.3	37.0	13.0			

附表 2 – 12　　　　　**Tris – HCl 缓冲溶液（pH = 6.8~9.6, 18℃）**

25mL 0.2mol/L 三羟甲基氨基甲烷溶液（24.23g/L）+ x mL 0.1mol/L HCl 溶液：加水稀释至 100mL。

pH		0.1mol/L HCl	pH		0.1mol/L HCl	pH		0.1mol/L HCl
23℃	37℃	(x) /mL	23℃	37℃	(x) /mL	23℃	37℃	(x) /mL
7.20	7.05	45.0	7.96	7.82	30.0	8.50	8.37	15.0
7.36	7.22	42.5	8.05	7.90	27.5	8.62	8.48	12.5
7.45	7.40	40.0	8.14	8.00	25.0	8.74	8.60	10.0
7.66	7.52	37.5	8.23	8.10	22.5	8.92	8.78	7.5
7.77	7.63	35.0	8.32	8.18	20.0	9.10	8.95	5
7.87	7.73	32.5	8.40	8.27	17.5			

附表 2 – 13　　　　　**Tris – HCl 缓冲溶液（pH = 6.8~9.6, 18℃）**

100mL 0.04mol/L 巴比妥溶液（8.25g/L）+ x mL 0.2mol/L HCl 溶液混合。

pH	0.2mol/L HCl (x) /mL	pH	0.2mol/L HCl (x) /mL	pH	0.2mol/L HCl (x) /mL
6.8	18.4	7.8	11.47	8.8	2.52
7.0	17.8	8.0	9.39	9.0	1.65
7.2	16.7	8.2	7.21	9.2	1.13
7.4	15.3	8.4	5.21	9.4	0.70
7.6	13.4	8.6	3.82	9.6	0.35

附表 2 – 14　　　　**2，4，6 – 三甲基吡啶溶液 – 盐酸缓冲溶液（pH = 6.8~9.6, 18℃）**

25mL 0.2mol/L 巴比妥溶液（2，4，6 – 三甲基吡啶溶液）（$C_8H_{11}N$ 24.24g/L）+ x mL 0.2mol/L HCl 溶液混合，加水稀释至 100mL。

pH		0.1mol/L HCl	水/mL	pH		0.1mol/L HCl	水/mL
23℃	37℃	(x) /mL		23℃	37℃	(x) /mL	
6.4	6.4	22.50	52.50	7.5	7.4	11.25	63.75
6.6	6.5	21.25	53.75	7.6	7.5	10.00	65.00
6.8	6.7	20.00	55.00	7.7	7.6	8.75	66.25
7	6.8	18.75	56.25	7.8	7.7	7.5	67.50
7.1	6.9	17.50	57.50	7.9	7.8	6.25	68.75
7.2	7	16.25	58.75	8	7.9	5.00	70.00
7.3	7.1	15.00	60.00	8.2	8.1	3.75	71.25
7.4	7.2	13.75	61.25	8.3	8.3	2.50	72.50
7.6	7.3	12.50	62.50				

附表 2 - 15 　　　　　　　　　　硼砂 – 硼酸缓冲溶液（pH = 7.4 ~ 8.0）

0.05mol/L 硼砂溶液：$Na_2B_4O_7 \cdot H_2O$ 19.07g/L。0.2mol/L 硼酸溶液：硼酸 12.37g/L。

pH	0.05mol/L 硼砂/mL	0.2mol/L 硼酸/mL	pH	0.05mol/L 硼砂/mL	0.2mol/L 硼酸/mL
7.4	1.0	9.0	8.2	3.5	6.5
7.6	1.5	8.5	8.4	4.5	5.5
7.8	2.0	8.0	8.7	6.0	4.0
8	3.0	7.0	9.0	8.0	2.0

附表 2 - 16 　　　　　　　　硼砂缓冲溶液（pH = 8.1 ~ 10.7，25℃）

0.05mol/L 硼砂溶液：$Na_2B_4O_7 \cdot 10H_2O$ 9.525g/L。x mL 0.1mol/L HCl 溶液或 0.1mol/L NaOH 溶液，加水稀释至 100mL。

pH	0.1mol/L NaOH (x) /mL	水体积/mL	pH	0.1mol/L NaOH (x) /mL	水体积/mL	pH	0.1mol/L NaOH (x) /mL	水体积/mL
8.1	19.7	30.3	9	4.6	45.4	9.9	19.5	30.5
8.2	18.8	31.2	9.1	3.6	46.4	10	20.5	29.5
8.3	17.7	32.3	9.2	6.2	43.8	10.3	21.3	28.7
8.4	16.6	33.4	9.3	8.8	41.2	10.4	22.1	27.9
8.5	15.2	34.8	9.4	11.1	38.9	10.5	22.7	27.3
8.6	13.5	36.5	9.5	13.1	36.9	10.6	23.3	26.7
8.7	11.6	38.4	9.6	15.0	35.0	10.7	23.5	26.2
8.8	9.4	40.6	9.7	16.7	33.3			
8.9	7.1	42.9	9.8	18.3	31.7			

附表 2 - 17 　　　　　　　甘氨酸 – 氢氧化钠缓冲溶液（pH = 8.6 ~ 10.6，25℃）

25mL 0.2mol/L 甘氨酸溶液（15.01g/L）+ x mL 0.2mol/L NaOH 溶液混合，加水稀释至 100mL。

pH	0.2mol/L NaOH (x) /mL	水/mL	pH	0.2mol/L NaOH (x) /mL	水/mL
8.6	2.0	73.0	9.6	11.2	63.2
8.8	3.0	72.0	9.8	13.6	61.4
9	4.4	70.6	10.0	16.0	59.0
9.2	6.0	69.0	10.4	19.3	55.7
9.4	8.4	66.6	10.6	22.8	52.2

附表 2 - 18 　　　　　碳酸钠 – 碳酸氢钠缓冲溶液（0.1mol/L，pH = 9.2 ~ 10.8）

0.1mol/L $NaCO_3$ 溶液：$NaCO_3 \cdot 10H_2O$ 28.62g/L。0.1mol/L $NaHCO_3$ 溶液：$NaHCO_3$ 8.4g/L（有 Ca^{2+}，Mg^{2+} 时不能用）。

pH		0.1mol/L $NaCO_3$/mL	0.1mol/L $NaHCO_3$/mL	pH		0.1mol/L $NaCO_3$/mL	0.1mol/L $NaHCO_3$/mL
20℃	37℃			20℃	37℃		
9.2	8.8	10	90	10.1	9.9	60	40
9.4	8.1	20	80	10.3	10.1	70	30
9.5	9.4	30	70	10.5	10.3	80	20
9.8	9.5	40	60	10.8	10.6	90	10
9.9	9.7	50	50				

附表 2–19　　　　　　　　**硼酸 – 氯化钾 – 氢氧化钠缓冲溶液（pH = 8.0 ~ 10.2）**

50mL 0.1mol/L KCl – H$_3$BO$_4$ 混合液（每升混合液含 7.455g KCl 和 6.184g H$_3$BO$_4$）＋ x mL 0.1mol/L NaOH 溶液，加水稀释至 100mL。

pH	0.1mol/L NaOH (x) /mL	水体积/mL	pH	0.1mol/L NaOH (x) /mL	水体积/mL	pH	0.1mol/L NaOH (x) /mL	水体积/mL
8	3.9	46.1	8.8	15.8	34.9	9.6	36.9	13.1
8.1	4.9	45.1	8.9	18.1	31.9	9.7	38.9	11.1
8.2	6.0	44.0	9	20.8	29.2	9.8	40.6	9.4
8.3	7.2	42.8	9.1	23.6	26.4	9.9	42.2	7.8
8.4	8.6	41.4	9.2	26.4	23.6	10	43.7	6.3
8.5	10.1	39.9	9.3	29.3	20.7	10.1	45.0	5.0
8.6	11.8	38.2	9.4	32.1	17.9	10.2	46.2	3.8
8.7	13.7	36.2	9.5	34.6	15.4			

附表 2–20　　　　　　　　**二乙醇胺 – 盐酸缓冲溶液（pH = 8.0 ~ 10.0，25℃）**

25mL 0.2mol/L 二乙醇胺溶液（21.02g/L）＋ x mL 0.2mol/L HCl 溶液混合，加水稀释至 100mL。

pH	0.2mol/L HC (x) l/mL	水/mL	pH	0.2mol/L HCl (x) /mL	水/mL
8.0	22.95	52.05	9.1	10.20	64.80
8.3	21.00	54.00	9.3	7.80	67.20
8.5	18.85	56.15	9.5	5.55	69.45
8.7	16.35	58.65	9.9	3.45	71.55
8.9	13.55	61.45	10.0	1.80	73.20

附表 2–21　　　　　　　　**硼砂 – 氢氧化钠溶液（0.05mol/L，pH = 9.3 ~ 10.1）**

25mL 0.05mol/L 硼酸溶液（19.07g/L）＋ x mL 0.2mol/L NaOH 溶液混合，加水稀释至 100mL。

pH	0.2mol/L NaOH (x) /mL	水/mL	pH	0.2mol/L NaOH (x) /mL	水/mL
9.3	3.0	72.0	9.8	17.0	58.0
9.4	5.5	69.5	10.0	21.5	53.5
9.6	11.5	63.5	10.1	23.0	52.0

附表 2–22　　　　　　　　**磷酸氢二钠 – 氢氧化钠溶液（pH = 11.0 ~ 11.9，25℃）**

50mL 0.05mol/L Na$_2$HPO$_4$ 溶液 ＋ x mL 0.1mol/L NaOH 溶液混合，加水稀释至 100mL。

pH	0.1mol/L NaOH (x) /mL	水/mL	pH	0.1mol/L NaOH (x) /mL	水/mL
11	4.1	45.9	11.5	11.1	38.9
11.1	5.1	44.9	11.6	13.5	36.5
11.2	6.3	43.7	11.7	16.2	33.8
11.3	7.6	42.4	11.8	19.4	30.6
11.4	9.1	40.9	11.9	23.0	27.0

25mL 0.2mol/L 氯化钠溶液（14.91g/L）+ x mL 0.2mol/L NaOH 溶液混合，加水稀释至100mL。

pH	0.1mol/L NaOH（x）/mL	水/mL	pH	0.1mol/L NaOH（x）/mL	水/mL
12	6.0	69.0	12.6	25.6	49.4
12.1	8.0	67.0	12.7	32.2	42.8
12.2	10.2	64.8	12.8	41.2	33.8
12.3	12.2	62.8	12.9	53.0	22.0
12.4	16.8	58.2	13	66.0	9.0
12.5	24.4	50.6			

混合液 A：6.008g 柠檬酸、3.893g 磷酸二氢钾、1.769g 硼酸和 5.266g 巴比妥加蒸馏水定容到 1000mL。每 100mL 混合液 A + x mL 0.2mol/L NaOH 溶液，加水稀释至1000mL。

pH	0.2mol/L NaOH（x）/mL	水体积/mL	pH	0.2mol/L NaOH（x）/mL	水体积/mL	pH	0.2mol/L NaOH（x）/mL	水体积/mL
2.4	2.0	898.0	5.8	36.5	863.5	9.0	72.7	827.3
2.8	4.3	895.7	6.0	38.9	861.1	9.2	74.0	826.0
3.0	6.4	893.6	6.2	41.2	858.8	9.4	75.9	824.1
3.2	8.3	891.7	6.4	43.5	856.5	9.6	77.6	822.4
3.4	10.1	889.9	6.6	46.0	854.0	9.8	79.3	820.7
3.6	11.8	888.2	6.8	48.3	851.7	10.0	80.8	819.2
3.8	13.7	886.3	7.0	50.6	849.4	10.2	82.0	818.0
4.0	15.5	884.5	7.2	52.9	847.1	10.4	82.9	817.1
4.2	17.6	882.4	7.4	55.8	844.2	10.6	83.9	816.1
4.4	19.9	880.1	7.6	58.6	841.4	10.8	84.9	815.1
4.6	22.4	877.6	7.8	61.7	838.3	11.0	86.0	814.0
4.8	24.8	875.2	8.0	63.7	836.3	11.2	87.7	812.3
5.0	27.1	872.9	8.2	65.6	834.4	11.4	89.7	810.3
5.2	29.5	870.5	8.4	67.5	832.5	11.6	92.0	808.0
5.4	31.8	868.2	8.6	69.3	830.7	11.8	95.0	805.0
5.6	34.2	865.8	8.8	71.0	829.0	12.0	99.6	800.4

按下表配制离子强度为 0.11 或 0.21 的缓冲液，加蒸馏水至 2000mL，适用于电泳中的缓冲液。

pH	5mol/L NaCl/mL 离子强度 0.11	5mol/L NaCl/mL 离子强度 0.21	1mol/L 甘氨酸 – 1mol/L NaCl/mL	2mol/L HCl/mL	2mol/L NaOH/mL	2mol/L NaAc/mL	8.5mol/L HAc/mL	0.5mol/L NaH₂PO₄/mL	4mol/L NaH₂PO₄/mL	0.5mol/L 二乙基巴妥钠/mL
2.0	32	72	10.6	14.7						
2.5	32	72	22.5	8.6						
3.0	32	72	31.6	4.2						

续表

pH	5mol/L NaCl/mL 离子强度0.11	5mol/L NaCl/mL 离子强度0.21	1mol/L 甘氨酸-1mol/L NaCl/mL	2mol/L HCl/mL	2mol/L NaOH/mL	2mol/L NaAc/mL	8.5mol/L HAc/mL	0.5mol/L NaH_2PO_4/mL	4mol/L NaH_2PO_4/mL	0.5mol/L 二乙基巴比妥钠/mL
3.5	32	72	36.6	1.7						
4.0	32	72				20.0	33.7			
4.5	32	72				20.0	22.5			
5.0	32	72				20.0	3.7			
5.5	32	72				20.0	1.2			
6.0	32	72						9.2	6.6	
6.5	32	72						16.6	3.7	
7.0	32	72						22.7	1.6	
7.5	32	72						24.3	0.5	
8.0	32	72		10.4						80.0
8.5	32	72		5.3						80.0
9.0	32	72		2.0						80.0
9.5	32	72	34.5		2.7					
10.0	32	72	28.8		5.6					
10.5	32	72	23.2		8.4					
11.0	32	72	19.6		10.2					
11.5	32	72	17.6		11.2					
12.0	32	72	15.2		12.4					

附表 2-26　　　　　　　　　　　　磷酸缓冲盐溶液

试剂	用量
NaCl	8g
KCl	0.2g
Na_2HPO_4	1.44g
KH_2PO_4	0.24g
H_2O	800mL

注：用盐酸调节 pH 至 7.4 后，定容至 1000mL。

三、常用指示剂

附表 3-1　　　　　　　　　　　　酸碱指示剂

指示剂	变色范围 pH	颜色变化	pK_{HTn}	浓度	用量/(滴/10mL 试剂)
百里酚蓝	1.2~2.8	红—黄	1.65	0.1% 的 20% 乙醇溶液	1~2
甲基黄	2.9~4.0	红—黄	3.25	0.1% 的 90% 乙醇溶液	1
甲基橙	3.1~4.4	红—黄	3.45	0.05% 水溶液	1

指示剂	变色范围 pH	颜色变化	pK_{HTn}	浓度	用量/(滴/10mL 试剂)
溴酚蓝	3.0 ~ 4.6	黄—紫	4.1	0.1% 的 20% 乙醇溶液或其钠盐水溶液	1
溴甲酚绿	4.0 ~ 5.6	黄—蓝	4.9	0.1% 的 20% 乙醇溶液或其钠盐水溶液	1 ~ 3
甲基红	4.4 ~ 6.2	红—黄	5.0	0.1% 的 60% 乙醇溶液或其钠盐水溶液	1
溴百里酚蓝	6.2 ~ 7.6	黄—蓝	7.2	0.1% 的 60% 乙醇溶液或其钠盐水溶液	1
中性红	6.8 ~ 8.0	红—黄橙	7.4	0.1% 的 60% 乙醇溶液	1
苯酚红	6.8 ~ 8.4	黄—红	8.0	0.1% 的 60% 乙醇溶液或其钠盐水溶液	1
酚酞	8.0 ~ 10.0	无—红	9.1	0.5% 的 90% 乙醇溶液	1 ~ 3
百里酚蓝	8.0 ~ 9.6	黄—蓝	8.9	0.1% 的 20% 乙醇溶液	1 ~ 4
百里酚酞	9.4 ~ 10.6	无—蓝	10.0	0.1% 的 90% 乙醇溶液	1 ~ 2

附表 3 – 2 配位滴定指示剂

名称	配制	用于测定		
		元素	颜色变化	测定条件
酸型铬蓝 K	0.1% 乙醇溶液	Ca	红 – 蓝	pH = 12
		Mg	红 – 蓝	pH = 10（氨性缓冲溶液）
钙指示剂	与 $CaCl_2$ 配成 1∶100 的固体混合体	Ca	酒红—蓝	pH > 12（KOH 或 NaOH）
双硫腙	0.03% 乙醇溶液	Zn	红—蓝	pH = 4.5，50% 乙醇溶液
铬黑 T（EBT）	与 $CaCl_2$ 配成 1∶100 的固体混合体	Al	红—蓝	pH = 7 ~ 8，吡啶存在下，以 Zn^{2+} 回流
		Bi	红—蓝	pH = 9 ~ 10，以 Zn^{2+} 回流
		Ca	红—蓝	pH = 10 加 EDTA – Mg
		Cd	红—蓝	pH = 10（氨性缓冲溶液）
		Mg	红—蓝	pH = 10（氨性缓冲溶液）
		Mn	红—蓝	氨性缓冲溶液，加羟胺
		Ni	红—蓝	氨性缓冲溶液
		Pb	红—蓝	氨性缓冲溶液，加酒石酸钾
		Zn	红—蓝	pH = 6.8 ~ 10，（氨性缓冲溶液）
PAR	0.05% 或 0.2 水溶液	Bi	红—黄	pH = 1 ~ 2（HNO_3）
		Cu	红—黄	pH = 5 ~ 11（六亚甲基酸钠，氨性缓冲溶液）
		Pb	红—黄	六亚甲基四胺或氨性缓冲溶液
二甲酚橙	0.5% 乙醇（或水）溶液	Bi	红—黄	pH = 1 ~ 2（HNO_3）
		Cd	粉红—黄	pH = 5 ~ 6 六亚甲基四胺
		Pb	红紫—黄	pH = 5 ~ 6 醋酸缓冲溶液
		Th	红—黄	pH = 1.6 ~ 3.5（HNO_3）
		Zn	红—黄	pH = 5 ~ 6 醋酸缓冲溶液
磺基水杨酸	1% ~ 2% 水溶液	Fe^{3+}	红紫—黄	pH = 1.5 ~ 3
PAN	0.1% 乙醇溶液	Cd	红—黄	pH = 6 醋酸缓冲溶液
		Co	黄—红	醋酸缓冲溶液，70℃ ~ 80℃ 以 Cu^{2+} 回流
		Cu	紫—黄	pH = 10（氨性缓冲溶液）
		Zn	红—黄	pH = 6 醋酸缓冲溶液

附表 3−3 氧化还原指示剂

名称	配制	Ψ (pH = 0)	氧化型颜色	还原型颜色
中性红	0.01% 的 60% 乙醇溶液	+0.240	红	无色
亚甲基蓝	0.05% 水溶液	+0.532	天蓝	无色
二苯胺	1% 浓硫酸溶液	+0.76	紫	无色
二苯胺硫酸钠	0.2% 水溶液	+0.85	红紫	无色
邻苯氨基苯甲酸	0.2% 水溶液	+0.89	红紫	无色
邻二氮菲亚铁	1.624g 邻二氮菲和 0.695g $FeSO_4 \cdot H_2O$ 配成 100mL 水溶液	+1.06	浅蓝	红

附表 3−4 中和滴定混合指示剂

混合指示剂的组成成分	酸性	变色点	碱性	备注
1 份甲基红 (0.2% 乙醇)	紫红	5.4	绿	pH 5.2 时呈紫红色
1 份甲基蓝 (0.1% 乙醇)				pH 5.4 时呈污蓝色
				pH 5.6 时呈污绿色
1 份中性红 (0.1% 乙醇)	紫蓝	7.0	绿	
1 份亚甲基蓝 (0.1% 乙醇)				
1 份百里酚蓝 (0.1% 乙醇)	黄	9.0	紫	
1 份酚酞 (0.1% 乙醇)				

四、常用有机溶剂及其主要性质

附表 4−1 常用有机溶剂及其主要性质

名称	分子式	相对分子质量	熔点/℃	沸点/℃	溶解性	性质
甲醇	CH_3OH	32.04	−97.8	64.7	溶于水、乙醇、乙醚、苯等	无色透明液体。易被氧化成甲醛。其蒸汽能与空气形成爆炸性的混合物。有毒,误饮后,能使眼睛失明。易燃,燃烧时生成蓝色火焰
乙醇	C_2H_5OH	46.07	−114.10	78.50	能与水、苯、醚等许多有机溶剂相混溶。与水混溶后体积缩小,并释放热量	无色透明液体,有刺激性气味,易挥发。易燃。为弱极性的有机溶剂
丙醇	C_3H_7OH	60.09	−127.0	97.20	与水、乙醇、乙醚、苯等混溶	无色液体,对眼睛有刺激作用,有毒,易燃
丙三醇 (甘油)	C_2H_8O			180	易溶于水,在乙醇等中溶解度较小,不溶解于醚、苯和氯仿	无色有甜味的黏稠液体,具有吸湿性。但含水到 20% 就不再吸水

名称	分子式	相对分子质量	熔点/℃	沸点/℃	溶解性	性质
丙酮	C_3H_6O	58.08	-94.0	56.5	与水、乙醇、氯仿、乙醚、苯及多种油类混溶	无色透明易挥发的液体，有令人愉快的气味，能溶解多种有机物，是常用的有机溶剂，易燃
乙醚	$C_4H_{10}O$	74.12	-116.3	34.6	微溶于水，易溶于浓盐酸，与醇、苯、氯仿、乙醚及脂肪溶剂混溶	无色透明易挥发的液体，其蒸气与空气混合极易爆炸。有麻醉性，易燃，避光置阴凉处密封保存。在光下易形成爆炸性过氧化物
乙酸乙酯	$C_4H_9O_2$	88.1	-83.0	77.0	能与水、乙醇、乙醚、丙酮及氯仿等混溶	无色透明易挥发的液体，易燃，有果香味
苯	C_6H_6	78.11	5.5（固）	80.1	微溶于水和醇，能与乙醚、氯仿及油等混溶	常温下为无色透明液体，有毒性，对造血系统有损害。易燃
甲苯	C_7H_8	92.12	-95	110.6	不溶于水，能与多种有机溶剂混溶	无色透明有特殊芳香味的液体
二甲苯	C_8H_{10}	106.16		137~140	不溶于水，与无水乙醇、乙醚、三氯甲烷等混溶	无色透明液体，易燃，有毒。高浓度有麻醉作用
苯酚	C_6H_5OH	94.11	42	182.0	溶于热水，易溶于乙醇等有机溶剂。不溶于冷水和石油醚	无色晶体，见光或露置空气中变成淡红色。有刺激性和腐蚀性。有毒
氯仿	$CHCl_3$	119.39	-63.5	61.2	微溶于水，能与醇、醚、苯等有机溶剂及油类混溶	无色透明有香甜味的液体，易挥发，不易燃烧。在光和空气中的氧气作用下产生光气。有麻醉作用
四氯化碳	CCl_4	153.84	-23（固）	76.7	不溶于水，能与乙醇、苯、氯仿等混溶	无色透明不燃烧的液体。可用于灭火。有毒
石油醚				30~70	不溶于水，能与多种有机溶剂混溶	是低沸点的碳氢化合物的混合物，有挥发性，极易燃，和空气的混合物有爆炸性
甲醛	CH_2O	30	120~170		能与水和乙醇等任意混合，30%~40%的甲醛水溶液称为福尔马林，并含有5%~15%甲醇	无色透明液体，遇冷聚合变浑，形成多聚甲醛的白色沉淀。在空气中能逐渐被氧化称甲酸。有凝固蛋白质的作用。避光，密封，15℃以上保存。有毒

续表

名称	分子式	相对分子质量	熔点/℃	沸点/℃	溶解性	性质
乙醛	CH_3CHO	44.05		20.8	能与水和乙醇任意混合	无色透明液体,久置聚合并发生浑浊或沉淀。容易挥发。乙醛气体和空气混合后容易引起爆炸
二甲基亚砜	CH_3SOCH_3	78.13	18.5	189	能与水、醇、醚、丙酮、乙醛、吡啶、乙酸乙酯等混溶,不溶于乙炔以外的芳烃化合物	有刺激性气味的无色粘稠液体,有吸湿性。常用作冷冻材料时的保护剂。为非质子化的极性溶剂,能溶解二氧化硫、二氧化氮、氯化钙、硝酸钠等无机盐
乙二胺甲四酸	$C_{10}H_{16}N_2O_8$	292.25	240		溶于氢氧化钠、碳酸钠和氨溶液,不溶于冷水、醇和一般有机溶剂	白色晶体粉末,能与碱金属、稀土元素、过渡金属等形成极稳定的水溶性络合物,常用做络合试剂
吐温80					能与水及多种有机溶剂相混溶,不溶于矿物油和植物油	浅粉红色油状液体。有脂肪味

附录二 实验数据处理和生物
统计分析相关知识

一、误差来源分析和消除

　　果蔬采后生理生化实验中所采用的材料多为新鲜的果蔬组织，具有很高的水分含量和生物活性。果蔬材料个体差异非常大，往往造成较大的实验误差，影响实验结果的准确性和精确程度。为了消除这种由于材料差异引起的误差，在进行实验设计时就有必要安排大量的重复实验，通过不断的、大量的重复，消除实验误差和实验假象，探索和总结出实验的规律。此外，在取样测定时，有必要充分考虑取样方法的合理性和样品的代表性、均匀性、随机性。测定样品时还一定要进行重复实验，把实验误差降低到最小程度。

　　尽管实验过程中的误差是难以避免的，在实际操作时，认真的工作态度和科学的实验方法非常有助于减少误差、增强实验结果的科学性和可靠性。实验中，每一项设计或过程至少要设置 3 次重复，否则，无法进行误差分析。另外，在实验设计时对于统计数据进行分析的指标一定要有足够的样本量。一般当样本量大于 30 时，所得的统计信息才能比较准确地反映总体情况。同时，取样也需要安排至少 3 次重复。对于测定分析工作，重复次数也不能少于 3 次，通过增加测定次数可以减少随机误差。

　　在果蔬生理生化分析实验中，各种分析方法的准确度是不同的。化学分析法对高含量组分的测定能获得准确和较满意的结果，相对误差一般在千分之几。而对低含量组分的测定，如果是挥发性成分的测定，化学分析法就达不到这个要求。仪器分析法虽然误差较大，但是由于灵敏度高，可以测出这些低含量的组分。在选择分析方法时，一定要根据组分含量及对准确度的要求，在可能条件下选最佳分析方法。

　　为了提高精确度和准确度，消除测定误差，还可采取以下措施：一是做空白实验，即在不加试样的情况下，按试样分析规程在同样操作条件下进行分析。所得结果的数值称为空白值。然后从试样结果中扣除空白值，可以抵消许多不明因素的影响，得到比较可靠的分析结果。二是做标准样品或本底对照实验。对照试验就是用同样的分析方法在同样的条件下，用标准样或本底物代替试样进行的平行测定，计算校正系数，然后对样品测定结果进行校正，消除系统误差。三是做回收实验，在样品中加入标准物质，测定其回收率，可以检验方法的准确程度和样品引起的干扰误差，同时可求出精确度。另外，注意仪器校正，具有准确体积和质量的仪器，如滴定管、移液管、容量瓶和分析天平，都应进行校正，以消除由于仪器不准所引起的系统误差。

　　在测定时，为了减少误差，还可以随时通过使用标准方法校正和修正实验过程。例如，在利用气相色谱法测定果实中乙烯释放量时，可以用标准含量的乙烯气体随时校正气相色谱的工作性能；在用考马斯亮蓝法测定蛋白质含量时，可以用标准含量的蛋白质溶液随时校正分光光度计的工作性能，改善实验方法，减少误差。

二、数据的处理

1. 数据的记录和整理

做好数据记录是进行实验结果处理和分析的前提。实验前要设计好实验记录表，对实验中观察到的现象和数据应当及时、准确地记在记录本上，切勿写错，更不能涂改。数据的记录要做到实事求是，一丝不苟。测定过程中的数据要随时整理好，标注指标名称、样品名称、实验方法、测定条件等，然后还要根据不同指标的测定方法计结果，以免过后忘记一些细节内容，引起混乱。

在数据记录和收集时，往往会涉及到有效数字的确定问题。有效数字是指所有准确数字和一位可疑数字（实际能测到的数字）。在记录一个测定值时，只保留一位可疑数字。在整理数据和运算中弃取多余数字时，采用"数字修约规则"，以"四舍六入五看右"为原则。

2. 数据处理及统计分析

可以利用计算机处理记录的大量实验数据。Office Excel、SPSS 和 SAS 等软件强大的数字处理功能为实验数据的整理、计算和分析、作图或列表提供了很大的方便。果蔬采后生理生化实验中，一般将多次重复测定数据的平均值作为真实值，用标准偏差或标准误差表示测定的精确度。

果蔬采后生理生化实验中，往往涉及到两种或多种结果的比较。为了增强这些结果之间的可比性和比较结果的可靠性和科学性，就需要利用统计学方法进行数据的处理。采用一维方差分析法（One way ANOVA）处理数据。

对于两组平均值的比较，要采用 t 检验法（t – Test）检验两组平均值之间有无显著性差异。使用统计软件计算后，查 $t_{0.95}$（$f = n_1 + n_2$）值，若计算的 t 值大于或等于查得 $t_{0.95}$ 值，则说明两平均值有显著性差异，否则说明两平均值无显著性差异。

对于三组及多组平均值的比较，要采用邓肯多重比较（Duncan's multiple comparison，或利用最小极差法（least significant deference，ISD）显著性比较，确定这些测定在不同水平上的差异情况。

此外，在实际测定时得到的大量数据中，可能有些明显偏离正常值。如何取舍这些可疑数据，就需要进行数学检验，做出科学的判断。

三、制图与制表

果蔬采后生理生化实验中，数据计算和分析结果往往要以图或表的形式表示出来。可以利用 Office Excel、SPSS 和 SAS 等统计分析软件制作出科学、美观的图或表。果蔬采后生理生化实验结果主要以柱形图或折线图表示。

此外，制作标准曲线时需要使用散点图表示，并调用线性回归计算。柱形图主要用来比较数值大小，图形中的 x 轴不一定需量化，可以是不同的事件。在比较果实转色指数、腐烂指数、冷害指数、病斑面积等指标时常用柱形图表示。

折线图主要用来表示在某个连续过程中出现的测定数值的变化，图形中的 x 轴一般需要连续性的、单向性的量化，可以是时间、浓度、pH、温度等。这类图示在实验结果的表示中最为常用。

散点图中的每一点都是由一对数据决定的，图中 x 轴数据和 y 轴数据之间存在相应的关系。在制作标准曲线或需要计算数据的线性规律、回归方程时就必须使用这一图示。

利用图示能够一目了然地表明某种变化趋势或相对变化情况，但是难以反映标的具体特征，如在某一点的数值。这时候，就需要用表格来表示实验结果和列出具体数值。在测定数值比其相对变化更值得关注或有意义的时候，也须用表格表示结果。论文中一般使用三线表。设计的表格要规范、简洁、紧凑。尽量避免使用大型的表格。

制作的图或表，要能够独立反映某一实验结果。因此，需要包含以下内容：

（1）标题　在标题中要注明图或表的序号和完整的名称。

（2）坐标说明　纵、横坐标都要有名称和数据的单位。

（3）坐标刻度　纵、横坐标轴都要有刻度，轴旁要有刻度标志，刻度的密集程度要适中，刻度范围合适。

（4）图例　图例中图案要清晰且彼此差别明显，图例位置合适，图例标志明确、简洁。

（5）图表区格式　图表区背景采用无色或白色，图表区线条粗细程度要清楚、易于识别。线条和图案颜色最好采用黑、白及灰色，以方便打印后识别。字号大小要适中。

（6）数学分析的表示　图或表中内容要反映出数据的数学统计分析。可以用短划线在图中表示 LSD 值，可以标出数据误差线（表示标准偏差或标准误差），可以用字母或其他符号表示显著性误差。数学统计的表示方法需要在图注中说明。

（7）图（表）注　一般在标题后面要附上图注。图注内容包括样品处理方法，重复次数（甚至样本量），所使用的数学分析方法，图表区一些短划线、字母、序列、符号的说明以及其需要说明的内容。

参 考 文 献

[1]　敖静，黄雪梅，张昭其. 蔬菜气调贮藏保鲜技术研究进展 [J]. 保鲜与加工，2015 (5)：72~76.

[2]　陈磊，郭玉蓉，白鸽. '红富士'苹果气调贮藏期间果皮色泽变化及花青苷合成相关基因相对表达量的差异比较 [J]. 食品科学，2015，36 (24)：326~331.

[3]　程伟伟，夏列，蒋爱民，郭善广，张大磊，范萌萌，沈小璐. 不同冷冻方式对调理猪肉贮藏期品质影响的对比研究 [J]. 食品工业科技，2015，36 (08)：333~339.

[4]　蔡路昀，马帅，曹爱玲，励建荣. 香辛料在水产品保鲜应用中的研究进展 [J]. 食品安全质量检测学报，2015，6 (10)：3935~3940.

[5]　曹森，赵成飞，钟梅等. 自发气调包装对辣椒贮藏品质的影响 [J]. 食品工业科技，38 (13)：271~277.

[6]　董士远，张平，纪淑娟. CO_2脱涩处理对柿果贮藏品质的影响 [J]. 食品科学，2002，23 (10)：105~109.

[7]　董丽艳，陈存社，查梦吟等. 不同抗氧化剂及包装材料对烘焙小麦胚芽储藏期的影响 [J]. 食品工业科技，2014，35 (6)：321~324.

[8]　代毅，须海荣. 采用SPME-GC/MS联用技术对龙井茶香气成分的测定分析 [J]. 茶叶，2008，34 (2)：85~88.

[9]　冯卫华，黄诗琪，李冰等. 外源抗氧化剂对馒头抗氧化性及贮藏期感官品质的影响 [J]. 现代食品科技，2015 (2)：218~224.

[10]　高雪，王然，朱俊向等. 冰温结合自发气调包装贮藏对鲜切西兰花保鲜效果的影响 [J]. 中国食品学报，2013，13 (12)：122~128.

[11]　郭军，吴小说，刘廷国等. $^{60}Co-\gamma$辐照对红烧鸡块货架期及其感官品质的影响 [J]. 核农学报，2016，30 (3)：502~508.

[12]　韩雅珊. 食品化学实验指导 [M]. 北京：中国农业大学出版社，1992.

[13]　纪雷，林雨霖，毛旭斌等. 柑橘室温/冷藏存贮条件下有机酸变化特征的研究 [J]. 食品与发酵工业，2007，33 (8)：180~184.

[14]　刘峥颢，吴广臣，王庭欣. 壳聚糖保鲜食品的机理及其应用的研究 [J]. 食品科学，2005，26 (8)：533~537.

[15]　李娟，张丽萍. 不同包装方式对蛋糕品质的影响研究 [J]. 包装与食品机械，2010，28 (2)：17~21.

[16]　刘美玉，司伟达，崔建云，任发政. 室温下不同可食涂膜剂对鸡蛋保鲜效果的影响 [J]，河北工程大学学报（自然科学版），2011，28 (4)：97~102.

[17]　刘娜，梁美莲，谭媛元等. 天然涂膜液对切片腌腊肉品质及货架期的影响 [J]. 肉类研究，2017，31 (8)：12~17.

[18]　袁杰，翁连进，耿頔，杨欣，韩媛媛. 茶叶香气的影响因素 [J]. 氨基酸和生物

资源, 2014, 36 (1).

[19]　刘萌, 张振富, 王美兰等. 不同包装方式对蓝莓物流及货架期质构品质的影响 [J]. 食品工业科技, 2013, 34 (23): 323~327.

[20]　李听听, 陈伟, 李广富. 不同储藏条件下玉米中霉菌对黄曲霉毒素 B_1 的影响 [J]. 食品与发酵工业, 2014, 40 (6): 211~215.

[21]　马婷, 任亚梅, 张艳宜. 1-MCP 处理对'亚特'猕猴桃果实香气的影响 [J]. 食品科学, 2016, 37 (2): 276~281.

[22]　闵娟, 刘红, 李传勇, 张凌晶, 曹敏杰, 刘光明. 4 种植物提取物对马鲛鱼保鲜效果研究 [J]. 食品安全质量检测学报, 2017, 8 (8): 2847~2855.

[23]　牛锐, 王愈, 郝利平. 不同催熟试剂对香蕉品质及生理的影响 [J]. 食品科技, 2014, (7): 61~64.

[24]　潘冰燕, 鲁晓翔, 张鹏. 近红外光谱对甜椒果实质地的无损检测 [J]. 食品与发酵工业, 2015, 41 (11): 143~147.

[25]　潘俨, 车凤斌, 董成虎. 模拟运输振动对新疆杏呼吸途径和品质的影响 [J]. 农业工程学报, 2015, 31 (3): 325~331.

[26]　秦文, 彭春华, 蒲彪, 李素清, 王天佑. 臭氧对柑橘果实青霉菌的抑菌效果 [D]. 四川农业大学学报, 2009, 27 (2): 173~175.

[27]　邱松山, 姜翠翠, 海金萍, 李海丽. 热空气处理对芒果贮藏保鲜效果的影响 [J]. 食品工业, 2010, 5: 58~61.

[28]　孙天利. 冰温保鲜技术对牛肉品质的影响研究 [D]. 沈阳农业大学, 2013.

[29]　汪东风. 食品科学实验技术 [M]. 北京: 中国轻工业出版社, 2006.

[30]　温雪瓶, 马浩然, 严俊波等. 谷物粉贮藏过程中主要成分的变化规律及其相关性分析 [J]. 粮食与油脂, 2016 (1): 49~52.

[31]　王亮, 曾名湧, 董士远等. 不同包装方式的凡纳滨对虾冰温贮藏过程中腐败微生物的变化规律 [J]. 食品与发酵工业, 2010, 136 (3): 196~201.

[32]　徐莉莉. 1-MCP 处理对河套蜜瓜采后生理及贮藏品质影响的研究 [D]. 内蒙古农业大学, 2008.

[33]　夏海娜, 张月东, 常圆境. 基于电子鼻的牛肉复配保鲜剂效果评价及储存时间预测模型研究 [J]. 中国食品学报, 2016, 16 (8): 254~260.

[34]　姚艳玲, 贺稚非, 李洪军, 袁先群. 包装材料对高氧气调包装冷鲜肉品质变化的影响 [J]. 食品科学, 2012, 33 (08): 313~317.

[35]　鄢新民, 付雅丽, 李学营, 刘国胜, 刘铁铮, 韩彦肖. 葡萄贮藏保鲜研究进展 [J]. 中国园艺文摘, 2012 (10): 17~18.965.15

[36]　叶振风, 吴湘琴, 吕冠华. 梨树腐烂病的病原菌鉴定和化学药剂筛选 [J]. 华中农业大学学报, 2015 (2): 49~55.

[37]　赵国华. 食品化学实验原理与技术 [M]. 北京: 化学工业出版社, 2017.

[38]　张婷, 陈娟, 潘俨. 不同贮藏温度对采后 86-1 哈密瓜果实冷害及品质的影响 [J]. 食品工业科技, 2015, 36 (3): 345~348.

[39]　张鹏. 磨盘柿脱涩保脆防褐变调控机理及其无损检测技术研究 [D]. 沈阳农业大

学，2011.

[40] 张昆明，朱志强，农绍庄，张平，任朝晖. 冰温结合气调包装对葡萄贮藏保鲜效果的影响 [J]. 食品研究与开发，2011，32（1）：126～130.

[41] 张鹏，李江阔，陈绍慧. 苹果质地的近红外光谱无损检测模型研究 [J]. 食品工业科技，2015，36（4）：79～83.

[42] Asiche W O, Mitalo O W, Kasahara Y, et al. Effect of Storage Temperature on Fruit Ripening in Three Kiwifruit Cultivars [J]. Horticulture Journal, 2017, 86 (3): 403～410.

[43] Domínguez I, Lafuente MT, Hernández – Muñoz P. Influence of modified atmosphere and ethylene levels on quality attributes of fresh tomatoes (Lycopersicon esculentum Mill.) [J]. Food Chemistry, 209: 211～219.

[44] Eum H L, Hong S C, Chun C, et al. Influence of temperature during transport on shelf – life quality of highbush blueberries (Vaccinium corymbosum, L. cvs. Bluetta, Duke) [J]. Horticulture Environment & Biotechnology, 2013, 54 (2): 128～133.

[45] Gao M, Feng L, Jiang T. Browning inhibition and quality preservation of button mushroom (Agaricus bisporus) by essential oils fumigation treatment [J]. Food Chemistry, 2014, 149 (8): 107.

[46] Johansson B G. Agarose gel electrophoresis [J]. Scandinavian Journal of Clinical and Laboratory Investigation, 1972, 29 (sup124): 7～19.

[47] Saiki R K, Scharf S, Faloona F, et al. Polymerase chain reaction [J]. Science, 1985, 230: 1350～1354.

[48] Schuh, R. T. and A. V. Z. Brower. Biological Systematics: Principles and Applications [M]. (2nd edn.) ISBN 978 – 0 – 8014 – 4799 – 0.